高职高专"十一五"专业基础类课程规划教材

机械综合技术基础及应用

主编 马锡琪

参编 王宝树 贾 先 王鹏涛

主审 马维新

西安交通大学出版社
XI'AN JIAOTONG UNIVERSITY PRESS

内 容 简 介

为了适应高等职业教育培养生产一线技术应用型人才的需要,本书以贴近岗位实际的工作过程为导向,以培养学生动手、实践及综合应用知识的能力为宗旨,紧密联系工程实际,有利于对学生的综合素质教育及工程实践能力的培养。

本书以一级减速器的拆卸、测绘、装配技术为主线,打破课程之间的壁垒和界限,以贴近职业岗位群的工程训练为特色,有机地将"机械设计基础"、"互换性与技术测量"、"机械制图"、"机械制造基础"等多门课程进行了整合,设计了综合实践的教学内容。

本书可作为高职高专机械类、近机械类专业学生的实践教材,也可供职业技能鉴定培训选用,还可供机械工程类专业的本科生和从事机械制造工程的技术人员参考。

图书在版编目(CIP)数据

机械综合技术基础及应用/马锡琪主编. —西安:西安交通
大学出版社,2009.9(2023.8重印)
高职高专"十一五"专业基础类课程规划教材
ISBN 978 - 7 - 5605 - 3259 - 2

Ⅰ.机… Ⅱ.马… Ⅲ.机械学-高等学校:技术学校-教材
Ⅳ.TH11

中国版本图书馆 CIP 数据核字(2009)第 162996 号

书　　名	机械综合技术基础及应用
主　　编	马锡琪
责任编辑	张　梁　桂　亮
出版发行	西安交通大学出版社
	(西安市兴庆南路 1 号　邮政编码 710048)
网　　址	http://www.xjtupress.com
电　　话	(029)82668357　82667874(市场营销中心)
	(029)82668315(总编办)
传　　真	(029)82668280
印　　刷	西安日报社印务中心
开　　本	727mm×960mm　1/16　印张　21.5　字数　396 千字
版次印次	2009 年 9 月第 1 版　2023 年 8 月第 7 次印刷
书　　号	ISBN 978 - 7 - 5605 - 3259 - 2
定　　价	42.00 元

如发现印装质量问题,请与本社市场营销中心联系。
订购热线:(029)82665248　(029)82667874
投稿热线:(029)82664954
读者信箱:jdlgy@yahoo.cn

前　言

　　高等职业技术教育的课程以技术知识为载体,所以实践性教学环节在高职教育工作中占有举足轻重的地位,特别在当前需要加强学生素质教育,突出应用型人材的培养过程中,有着其他教学环节不可替代的作用。

　　教材建设是高等职业技术教育人才培养的一项基本内容,高质量的教材是培养合格人才的基本保证。近年来,高职教材建设取得了一定成绩,出版的教材种类有所增加,但与高等职业技术教育发展需要相比,还存在较大差距,很多教材在很大程度上仍以课堂教学为主,很少能以实践为中心进行职业教育课程的设计和开发。

　　西安思源学院在这方面进行了数年的探索和尝试,以贴近职业岗位群的工程训练为特色,重视能力培养,面向生产实际,有机地将"机械设计基础"、"互换性与技术测量"、"机械制图"、"机械制造基础"等多门课程的实践教学内容进行了整合,缩短了学生专业技术技能与生产一线要求的距离。

　　本书是作者在总结多年实践教学经验的基础上完成的,力求通过对工作过程的分析研究,达到使学生学以致用的目的。

　　本书以就业为导向,重视课程内容与职业工作的匹配度,运用逆向倒推的手法,在分析岗位要求的基础上,设计教学内容,使课程内容的选择和设定紧密联系职业实践,有利于提升课程的实践比重和学生的就业率。

　　本书以基础制造技术为主线,从培养学生工程实践综合能力的全局出发,突出高等职业教育注重实践能力和创新能力培养的特点,参考机电产品实际的生产过程,打破课程、学科之间的壁垒和界限,以技术应用能力的培养为核心,以实际需要作为内容取舍和结构组合的标准,对课程内容进行整合,强调课程内容的应用性、综合性和必要的基础性。

　　全书共十五章,内容包括机器测绘概述、测量技术基础、机械设备的拆卸、测量器具的选用与使用、尺寸公差的选择与标注、形位公差的选择与标注、粗糙度的判别与选择、材料的处理鉴别与选择、典型零件的测绘、装配基础知识、齿轮传动机构的装配、轴承和轴组的装配与调整、固定联接的装配、传动机构的装配、减速器的拆卸测绘与装配。

　　本书由马锡琪教授任主编,马维新教授任主审,参加编写工作的还有王宝树、贾先、王鹏涛等。在教材的编写过程中我们得到了西安思源学院与西安交通大学出版社的有关领导和工作人员的关心及帮助,另外我们还参考和引用了一些文献,在此我们对有关领导和工作人员以及这些文献的作者一并表示衷心的感谢。

由于机械技术综合实践教学环节的复杂性,实践教材的编写尚处于探索阶段,加之编者的水平和经验有限,书中难免有不足之处,敬请读者批评指正。

目　录

第1章 机器测绘概述

1.1 概念

1.1.1 机器测绘的概念

机器测绘是以整台机器为对象,通过测量和分析,整理并画出其制造所需的全部零件的草图和装配图的过程。机械零部件测绘就是对现有的机器或部件进行实物拆卸测量,选择合适的表达方案,绘出全部非标准零件的草图及装配图的过程。根据图纸和实际装配关系,对测得的数据进行圆整处理,确定零件的材料和技术要求,最后根据草图绘制出零件工作图和装配图。

测绘与设计不同,测绘是先有实物,再画出图样,而设计是先有图样,后有样机。如果把设计工作看成是构思实物的过程,则测绘工作可以说是一个认识实物和再现实物的过程。测绘与设计的不同点就在于此。

1.1.2 机器测绘的分类

1. 设计测绘

设计测绘的目的是为了设计与制造新产品或更新产品,根据需要对有参考价值的设备或产品进行测绘,从而了解机器的工作原理、结构特点,以作为新设计的参考或依据。

设计测绘时要确定的是基本尺寸和公差,主要满足零部件的互换性需要。

2. 机修测绘

机修测绘的目的是为了修配。当机器因零部件损坏不能正常工作,又无图样和资料可供查阅时,为了满足零部件修配和更换的需要,就要对相关零部件进行测绘。

机修测绘时要确定的是制造零件的实际尺寸或修理尺寸,以配作为主,互换为辅,主要满足机器的传动配合要求。

3. 仿制测绘

仿制测绘的目的是为了制造生产性能更好的机器,即在有设备但手头缺乏技术资料和图纸的情况下,通过机器测绘,得到生产所需的全部图样和有关技术资料,以便组织生产。仿制测绘的工作量较大,测绘内容也比较全面,又能为自行设计提供宝贵经验,因而受到人们的普遍重视。大多数被仿制测绘的对象是较先进的设备,而且多为整机测绘。

1.2　机器测绘的过程

1.2.1　常用的方法和程序

由于机器测绘的目的不同,因此测绘的程序和方法也有所不同。在实际测绘中一般有以下几种方法和程序:

零件草图→装配图→零件工作图;

零件草图→零件工作图→装配图;

装配草图→零件工作图→装配图;

装配草图→零件草图→零件工作图→装配图。

测绘是一个复杂的工作过程,它不仅仅是照实样画图,标上尺寸,还要确定公差、配合、材料、热处理、表面处理和形位公差、表面粗糙度等各种技术要求,涉及面广,包含了机械设计的大部分内容。

1.2.2　机器测绘的全过程

机器测绘的全过程如图1-1所示。

1. 准备阶段

全面细致地了解测绘对象,如测绘对象的性能、工作原理、装配关系和结构特点等,了解测绘目的和任务,在参与人员、资料、场地、工具等方面做好充分准备。

2. 拆卸阶段

对测绘的样机、样件依次拆卸各零件,并对拆卸零部件进行记录、分组和编号。

3. 绘制装配示意图

装配示意图是机器或部件拆卸过程中所画的记录图样,是绘制装配图和重新进行装配的依据。装配示意图主要表达各零件间的相对位置、装配与联接关系以及传动路线等。装配示意图的画法没有严格的规定,通常用简单的线条画出零件的大体轮廓,作为测绘过程中的辅助图样。

4. 绘制零件草图

零件测绘工作常在机器设备的现场进行,受条件限制,一般先绘制出零件草图,然后根据零件草图整理出零件工作图。

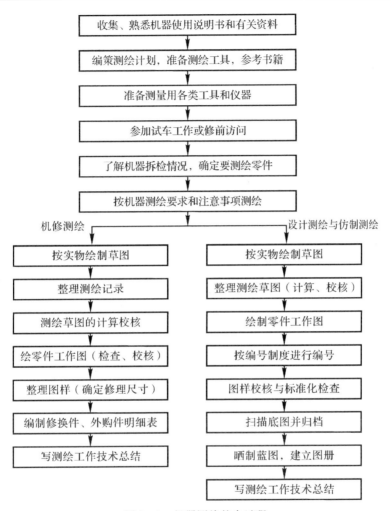

图 1-1 机器测绘的全过程

被拆卸的机器中,除标准件外的每一个零件都应根据零件的内外结构特点,选择合适的表达方案,画出零件草图。零件草图是绘制装配图和零件工作图的重要依据,所以画零件草图时,务必要认真仔细地完成。画草图的要求是:图形正确,表达清晰,尺寸齐全,并注写包括技术要求等必要的内容。零件草图一般用方格纸绘制。

5. 测量零部件

按草图要求,测量并标注零部件的尺寸和有关参数和确定零部件的材料。在测量零部件时要注意零部件的基准及相关零件之间的配合尺寸或关联尺寸间的协调一致。测量后,要对零件的尺寸参数进行圆整,使其符合标准化、规格化和系列化的要求。

6. 绘制装配草图

装配草图设计的最终目的是确定出所有部件和零件的结构和尺寸,为工作图设计打下基础。所以装配草图不仅要表达出装配体的工作原理、装配关系以及主要零件的结构形状,还要检查零件草图上的尺寸是否协调、有无干涉,若发现零件草图上的形状或尺寸有错,应及时进行调整。

7. 绘制工作图

根据草图及测量数据、检验报告等有关方面的资料,整理出成套机器图样,并对图样进行全面审查,重点在标准化和主要技术条件,确保图样质量。

1.3　零件测绘草图的绘制

1.3.1　机器零件的分类

构成机器的零件在结构上千差万别,在部件和机器上所起的作用各不相同,根据它们的结构和作用,将机器零件分类如下:

1) 一般零件　一般零件主要是箱体、箱盖、支架、轴、套和盘类零件等。

2) 传动件　传动件主要是带轮、链轮、齿轮、蜗轮和蜗杆等。

3) 标准件和标准部件　属于标准件的有螺栓、螺母、垫圈、键和销等;属于标准部件的有减速器、联轴器和轴承等。滚动轴承亦属于标准部件。

由于标准件和标准部件的结构、尺寸、规格等全部是标准化的,并由专门工厂生产,因此测绘时对标准件、标准部件不需要绘制草图,只要将它们的主要尺寸测量出来,再通过查阅有关设计手册,就能确定出它们的规格、代号、标注方法、材料和重量等,然后填入机器零件明细表中即可。

1.3.2　零件草图的绘制

零件草图一般是在测绘现场,依据实物,通过目测估计各部分的尺寸比例,徒手绘制的零件图。草图的比例是凭眼力判断,它只要求与被测零件上各部分形状大体上符合,并不要求与被测零件保持某种严格的比例关系。

1. 草图的绘制要求

1) 为了保证草图的质量和提高绘图速度,测绘时常采用徒手与仪器相结合的方式绘制草图。测绘者还可以根据自己绘图技巧的高低和习惯,灵活运用仪器及徒手两种方法。

2) 目测尺寸要尽量符合实际尺寸,各部分比例要匀称。要求完成的草图基本上保持物体各部分的比例关系。

3) 草图上零件的视图表达要完整,线型粗细分明,尺寸标注要正确,配合公差、形位公差的选择也要合理,并且在标题栏内需记录零件名称、材料、数量、图号、重量等内容。

4) 由草图的上述绘制要求可以看出,草图和零件工作图的要求完全相同,区别仅在于草图是目测比例和徒手绘制。

为了加快绘制草图的速度,提高图面质量,最好利用特制的方格纸,见图 1-2。

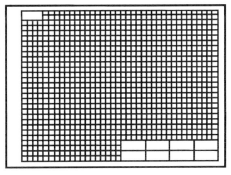

图 1-2　草图的方格纸

方格纸的幅面有 420 mm×300 mm 和 600 mm×420 mm 两种。

2. 绘制零件草图的步骤

在着手画零件草图之前,应对零件进行详细分析,在深入分析的基础上,再绘制零件草图。

1) 认真分析零件。了解零件的名称、材料及其在机器中或在部件中的安装部位、所起作用、与其他零件间的相互关系。详细观察零件外形和内部结构,弄清零件是由哪些基本形体所构成的。只有在分析的基础上,才能完整、清晰、简便地表达它们的结构形状,并且完整、合理、清晰地标注出它们的尺寸。

2) 拟定表达方案。根据零件的结构形状和工作位置来选择主视图,再按零件的内外结构特点选择必要的其他视图,并合理采用剖视图、断面图等表达方法。尽可能采用较少的视图,完整、清晰地表达零件的内外结构。

3) 布置图面。画出各视图的基准线、中心线,确定各视图的位置,并留出标注尺寸的间隙和右下角处标题栏的位置。

4) 画零件草图。目测各方向比例关系,按由主体到局部的顺序,逐步完成各视图的底图。草图应按比例绘制,以视图清晰、标注尺寸不发生困难为准。

标注尺寸时应注意基准的选择(即测量基准),要先画好尺寸界线、尺寸线和箭头,集中测量各部分尺寸,并将实测值标注到草图上。标注尺寸时,应仔细检查零件结构形状是否表达完整、清晰。尺寸线画完后要校对一遍,检查有没有遗漏和不合理的地方。

5) 确定各配合表面的配合公差和形位公差,并逐个填写数字,注写零件各表面的粗糙度代号。

6) 确定技术要求,填写标题栏,徒手描深,完成草图绘制。

3. 绘制零件草图的注意事项

(1) 优先测绘基础零件

机器被拆卸后,按部件和组件,逐一测绘零件。这时最好选择作为装配基础的零件优先测绘。

基础件一般都比较复杂,与其他零件相关的尺寸较多。机器装配时常以基础件为核心,将相关的零件装于其上。如底座、壳体、机匣等。

基础件应优先精确计量,进行尺寸圆整、计算,并着手绘制零件工作图。这样不仅由于边测量、边计算、边绘图可以及时发现尺寸中的矛盾,而且能加速与基础件相关的其余零件的测绘过程。

(2)重视外购件

在优先测绘基础件的同时,对外购件(标准件与非标准件)也要着手进行测绘,整理出标准件清单和非标准件的零件图。对标准件要注意匹配性、成套性,切不可用大垫圈配小螺母等。

(3)仔细分析,忠于实样

零件草图是绘制零件图的重要依据,因此,它应该具备零件图的全部内容,而绝非"潦草之图"。画测绘草图时必须严格忠于实样,不得随意更改,更不能凭主观猜测。特别要注意零件构造上工艺的特征。

如图1-3所示的传动减速箱的循环油路,为使油路沟通,需加工一垂直孔,此孔是工艺孔,在成品上用堵头堵住,并涂漆保护。若将其测绘成图1-4所示,则减速器装配后不能正常工作。

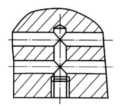　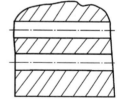

图1-3　循环油路的正确画法　　　图1-4　循环油路的错误画法

零件上一些细小结构,如孔口、轴端倒角、转角处的小圆角、沟槽、退刀槽、凸台、凹坑以及盲孔前端的钻顶角等均不能忽略。对于机械设备上一些设计不合理之处,也只能在吃透原机械设备的基础上,在零件工作图上进行改变,而在画草图时应保留原结构。

(4)草图上允许标注封闭尺寸和重复尺寸

草图上的尺寸,有时也可注成封闭的尺寸链。对于复杂零件,为了便于检查测量尺寸的准确性,可由不同基面注上封闭的尺寸,草图上各个投影尺寸,也允许有重复。如图1-5所示套座的锥体部分尺寸 a、b、c、d 中就有一个尺寸是重复的。如图1-6所示封严板上孔的位置尺寸,就采用了两种标注方法,因此出现了重复尺寸,这在测绘草图上是允许的。

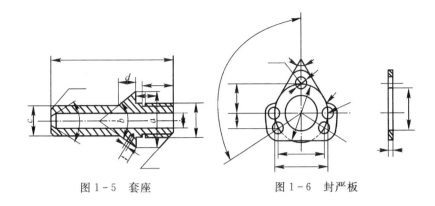

图 1-5　套座　　　　　　　　图 1-6　封严板

（5）注意易忽略的地方

绘制草图时,对一些易于被人忽略的地方要给予充分的注意。如压力容器的螺栓联接,为了保证联接的紧密性和工作的可靠性,其中的螺母预紧力、螺母和垫圈的厚度、扳手口尺寸等都会影响结合面的密封性。

（6）零件制造缺陷和工艺结构的画法

零件上的制造缺陷,如缩孔、砂眼、毛刺、刀痕以及使用中造成的裂纹、磨损和损坏等部位,画草图时应不画或加以修正。零件上的工艺结构,如倒角、倒圆、退刀槽、砂轮越程槽、起模斜度等,应查有关标准,确定后再画出。

锻件和铸件上有可能出现的形状缺陷和位置不准确,应在画草图时予以订正。

（7）零件结构工艺性问题

零件结构形状还应满足加工、测量、装配等制造过程所必须的一系列工艺要求,这是确定零件局部结构的依据。下面介绍一些常见工艺对零件结构的要求,供测绘时参考。

1）铸造工艺对零件结构的要求。

① 铸件壁厚（GB/ZQ 4255—1977）。用铸造方法制造零件毛坯时,为了避免浇铸后零件各部分因冷却速度不同而产生残缺、缩孔或裂纹,规定铸件壁厚不能小于某个极限值,且各处壁厚应尽量保持相同或均匀过渡,如图 1-7 所示。

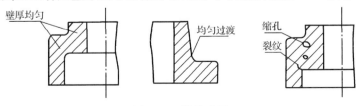

图 1-7　铸件壁厚

② 铸造圆角(GB/ZQ 4255—1977)。

为了防止浇注铁水时冲坏砂型尖角产生砂孔,避免应力集中产生裂纹,铸件两面相交处均应做出过渡圆角,如图 1-8 所示。铸造圆角半径 $R = 3 \sim 5$ mm,可在技术要求中统一注明。

③ 起模斜度。为了便于将木模从砂型中取出,在铸件内外壁上沿着起模方向应设计 1∶20 的斜度,叫做起模斜度,它可在零件图上画出,也可在技术要求中用文字说明,如图 1-9 所示。

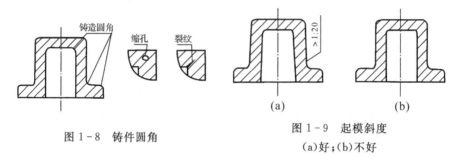

图 1-8　铸件圆角　　　　　　图 1-9　起模斜度
　　　　　　　　　　　　　　(a)好;(b)不好

2) 机械加工对零件结构的要求

① 倒角(GB/T 6403.4—1986)。为了便于操作和装配,常在零件端部或孔口处加工出倒角。45°的倒角是常见的一种,有时也用 30°和 60°的倒角,其尺寸标注如图 1-10 所示。图样中倒角尺寸全部相同或某一尺寸占多数时,可在图样空白处注明"C2"或"其余 C2",其中 C 是 45°倒角符号,2 是倒角的角宽,其值可根据标准 GB/T 6403.4—1986 来选择。

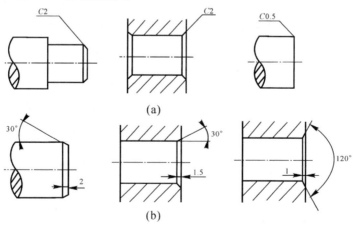

图 1-10　倒角
(a) 45°倒角;(b) 非 45°倒角

② 圆角(GB/T 6403.4—1986)。为了避免阶梯轴轴肩根部或阶梯孔的孔肩处因产生应力集中而断裂,通常这些地方都以圆角过渡,其画法和标注如图 1-11 所示。

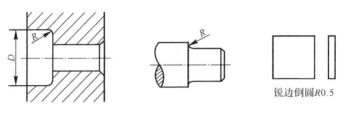

锐边倒圆R0.5

图 1-11　圆角

③ 钻孔结构。零件上不同形式和不同用途的孔,常用钻头加工而成。为防止钻头歪斜或折断,钻孔端面应与钻头垂直。为此,对于斜孔、曲面上的孔应制成与钻头垂直的凸台或凹坑,如图 1-12(a)所示。钻削不通孔时,在孔的底部有 120° 锥角。钻孔深度指的是圆柱部分的深度,不包括锥坑。在钻阶梯孔时,其过渡处也存在 120°锥角,阶梯孔的大孔的深度也不包括锥角,如图 1-12(b)所示。

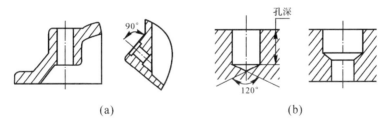

(a)　　　　　　　　　　(b)

图 1-12　钻孔工艺结构

(a)斜孔和曲面上的孔；　(b)阶梯孔

④ 退刀槽、砂轮越程槽。在对零件进行切削加工时,为了便于退出刀具,保证装配时相关零件的接触面靠紧,在被加工表面台阶处应预先加工出退刀槽或砂轮越程槽。车削外圆的退刀槽,如图 1-13(a)所示。磨削内外圆和越程槽或磨削外圆及端面越程槽的尺寸标注分别如图 1-13(b)、(c)所示。

⑤ 凸台和凹坑。零件上与其他零件接触的接触面,一般都要加工。为了减少加工面积,并保证零件表面之间有良好的接触,常常在铸件上设计出凸台、凹坑。

凸台、凹坑结构可以减轻零件的质量,节省材料和工时,并能提高加工精度和装配精度。凸台和凹坑的常见工艺结构如图 1-14 所示。

⑥ 中心孔。为了方便轴类零件的装卡、加工,通常在轴的两端加工出中心孔。

中心孔有 A 型、B 型、C 型和 R 型四种,其中常用的 A 型、B 型中心孔的结构如图
1-15所示,尺寸系列如表 1-1 所示。

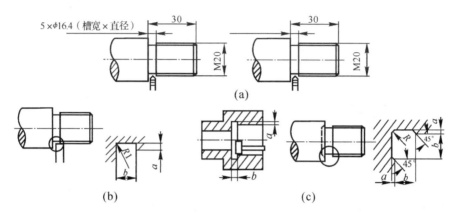

图 1-13 退刀槽和越程槽

(a) 退刀槽;(b) 磨削内外圆和越程槽;(c) 磨削外圆及端面越程槽

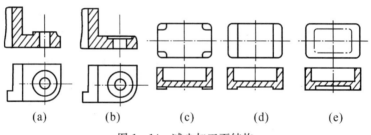

图 1-14 减少加工面结构

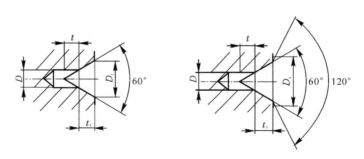

图 1-15 中心孔结构

(a) A 型;(b) B 型

表 1-1 B 型中心孔尺寸系列

D		D_1		t		t_1	
A 型	B 型	A 型	B 型	A 型	B 型	A 型	B 型
1.00		2.12	3.15	0.9		0.97	1.27
1.60		3.35	5.00	1.4		1.52	1.99
2.00		4.25	6.30	1.8		1.95	2.54
2.50		5.30	8.00	2.2		2.42	3.20
3.15		6.70	10.00	2.8		3.07	4.03
4.00		8.50	12.50	3.5		3.90	5.05
6.30		13.20	28.00	8.7		9.75	11.6

思考题与习题

1. 机器测绘分成几类,每一类有什么异同点?

2. 在实际测绘中常用,装配草图→零件草图→零件工作图→装配图的顺序,试说明其优点。

3. 机器测绘的全过程主要分几个阶段?

4. 测量注意事项有几点内容?

5. 草图上重要零件尺寸常出现小数点,这是为什么?

6. 草图上要标注哪些技术要求?

第 2 章　测量技术基础

2.1　测量的基本概念

　　测量就是把被测量与具有计量单位的标准量进行比较,从而确定被测量量值的过程。

　　任何几何量的量值都由两部分组成,即表征几何量的数值和该几何量的计量单位。例如,几何量 $L=40$ mm,这里 mm 为长度计量单位,数值 40 则是以 mm 为计量单位时该几何量的数值。

　　显然,对任一被测对象进行测量,首先要建立计量单位,其次要有与被测对象相适应的测量方法,并达到所要求的测量精度。因此,一个完整的几何量的测量过程包括被测对象、计量单位、测量方法和测量精度 4 个要素。

　　1) 被测对象——在几何量测量中,被测对象是指长度、角度、表面粗糙度、形位公差等。

　　2) 计量单位——用以度量同类量值的标准量。为了保证测量的正确性,必须在测量过程中保证单位的统一,为此我国以国际单位制为基础制定了法定计量单位。根据规定,在几何量的测量中,长度单位是米(m),平面角的角度计量单位为弧度(rad)及度(°)、分(′)、秒(″)。其中,在机械制造中常用的计量单位为毫米(mm),1 mm $=10^{-3}$ m。在精密测量中,长度计量单位采用微米(μm),1μm $=10^{-3}$ mm。在机械制造中常用的角度计量单位为弧度、微弧度(μrad)和度(°)、分(′)、秒(″)。1μrad $=10^{-6}$ rad,$1°=0.0174533$ rad。度、分、秒的关系采用 60 进制,即 $1°=60′,1′=60″$。

　　3) 测量方法——指测量原理、测量器具和测量条件的总和。测量条件是指被测量对象和计量器具所处的环境条件,如温度、湿度、振动程度和灰尘多少等。测量时的标准温度为 20℃,测量时应尽可能地使被测对象与计量器具在相同的温度下进行测量。

　　4) 测量精度——指测量结果与真值一致的程度。任何测量过程总是不可避免地出现测量误差,误差越大,说明测量结果偏离真值的程度越大,精度越低;反之,误差越小,精度越高。因此,对于每一个测量过程的测量结果都应该给出一定的测量精度。测量精度和测量误差是两个相对的概念。由于存在测量误差,任何测量结果都是以一近似值来表示的,或者说测量结果的可靠有效值是由测量误差确定的。

2.2　计量器具与测量方法的分类

2.2.1　计量器具的分类

计量器具是测量仪器和测量工具的总称。通常把没有传动放大系统的计量器具称为量具,如游标卡尺、90°角尺和量规等;把具有传动放大系统的计量器具称为量仪,如机械式比较仪、测长仪和投影仪。

计量器具按结构特点可以分为以下 4 类。

1. 标准量具

以固定形式复现量值的计量器具称为标准量具,一般结构比较简单,没有传动放大系统。量具中有的可以单独使用,有的也可以与其他计量器具配合使用。量具又可分为单值量具和多值量具两种。单值量具又称为标准量具,如量块、直角尺等。多值量具又称为通用量具。通用量具按其结构特点划分有以下几种:固定刻线量具,如钢尺、圈尺等;游标量具,如游标卡尺、万能角度尺等;螺旋测微量具,如内、外径千分尺和螺纹千分尺等。成套的量块又称为成套量具。

2. 量规

量规是指没有刻度的专用计量器具,用于检验零件要素的尺寸、形状和位置的实际情况所形成的综合结果是否在规定的范围内,从而判断零件被测的几何量是否合格。量规检验不能获得被测几何量的具体数值。如用光滑极限量规检验光滑圆柱形工件的合格性,不能得到孔、轴的实际尺寸。

3. 量仪

量仪是能将被测几何量的量值转换成可直接观察的指示值或等效信息的计量器具。量仪一般具有传动放大系统。按原始信号转换原理的不同,量仪主要有如下 3 种。

(1) 机械式量仪

机械式量仪是指用机械方法实现原始信号转换的量仪,如指示表、杠杆比较仪和扭簧比较仪等。这种量仪结构简单,性能稳定,使用方便,因而应用广泛。

(2) 光学式量仪

光学式量仪是指用光学方法实现原始信号转换的量仪,具有放大比较的光学放大系统,如万能测长仪、工具显微镜、干涉仪等。这种量仪精度高,性能稳定。

(3) 电动式量仪

电动式量仪是指将原始信号转换成电量形式信息的量仪。这种量仪具有放大和运算电路,可将测量结果用指示表或记录器显示出来,如电感式测微仪、电容式测微仪、电动轮廓仪、圆度仪等。这种量仪精度高,易于实现数据自动化处理和显示,还可实现计算机辅助测量和检测自动化。

4. 计量装置

计量装置是指为确定被测几何量值所必需的计量器具和辅助设备的总体。它能够测量较多的几何量和较复杂的零件,有助于实现检测自动化或半自动化,一般用于大批量生产中,以提高检测效率和检测精度,如齿轮综合精度检查仪等。

2.2.2 计量器具的基本技术性能指标

计量器具的基本技术性能指标是合理选择和使用计量器具的重要依据。下面以机械式比较仪(见图 2-1)为例介绍一些常用的技术性能指标。

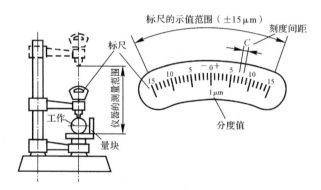

图 2-1 机械式比较仪刻度间距、分度值、示值范围、测量范围的比较

1. 分度间距(刻度间距)

计量器具的刻度标尺或刻度盘上两相邻刻线间的距离称为分度间距或刻度间距。为便于读数,一般在计量器具上做成刻度间距为 1~2.5 mm 的等距离刻线。刻度间距太小,会影响估值精度;刻度间距太大,会加大读数装置的轮廓尺寸。

2. 分度值(刻度值)

计量器具的刻度尺或刻度盘上两相邻刻线所代表的量值之差称为分度值或刻度值。例如,一外径千分尺的微分筒上相邻两刻线所代表的量值之差为 0.01 mm,则该测量器具的分度值为 0.01 mm。分度值是一种测量器具所能直接读出的最小单位量值,从一个侧面说明了该测量器具的测量精度高低。一般来说,分度值越小,计量器具的精度越高。

3. 分辨力

分辨力是指计量器具所能显示的最末一位数所代表的量值。由于在一些量仪(如数字式量仪)中,其读数采用非标尺或非分度盘显示,因此就不能使用分度值这一概念,而将其称做分辨力。

4. 示值范围

示值范围是指计量器具标尺或刻度盘所指示的起始值到终止值的范围,如图 2-1 所示,该比较仪的示值范围是 $\pm 15 \mu$m。

5. 测量范围

测量范围是指计量器具能够测出的被测尺寸的最小值到最大值的范围,如千分尺的测量范围就有 0~25 mm、25~50 mm、50~75 mm、75~100 mm 等多种。

6. 重复精度

在工作条件一定的情况下,对同一参数进行多次测量(一般 5~10 次)所得示值的最大变化范围称为测量的重复精度。

7. 灵敏度

灵敏度是指计量器具对被测量变化的反映能力,即若被测几何量的变化为 Δx,该几何量引起计量器具的响应变化为 ΔL,则灵敏度为

$$S = \frac{\Delta L}{\Delta x}$$

8. 回程误差

在相同条件下,被测量值不变,当测量器具行程方向不同时,两示值之差的绝对值称为回程误差。它是由测量器具中测量系统的间隙、变形和摩擦等原因引起的。

2.2.3　测量方法的分类

1) 根据所测的几何量是否为要求被测的几何量,测量方法可分为以下两种:

① 直接测量:直接用量具和量仪测出零件被测几何量值的测量方法。例如,用游标卡尺或者是比较仪直接测量轴的直径。

② 间接测量:先测出与被测量有一定函数关系的相关量,然后按相应的函数关系式,求得被测量的测量结果的测量方法。

2) 根据被测量值是直接由计量器具的读数装置获得,还是通过对某个标准值

的偏差值计算得到,测量方法可分为以下两种:

① 绝对测量:从测量器具上直接得到被测参数的整个量值的测量方法。例如,用游标卡尺测量零件轴径值。

② 相对测量:将被测量与同它只有微小差别的已知同种量(一般为标准量)相比较,通过测量这两个量值间的差值以确定被测量值的测量方法。例如,用图 2-1 所示的机械式比较仪测量轴,测量时先用量块调整零位,再将轴颈放在工作台上测量。此时指示出的示值为被测轴颈相对于量块尺寸的微差,即轴颈的尺寸等于量块的尺寸与微差的代数和(微差可以为正或为负)。

3) 按测量时计量器具的测头与被测表面之间是否接触,测量方法可分为以下两种:

① 接触测量:在测量过程中,计量器具的测头与零件被测表面接触后有机械作用力的测量方法,如用外径千分尺、游标卡尺测量零件等。为了保证接触的可靠性,测量力是必要的,但它可能使测量器具及被测件发生变形而产生测量误差,还可能造成对零件被测表面质量的损坏。

② 非接触测量:在测量过程中,测量器具的感应元件与被测零件表面不直接接触,因而不存在机械作用力的测量方法,如干涉显微镜、磁力测厚仪、气动量仪等。非接触测量没有由于测量器具与被测件接触产生变形而带来的测量误差,因此一些易变形或薄壁工件多用非接触测量。

4) 按同时被测参数的多少,测量方法可分为以下两种:

① 单项测量:单独地、彼此没有联系地测量零件的单项参数的测量方法,如分别测量齿轮的齿厚、齿形、齿距等。这种方法一般用于量规的检定、工序间的测量,或为了工艺分析、调整机床等目的。

② 综合测量:检测零件几个相关参数的综合效应或综合参数,从而综合判断零件合格性的测量方法,例如齿轮运动误差的综合测量、用螺纹量规检验螺纹的作用中径等。综合测量一般用于终结检验,其测量效率高,能有效保证互换性,因此在大批量生产中应用广泛。

5) 根据测量时工件是否运动,测量方法可分为以下两种:

① 静态测量:在测量过程中,工件的被测表面与计量器具的测量元件处于相对静止状态,被测量的量值是固定的,例如用游标卡尺测量轴颈。

② 动态测量:在测量过程中,工件的被测表面与计量器具的测量元件处于相对运动状态,被测量的量值是变动的,例如用圆度仪测量圆度误差和用偏摆仪测量跳动误差等。动态测量可测出工件某些参数连续变化的情况,经常用于测量工件的运动精度参数。

6) 根据被测量是否在加工过程中进行,测量方法可分为以下两种:

① 在线测量:在加工过程中对工件进行测量的测量方法,能及时防止废品产品的产生。

② 离线测量:在加工后对工件进行测量的测量方法,测量结果用于发现并剔除废品。

2.3　测量误差及其处理

2.3.1　测量误差的概念

由于计量器具本身的误差以及测量方法和条件的限制,任何测量过程都不可避免地存在误差,即测量所得的值不可能是被测量的真值。测得值与被测量的真值之间的差异在数值上表现为测量误差。测量误差可以表示为绝对误差和相对误差。

1. 绝对误差

绝对误差是指被测量的测得值(仪表的指示值)x 与其真值 x_0 之差,即

$$\delta = x - x_0$$

式中:δ 为绝对误差;x 为被测几何量的测得值;x_0 为被测几何量的真值。

由于测得值 x 可能大于或小于真值 x_0,因此测量误差可能是正值也可能是负值。测量误差的绝对值越小,说明测得值越接近真值,因而测量精度就越高;反之,测量精度就越低。但这一结论只适用于被测量值相同的情况,而不能说明不同被测量的测量精度。例如,用某测量长度的量仪测量 20 mm 的长度,绝对误差为 0.002 mm;用另一台量仪测量 250 mm 的长度,绝对误差为 0.02 mm。这时,很难按绝对误差的大小来判断测量精度的高低,因为后者的绝对误差虽然比前者大,但它相对于被测量的值却很小。因此,需要用相对误差来评定。

2. 相对误差

相对误差用绝对误差 δ 的绝对值与被测量真值 x_0 的比值来表示,即

$$\varepsilon = \frac{|x - x_0|}{x_0} \times 100\% = \frac{|\delta|}{x_0} \times 100\%$$

相对误差比绝对误差能更好地说明测量的精确程度。在上面的例子中,显然后一种测量长度的量仪更精确。

$$\varepsilon_1 = \frac{0.002}{20} \times 100\% = 0.01\%$$

$$\varepsilon_2 = \frac{0.02}{250} \times 100\% = 0.008\%$$

在实际测量中,由于被测量的真值是未知的,而指示值又很接近真值,因此可以用指示值 x 代替真值 x_0 来计算相对误差。

2.3.2　测量误差的来源

由于测量误差的存在,测得值只能近似地反映被测几何量的真值。为减小测量误差,就需要分析产生测量误差的原因,以便提高测量精度。在实际测量中,产生测量误差的因素很多,归纳起来主要有以下几个方面。

1. 计量器具误差

计量器具误差是指计量器具本身在设计、制造和使用过程中造成的各项误差。这些误差的综合反映可用计量器具的示值精度或不确定度来表示。

2. 标准件误差

标准件误差是指作为标准的标准件本身的制造误差和检定误差。例如,用量块作为标准件调整计量器具的零位时,量块的误差会直接影响测得值。因此,为了保证一定的测量精度,必须选择相应精度的量块。

3. 测量方法误差

测量方法误差是指由于测量方法不完善所引起的误差,例如接触测量中测量力引起的计量器具和零件表面变形误差、间接测量中计算公式的不精确、测量过程中工件安装定位不合格等。

4. 测量环境误差

测量环境误差指由测量时的环境条件不符合标准条件所引起的误差。测量的环境条件包括温度、湿度、气压、振动及灰尘等。其中,温度对测量结果的影响最大。

5. 人员误差

人员误差是测量人员的主观因素所引起的误差。例如,测量人员技术不熟练、视觉偏差、估值判断错误等引起的误差。

总之,产生误差的因素很多,有些误差是不可避免的,但有些是可以避免的。因此,测量者应对一些可能产生测量误差的原因进行分析,掌握其影响规律,设法消除或减小其对测量结果的影响,以保证测量精度。

2.3.3　测量误差的分类

根据测量误差的性质、出现的规律和特点,测量误差可分为三类,即系统误差、随机误差和粗大误差。

1. 系统误差

系统误差是指在一定条件下,对同一被测量值进行多次重复测量时,误差的大小和符号均保持不变或按某种确定规律变化的测量误差。

2. 随机误差

随机误差是在同一条件下,多次测量同一量值时,误差的绝对值和符号以不可预定的方式变化着的误差。将系统误差消除后,在同样条件下,重复地对同一量值进行多次测量,所得结果也不尽相同,即说明随机误差的存在。这种误差的产生原因很多,而且又未加控制,因此表现为随机误差,如测量过程中,由于温度波动、测量力不恒定等一系列因素引起的误差。

3. 粗大误差

粗大误差是指超出规定条件下预期的误差。这种误差是由于测量者主观上疏忽大意造成的读错、记错或客观条件发生突变(外界干扰、振动)等因素所致。粗大误差使测量结果产生严重的歪曲。测量时应根据判断粗大误差的准则予以确定,然后将粗大误差剔除。

2.3.4　测量精度

测量精度是指被测几何量的测得值与其真值的接近程度。它和测量误差是从两个不同角度说明同一概念的术语。测量误差越大,测量精度就越低;测量误差越小,测量精度就越高。为了反映系统误差和随机误差对测量结果的不同影响,测量精度可分为以下几种:

1) 正确度:表示测量结果中其系统误差大小的程度。系统误差越小,正确度就越高。

2) 精密度:表示测量结果中随机分散的特性。它是指在规定的测量条件下连续多次测量时,所有测得值之间互相接近的程度。随机误差越小,精密度就越高。

3) 准确度:测量的精密和正确程度的综合反映,说明测量结果与真值的一致程度。一般来说,精密度高的,正确度不一定高,但准确度高的,精密度和正确度都高。现以射击打靶为例加以说明,如图 2-2(a)所示,随机误差小而系统误差大,表示打靶精密度高而正确度低;在图 2-2(b)中,系统误差小而随机误差大,表示打靶正确度高而精密度低;在图 2-2(c)中,系统误差和随机误差都小,表示打靶准确度高;在图 2-2(d)中,系统误差和随机误差都大,表示打靶准确度低。因此,对于一个具体的测量,精密度高,正确度不一定高;正确度高,精密度也不一定高;精密度和正确度都高的测量,准确度就高;精密度和正确度当中有一个不高,准确度就不高。

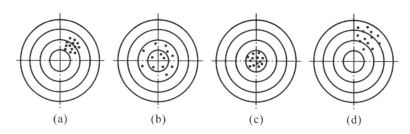

图 2-2　精密度、正确度和准确度

(a)精密度高而正确度低;(b)正确度高而精密度低;(c)准确度高;(d)准确度低

2.3.5　各类测量误差的处理

1. 测量数据中随机误差的处理

随机误差不可能被修正或消除,但可以应用概率论与数理统计的方法,估计出随机误差的大小和规律,并设法减小其影响。

通过对大量的测试实验数据进行统计后发现,随机误差通常服从正态分布规律,其正态分布曲线如图 2-3 所示(横坐标 δ 表示随机误差,纵坐标 y 表示随机误差的概率密度)。

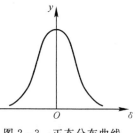

图 2-3　正态分布曲线

正态分布曲线的数学表达式为

$$y = \frac{1}{\sigma\sqrt{2\pi}} e^{-\frac{\delta^2}{\sigma^2}}$$

式中:y 为概率密度;σ 为标准偏差;δ 为随机误差;e 为自然对数的底。

概率密度 y 的大小与随机误差 δ、标准偏差 σ 有关。当 $\delta = 0$ 时,概率密度最大,即 $y_{max} = 1/(\sigma\sqrt{2\pi})$。显然概率密度的最大值是随标准偏差变化的。标准偏差越小,分布曲线就越陡,随机误差的分布就越集中,表示测量精度就越高;反之,标准偏差越大,分布曲线就越平坦,随机误差的分布就越分散,表示测量精度就越低。随机误差的标准偏差可用下式计算得到:

$$\sigma = \sqrt{\frac{\sum \delta^2}{n}}$$

式中:n 为测量次数。

标准偏差 σ 是反映测量数据中测得值分散程度的一项指标,它表示测量数据中单次测量值(任一测得值)的标准偏差。

2. 测量中系统误差的处理

在测量过程中产生系统误差的因素是复杂多样的,查明所有的系统误差是很困难的,同时也不可能完全消除系统误差的影响。

对于系统误差,可从下面几个方面去消除。

1)从产生误差根源上消除系统误差。这要求测量人员对测量过程中可能产生系统误差的各个环节进行分析,并在测量前就将系统误差从产生根源上加以消除。例如,为了防止测量过程中仪器示值零位的变动,测量开始和结束时都需检查示值零位。

2)用修正法消除系统误差。这种方法是预先将计量器具的系统误差检定或计算出来,做出误差表或误差曲线,然后取与误差数值相同而符号相反的值作为修正值,将测得值加上相应的修正值,即可使测量结果不包含系统误差。

3)用抵消法消除定值系统误差。这种方法要求在对称位置上分别测量一次,以使这两次测量中测得的数据出现的系统误差大小相等,符号相反,取这两次测量中数据的平均值作为测得值,即可消除定值系统误差。例如,在工具显微镜上测量螺纹螺距时,为了消除螺纹轴线与量仪工作台移动方向倾斜而引起的系统误差,可分别测取螺纹左、右牙面的螺距,然后取它们的平均值作为螺距测得值。

3. 测量中粗大误差的处理

粗大误差的数值相当大,在测量中应尽可能避免。如果粗大误差已经产生,则应根据判断粗大误差的准则予以剔除。

实践和理论证明,测量值的误差在 $\pm\sigma$ 范围内的概率为 68.26%;测量值的误差在 $\pm3\sigma$ 范围内的概率为 99.73%;当被测量数列服从正态分布时,测量值超出 $\pm3\sigma$ 范围的概率仅为 0.3%,实际上不会发生。所以,通常以 $\pm3\sigma$ 作为误差极限,称为测量值的极限误差。因此,当出现绝对值比 3σ 大的误差时,则认为该误差对应的测得值含有粗大误差,应予以剔除。这一判断准则称为 3σ 准则。注意,3σ 准则不适用于测量次数小于等于 10 的情况。

2.4 测绘中的尺寸圆整

2.4.1 尺寸圆整的基本概念

由于零件存在着制造误差和测量误差,因此在测绘过程中,按实样测出的尺寸往往不成整数。根据实测尺寸数据,分析、推断并确定原设计尺寸的公称尺寸和公差的过程称为尺寸圆整。圆整包括确定基本尺寸的圆整和尺寸公差的圆整两个方面。

1. 尺寸圆整的意义

1) 所测得的尺寸并非原设计尺寸,而且带着多位小数进行尺寸换算,给计算工作带来较大的困难,因此必须在尺寸换算时先进行尺寸圆整。

2) 尺寸圆整不仅可简化计算,清晰图面,更主要的是可以采用标准化刀具、量具和配件,提高测绘效率,缩短设计和加工周期,提高劳动生产率,从而达到良好的经济效益。

3) 尺寸上带有多位小数在当前的加工和测试水平上都不可能做到,而且实际上也没有必要。圆整后的尺寸则有利于加工、测量和组织生产。

在机器测绘中常用两种圆整方法,即设计圆整法和测绘圆整法。测绘圆整法主要涉及公差配合的确定,放在第5章中详述。本节主要介绍设计圆整法,它是最常用的一种圆整方法。

2. 尺寸圆整的原则和方法

由于测绘的样机可能为公制或英制产品,在圆整尺寸时则有所不同,下面将主要介绍公制样件中的尺寸圆整(以毫米为单位的尺寸)

1) 注意影响性能的重要配合尺寸的圆整。圆整尺寸时要判别配合基制,确定基准件。如果为基孔制,则孔的下限偏差为零,这时则很容易定出两配合件的公称尺寸。

2) 在测量时,不仅要测出实际尺寸,而且在很多情况下还要测出间隙值,因为间隙的大小往往是反映配合类别、精度等级的综合指标,也是反映配合性能的标志。根据间隙值可以参考有关或类似产品的资料及标准手册,选定公称尺寸及精度等级。

3) 当被测件数量较多时,应对多个同样零件反复进行测量,然后在多件实测尺寸的分布区间,找出公称尺寸的原设计值,这样一般比较准确。

4) 公制产品设计时,多数公称尺寸均取整数,少数尺寸的尾数为一位小数(两位以上小数者较少)。且尾数也有一定的规律,如1、2、4、5、8等,基本符合标准系列。所以当被测件只有一件时,可根据以上设计特点选择尺寸参数。

5) 确定公称尺寸必须考虑通用标准量刃具使用的可能性,这对于降低成本和顺利组织生产十分重要。

6) 在确保质量的前提下,圆整的公称尺寸应尽量按国家标准尺寸系列选取。主要包括《标准尺寸》、《标准半径》和《标准锥度》。

7) 对于零件中有特殊要求的尺寸,圆整时允许保留非标准尺寸系列,例如准备与原机组装部分的尺寸,根据结构、强度和性能的特殊要求必须保持的原尺寸等。

2.4.2　设计圆整法

设计圆整法是最常用的一种圆整法,其方法基本上是按设计的程序,即以实测值为依据,参照同类或类似产品的配合性质及配合类别,确定基本尺寸和尺寸公差。

圆整前首先应进行数值优化,数值优化是指各种技术参数数值的简化和统一,即设计制造中所使用的数值,为国标推荐使用的优先数。数值优化是标准化的基础。

1. 优先数系和优先数

在工业产品的设计和制造中,常常要用到很多数。当选定一个数值作为某产品的参数指标时,这个数值就会按一定的规律向一切有关制品和材料中的相应指标传播。例如,若螺纹孔的尺寸一定,则其相应的丝锥尺寸、检验该螺纹孔的塞规尺寸以及攻丝前的钻孔尺寸和钻头直径也随之而定,这种情况称为数值的传播。

（1）优先数系

GB/T 321—2005《优先数和优先数系》规定的优先数系分别用符号 R5、R10、R20 和 R40 等表示,称为 R5 系列、Rl0 系列、R20 系列和 R40 系列。

（2）优先数

优先数系的各系列中任一个项值称为优先数。优先数也叫常用值,是取三位有效数字进行圆整后规定的数值,如表 2-1 所示。

表 2-1　标准尺寸(10～100 mm)(摘自 GB/T 2822—2005)　　　　　　mm

R			Ra			R			Ra		
R10	R20	R40	R10	R20	R40	R10	R20	R40	R10	R20	R40
10.0	10.0		10	10		40.0	40.0	40.0		40	40
	11.2			11				42.5	40		42
							45.0	45.0			45
								47.5		45	48
12.5	12.5	12.5	12	12	12	50.0	50.0	50.0	50	50	50
		13.2			13			53.0			53
	14.0	14.0		14	14		56.0	56.0			56
		15.0			15			60.0		56	60
16.0	16.0	16.0	16	16	16	63.0	63.0	63.0	63	63	63
		17.0			17			67.0			67
	18.0	18.0		18	18		71.0	71.0		71	71
		19.0			19			75.0			75

R			Ra			R			Ra		
R10	R20	R40	R10	R20	R40	R10	R20	R40	R10	R20	R40
20.0	20.0	20.0	20	20	20	80.0	80.0	80.0	80	80	80
		20.2			21			85.0			85
	22.4	22.4		22	22		90.0	90.0		90	90
		23.6			24			95.0			95
25.0	25.0	25.0	25	25	25	100.0	100.0	100.0	100	100	100
		26.5			26						
	28.0	28.0		28	28						
		30.0			30						
31.5	31.5	31.5	32	32	32						
		31.5			34						
	35.5	35.5		36	36						
		37.5			38						

一般机械的主要参数,如立式车床的主轴直径、专用工具的主要参数尺寸都按 R10 系列确定;通用型材、零件及工具的尺寸和铸件壁厚等按 R20 系列确定。

设计任何产品,其主要尺寸及参数应有意识地采用优先数,使其在设计时就纳入标准化轨道。

2. 常规设计的尺寸圆整

常规设计是指标准化的设计。它是以方便设计、制造和具有良好的经济性为主。在对常规设计的尺寸圆整时,一般都应使其符合国家标准 GB/T 2822—2005(见表 2 - 1)推荐的尺寸系列。尺寸系列的选取原则是:优先数系 R 系列按 R10 系列、R20 系列、R40 系列的顺序选用;如必须将数值圆整,可在 Ra 系列中按 Ra10、Ra20、Ra40 顺序选用。

圆整时一般都应将全部实测尺寸圆整成整数。对于配合尺寸,也应按照国家标准圆整成整数。

例 2 - 1　实测一对配合孔和轴,孔的尺寸为 $\phi 25.012$ mm,轴的尺寸为 $\phi 24.978$ mm,试圆整尺寸并确定尺寸公差。

解　1) 确定基本尺寸。根据孔、轴的实测尺寸,查表 2 - 1,只有 R10 系列的基本尺寸 $\phi 25.0$ mm 靠近实测值。故将该配合的基本尺寸选为 $\phi 25$mm。

2) 确定基准制。通过对此配合结构的分析可知,该配合为基孔制间隙配合。

3) 确定极限。从相关技术资料获知,此配合属单件小批生产。根据工艺要求,单件小批生产时,零件尺寸靠近最大实体尺寸,即孔的尺寸靠近最小极限尺寸,轴的尺寸靠近最大极限尺寸。已知轴的尺寸为 $\phi 24.978$ mm $= \phi(25-0.022)$ mm,

靠近轴的基本偏差。查轴的基本偏差,在 $\phi25$ mm 所在的尺寸段内,与 $\phi(25-0.022)$ mm最靠近的基本偏差只有为 -0.020 mm,即轴的基本偏差代号为 f。

4)确定公差等级。通过查标准公差数值表,得 $\phi25$ mm 轴的公差等级为 IT7 级。又根据工艺等价的性质,推出孔的公差等级比轴低一级,为 IT8 级。

根据上述分析与计算,该孔轴配合的尺寸公差为 $\phi25\text{H}8/\text{f}7$ 或 $\phi25_{0}^{+0.033}/\phi25_{-0.041}^{-0.020}$。

3. 非常规设计的尺寸圆整

(1)非常规设计尺寸圆整的原则

1)基本尺寸和尺寸公差数值不一定都是标准化数值,可以根据需要,在进行尺寸圆整时,对一些性能尺寸、配合尺寸、定位尺寸等允许保留到小数点后一位,个别重要的和关键性的尺寸,允许保留到小数点后两位,其他尺寸则圆整为整数。

2)将实测尺寸圆整为整数或带一两位小数时,尾数删除应采用四舍六入五单双法,即尾数删除时,逢四以下舍,逢六以上进,遇五则以保证偶数的原则决定进舍。

例如:14.6 应圆整成 15(逢六以上进);25.3 应圆整成 25(逢四以下舍);67.5 和 68.5 都应圆整成 68(遇五则保证圆整后的尺寸为偶数)。

3)删除尾数时,是按一组数来进行删除的,而不得逐位地进行删除。如实测尺寸为 35.456,则当保留一位小数时,应圆整为 35.4,而不应逐位圆整为 35.456 →35.46 35.5。

4)所有尺寸圆整时,都应尽可能使其符合国家标准推荐的尺寸系列值,尺寸尾数多为 0、2、5、8 及某些偶数值。

(2)轴向功能尺寸的圆整

轴向尺寸中的功能尺寸(例如参与轴向装配尺寸链的尺寸)圆整时,依据大批量生产中其随机误差分布符合正态曲线的特征,所以可假定零件的实际尺寸位于零件公差带的中部,即当尺寸仅有一个实测值时,就可将该实测值当成公差中值。同时尽量将基本尺寸按国标所给尺寸系列圆整成整数,并保证所给公差在 IT9 级以内。公差值采用单向或双向公差。当该尺寸在尺寸链中属孔类尺寸时,取单向正公差(如 $\phi30_{0}^{+0.052}$ mm);当该尺寸属轴类尺寸时,取单向负公差(如 $\phi30_{-0.052}^{0}$ mm);当该尺寸属长度尺寸时,采用双向公差(如 30 ± 0.026 mm)。

例 2-2　某传动轴的轴向尺寸参与装配尺寸链计算,实测值为 84.99 mm,试将其圆整。

解　1)确定基本尺寸。查标准尺寸系列表,确定基本尺寸为 85 mm。

2)确定公差数值。查标准公差数值表,在基本尺寸大于 80～120 mm 时,公差等级为 IT9 的公差值为 0.087 mm。

3) 取公差值为 0.080 mm。

4) 将实测值 84.99 mm 当成公差中值,得圆整方案为 85±0.04 mm。

5) 校核。公差值为 0.08 mm,在 IT9 公差值以内且接近该公差值,并采用双向公差。实测值 84.99 mm 接近 85±0.04 mm 的公差中值。故该圆整方案合理。

例 2-3　某轴向尺寸参与装配尺寸链计算,实测值为 223.95 mm,试将其进行圆整。

解　1) 确定基本尺寸。查表 2-2 确定基本尺寸为 224 mm。

2) 确定公差数值。查标准公差数值表,基本尺寸在 180~250 mm 的范围内,公差等级为 IT9 的公差值为 0.115 mm。

3) 取公差值为 0.10 mm。

4) 将实测值当成公差中值,得圆整方案为 $224^{0}_{-0.10}$ mm。

5) 校核。公差值为 0.10 mm,在 IT9 级公差值以内且接近公差值。实测值 223.95 mm 是 $224^{0}_{-0.10}$ mm 的公差中值。故该圆整方案合理。

(3) 非功能尺寸的圆整

非功能尺寸是指一般公差的尺寸(未注公差的线性尺寸),包含功能尺寸外的所有轴向尺寸和非配合尺寸。

图纸上未注公差的尺寸,人们习惯上称为自由尺寸,但不应把自由尺寸理解为尺寸不受任何限制,可以任意变动。原则上讲,图纸上每一个尺寸都应给出公差。若这样处理,不但会大大增加设计人员的工作量,而且注满了公差会使尺寸标注失去清晰性。所以,通常的作法是只对少量的重要尺寸即主要尺寸才注出公差数值。这样可使图纸清晰地表示出哪些尺寸将影响产品的功能。由于一般公差不需在图样上进行标注,则突出了图样上的注出公差的尺寸,可使制造人员和工艺人员把注意力集中在这些尺寸上,在进行加工和检验时对这些注出尺寸给予应有的重视,从而有利于提高产品的质量并降低制造成本。

采用自由尺寸的主要场合如下:

圆整非功能尺寸时,主要是合理确定基本尺寸,保证圆整后的基本尺寸应符合国家标准规定的优先数、优先数系和标准尺寸。除个别外,一般不保留小数,例如,8.03 圆整为 8,30.08 圆整为 30 等。

2.4.3　测绘中的尺寸协调

尺寸协调是指相互结合、联接、配合的零件或部件间的尺寸的合理调整。一台机器或设备通常由许多零件、组件和部件组成。因此,不但要考虑部件中零件与零件之间的关系,而且还要考虑部件与部件之间,部件与组件或零件之间的关系。所以在标注尺寸时,必须把装配在一起的或在装配尺寸链中有关零件的尺寸,一起测量,将测量结果加以分析比较,最后一并确定基本尺寸和尺寸偏差。如图 2-4 所示的法兰盘,其上孔的位置尺寸是在协调后采用相同的标注方法;图 2-5 中的尺寸 A、B,可能会影响装配精度和部件的工作性能,所以两尺寸在协调后取值不同。

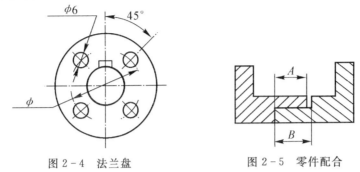

图 2-4　法兰盘　　　　　　　　图 2-5　零件配合

　　机器内部各配合部位的尺寸,(如孔、轴、槽等),应尽量做到同时测量、同时圆整、统一考虑,以保证尺寸的协调一致。很多结合面的外形,由于毛坯的制造不十分规整,测绘时应在分析的基础上确定两零件结合面的外形尺寸,以保证结合处外形的统一。

　　因此在尺寸圆整时不仅应注意到相关尺寸的数值,而且在尺寸的标注形式上也必须进行协调。

　　通过以上介绍,我们学习和掌握了尺寸圆整、尺寸换算、尺寸协调的方法,并对确定零件基本尺寸的公差和偏差的原则也有所了解。但是,对于有些特殊零件,仅仅依靠测量的数据,根据前面所讲的原则还显然是不够的。它要求我们不仅要有丰富的生产实践知识,而且要深入现场调查,结合具体情况来确定。

　　例如某些可调节的零件如仪表游丝等,应考虑其装配调整中的加工。因仪表中游丝一般在焊接时,为了对准游丝与导电片的焊接位置,需剪掉游丝的二分之一圈(或四分之三圈)。所以,单凭测量从仪表上拆下的游丝的力矩、圈数,不会得到符合原零件的尺寸数据。这就需要根据实测数据,通过理论计算,吸取调整经验,设计出装配调整前的尺寸。

　　所以说,测绘中确定基本尺寸,是一项非常重要的工作,必须从多方面考虑,进行深入细致的调查研究和分析。

思考题与习题

　　1. 测量的实质是什么? 一个测量过程包括哪些要素? 我国长度测量的基本单位是什么,它是如何定义的?

　　2. 以机械式比较仪为例说明计量器具有哪些基本计量参数(指标)。

　　3. 试说明分度值、分度间距和灵敏度三者有何区别。

4. 试举例说明测量范围与示值范围的区别。

5. 试说明绝对测量方法与相对测量方法以及绝对误差与相对误差的区别。

6. 测量误差分哪几类？产生各类测量误差的主要因素有哪些？

7. 试说明系统误差、随机误差和粗大误差的特性和不同。

8. 为什么要用多次重复测量的算术平均值表示测量结果？这样表示测量结果可减少哪一类测量误差对测量结果的影响？

9. 在立式光学计上对一轴类零件进行比较测量,共重复测量 12 次,测得值如下(单位为 mm):20.0015,20.00013,20.0016,20.0012,20.0015,20.0014,20.0017,20.0018,20.0014,20.0016,20.0014,20,0015。试求出该零件的测量结果。

10. 在实际测量中,对于同一被测量往往可以采用多种测量方法。为减小测量不确定度,应尽可能遵守哪些基本测量原则？

11. 何谓尺寸圆整？测绘工作中,有哪些尺寸圆整的方法？

12. 用测绘圆整法圆整尺寸时,如何确定孔或轴的基本尺寸？

13. 用测绘圆整法圆整尺寸时,如何确定孔或轴的公差值及上、下偏差值？

14. 测得某对配合轴、孔的实际尺寸分别为 $\phi39.94$ mm 和 $\phi40.15$ mm。试用圆整法对该对配合轴、孔进行尺寸圆整。

15. 非常规设计尺寸圆整的基本原则是什么？

16. 用类比法圆整尺寸时,选择配合过程中应考虑哪些问题？

17. 根据非常规设计尺寸圆整原则,对下列尺寸进行整数圆整:35.48,34.52,35.74,35.52。

18. 按"四舍六入五单双"原则将下列数圆整成整数:19.81 28.35 32.5

19. 将 3.180±0.03 英寸换算成毫米。

20. 将 $3.1837_{0}^{+0.0025}$ 英寸换算成毫米。

第3章 机械设备的拆卸

机器设备的拆卸是测量和绘制其工作图的前提,只有通过对零部件的拆卸,才能彻底弄清被测零部件的工作原理和结构特点,为零部件的绘图打下基础。

3.1 拆卸前的准备工作

在熟悉测绘对象、学习有关资料的基础上研究样机的拆卸路线,编出实用的拆卸计划,如拆卸顺序、拆卸方法、工具清单、测量项目、装夹方法和注意事项等。拟定拆卸前和拆卸中要记录测量的原始数据,以避免机器或部件在拆卸后无法复原。拆卸计划要在实地拆卸前订出。

1) 选择测绘场地。测绘场地最好是一个小的封闭环境,利于管理和安全。

2) 准备用于测量尺寸误差、形位误差及表面粗糙度误差的量具、量仪、拆卸用品和工具,如扳手、螺钉旋具、锤子、铜棒、轴承拆卸器、钢直尺、内卡钳、外卡钳、游标卡尺、百分表、表架、塞尺等量具,以及其他用品,如铅丝、标签等。

3) 准备测绘用的绘图工具、图纸,并做好测绘场地的清洁卫生。

4) 准备必要的资料,如有关国家标准、部颁标准、设计图册和手册、有关参考书及产品说明书等。

5) 研究机器构造特征,阅读被测绘机器的有关参考资料,了解和掌握测绘对象的结构特点、工作原理、工艺性能及技术性能。

6) 了解机器各零部件的联接方式。从机器装拆的角度分析,机器各零部件的联接方式可分为以下四种:

① 永久性联结:为焊接,胶接、铆接、过盈量较大的过盈配合等,属于不可拆卸的联接。因此在分解过程中必须引起注意,如确属必要,而且又有两台以上样机时,可作破坏性试验或解剖,但必须慎重处理。

② 半永久性联接:有过盈量较小的过盈配合、具有过盈量的过渡配合,属于不经常拆卸的联接轴承内环和轴的配合,螺母锁紧后冲口防松等均属这种联接,它们在拆卸后仍可再次进行联接,但拆卸过程中应测量并记录其扭矩、相角、压力等数据。

③ 活动联接：相配合的零件之间有间隙，其中包括间隙配合和具有间隙的过渡配合，或两者可以相对运动。滑动轴承的轴承孔与轴颈的配合、液压缸与活塞之间的配合、机床的导轨与刀架的联接等都属于活动联接。

④ 可拆卸联接：联接后零件之间虽然无相对运动，但是可以拆卸，如螺纹联接、键与销的联接等。

3.2　零部件的拆卸

一台机器是由许多零部件装配起来的，拆卸机器是按照与装配相反的顺序进行的。因此在拆卸之前，必须仔细分析测绘对象的联接特点、装配关系，从而准备必需的拆卸工具，以决定拆卸步骤。

3.2.1　零部件的拆卸原则

1) 遵循"恢复原机"的原则。在开始拆卸时就应该考虑到再装配时要与原机相同，即保证原机的完整性、准确度和密封性等。

2) 拆卸时要遵守合理的拆卸顺序，一般情况下的拆卸顺序是由附件到主机，由外部到内部，由上到下进行；先将机器中的大部件解体，然后将各大部件拆卸成部(组)件，再将各部(组)件拆卸成测绘所需要的组件或零件。在拆卸比较复杂的部件时，要详细分析部件的结构以及零件在部件中所起的作用，特别应注意那些装配精度要求高的零部件。

3) 拆卸时，通常是从最后装配的那个零件开始，即按装配的逆过程进行拆卸，切不可一开始就把机器或部件全部拆开。对不熟悉的机器或部件，拆卸前应仔细观察并分析它的内部结构特点。对一些重要尺寸，要进行测量并记录下测量数据，以作为测绘中校核图样的参考。

4) 对于机器上的不可拆卸联接，过盈配合的衬套、销钉，壳体上的螺柱、螺套以及一些经过调整、拆开后不易调整复位的零件(如刻度盘、游标尺等)，一般不进行拆卸。

5) 复杂设备中零件的种类和数量很多，有的零件还要等待进一步测量和化验。为了保证复原装配，必须保证全部零部件和不可拆组件完整无损、没有锈蚀。

6) 遇到不可拆组件，复杂零件的内部结构无法测量或拆开后不易调整、复位、影响精度时，尽量不拆卸、晚拆卸或少拆卸，也可以采用 X 光透视或其他办法解决。

3.2.2　正确的拆卸方法

1) 在拆卸过程中，除仔细考虑拆卸的顺序外，还应根据零部件联接方式和零件尺寸,确定合适的拆卸方法,选用合适的拆卸工具和设备,忌乱敲乱打,以免划伤零件。若考虑不周、方法不对,往往容易造成零件损坏或变形,严重时可能造成零件无法修复,使整个零件报废。拆卸困难的部件,应仔细揣摩它的装配方法,然后试拆。切不可硬撬硬扭,以致损坏原来好的机件。

2) 在拆卸零件的过程中,应注意分析机器或部件的传动方案、整体结构、功能要求、加工与装配工艺要求和润滑与密封要求等;分析各零件的功用、结构特点、定位方式以及零件间的装配关系、配合性质等;并测量各零部件的结构尺寸和各零部件之间的相对位置尺寸。

3) 注意相互配合零件的拆卸。机械设备中有许多配合的组件和零件,所以合理选择和正确使用相应的拆卸工具很重要。拆卸时,应尽量采用专用的或选用合适的工具和设备。装配在一起的零件间一般都有一定配合,尽管配合的松紧依配合性质的不同而不同,但拆卸时常常用手锤冲击。锤击时,必须对受击部位采取保护措施,一般使用铜棒、胶木棒、木棒或木板等保护受击的零件。拆卸时不得使用不合适的工具勉强凑合、乱敲乱打;不能用量具、钳子、扳手等代替手锤使用,以免将工具损坏。

4) 记录拆卸方向,防止零件丢失。零件拆卸后,无论是打出还是压出,衬套、轴承、销钉或拆卸螺纹联结件,均需记录拆卸方向。拆卸后要对拆下的零件进行清洗、编号、挂标签并分类,必要时在零件上打号,然后分组有顺序地放置和妥善保管,以避免零件混乱、损坏、变形、生锈或丢失。打号方法常用于相似零部件较多,零部件装配位置要求十分严格或非常重要的零部件。零件号牌应事先做好,号牌上的内容应包括名称、编号、件数等。紧固件如螺栓、螺钉、螺母及垫圈等,其数量较多,规格相近,很容易混乱与丢失,最好将它们串在一起或装回原处,也可以把相同的小零件全部拴在一起或放置在盒内,作出标记并作相应记录。要特别注意防止滚珠、键、销等小零件丢失。

5) 做好记录。拆卸记录必须详细具体,对每一拆卸步骤应逐条记录并整理出装配注意事项,尤其要注意装配的相对位置,必要时在记录本上绘制装配联接位置草图以帮助记忆,力求记清每个零件的拆卸顺序和位置,以备重新组装,避免机器或部件分解后无法复原,如图 3-1 所示。对于复杂组件,最好在拆卸前作照相记录。对于在装配中有一定的啮合位置、调整位置的零部件,应先测量、鉴定,然后作出记号并详细记录。

6) 注意特殊零件的拆卸。进行拆卸时,应当尽量保护制造困难和价格较贵、精度较高的

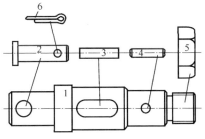

图 3-1　零件拆卸顺序和位置

零件;怕脏、怕碰的精密零部件应单独折卸与存放;不能用高度重要零件表面做放置的支撑面,以免损伤。

拆下的润滑装置或冷却装置,在清洗后要将其管口封好,以免侵入杂物。

有螺纹的零件,特别是一些受热部分的螺纹零件,应多涂渗润滑油,待油渗透后再进行拆卸。

在干燥状态下拆卸易卡住的配合件,应先涂渗润滑油,等数分钟后,再拆卸;如仍不易拆下,则应再涂油。对过盈配合件亦应涂渗润滑油,过一段时间再进行拆卸。

3.3　绘制装配示意图

装配示意图又称装配简图,主要用于表达机器中各组成部分的总体布局和相对位置关系。为了保证能顺利地将部件重新装配起来,避免遗忘,在拆卸过程中应画出装配示意图。装配示意图一般是一边拆卸,一边用简明的符号和线条徒手画出,逐一记录下各零件在原装配体中的装配关系,并在图上标出各零件的名称、数量、相互位置关系和装配联接关系等需要记录的数据。

装配示意图是绘制装配图和零件拆卸后重新装配成机器或部件的依据。因此,正确绘制装配示意图是机械拆卸过程中重要的一步。图3-2是送料齿轮箱装配示意图。从该图可看到:图上的齿轮主轴、轴承、圆锥齿轮、蜗杆、蜗轮等均按规定代号画出;箱体、轴承盖等无规定代号的零件,则只画出其大致轮廓;对不影响装配关系的部分,均可省略不画。

该图主视图表示从电动机至带轮、蜗杆蜗轮的传入齿轮箱的传入路线。俯视图则表示蜗杆蜗轮和凸轮一条传出线路,以及另一条蜗杆蜗轮、一对圆锥齿轮、小圆柱齿轮的传出线路的传动关系。图3-2还表示了箱体内轴承、轴承套、蜗杆轴、主轴之间的装配关系。

绘制装配示意图时,还应注意以下几点:

1) 装配示意图的画法没有严格的规定,有些零件,如轴、轴承、齿轮、弹簧等应用国家标准中规定的符号绘制外,机器零件通常用单线条画出它的大体轮廓,以显示其形态的基本特征。一些常用零件及构件的规定代号,可参阅国家标准中的《机构运动简图符号》(GB/T 4460—1984)。

2) 将所测绘的装配体假想成透明体,既画外形轮廓,又画内部结构,但它决不是剖视图,而且各零件不受其他零件遮挡的限制,使所有零件尽量集中在一个或两个视图上表达出来。装配示意图可从主要零件着手,依次按装配顺序把其他零件逐一画出。

3) 在装配示意图上编出的零件序号,最好按拆卸顺序排列,并且列表填写序

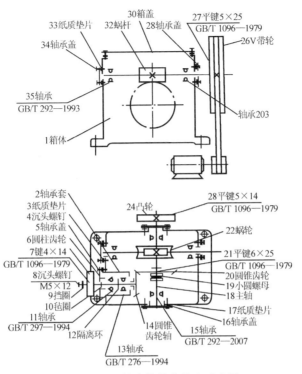

图 3-2　送料齿轮箱的装配示意图

号、零件名称、数量、材料及标准件的标准代号等。

4）由于标准件是不必绘制零件图的，因此对装配体中的标准件，应查有关国家标准，及时确定其尺寸规格，并将它们的规定标记注写在表上。

5）两相邻零件的接触面或配合面之间应画出间隙，便于将它们区别开来，这点是和画装配图的规定不相同的。

6）装配示意图各部分之间应大致符合比例，特殊情况可放大或缩小。

7）示意图常采用展开画法和旋转画法，可以用涂色、加粗线条等手法，使其更形象化。

8）装配示意图上的内外螺纹，均用示意画法。内外螺纹配合，可分别全部画也可只按外螺纹画出。

3.4　拆卸方法

一般联接方式，如螺栓联接、螺钉联接、键联接等，拆卸时使用扳手、起子等一般工具就可以很顺利地拆开，但对过盈配合以及有些零件的联接，如弹簧挡圈、轴承等拆卸时,就要使用专用工具。

3.4.1 冲击力拆卸法

冲击力拆卸法是利用手锤的冲击力打出要拆
卸的零件。这种拆卸方法多用在零件材料的强
度、硬度较强或不重要的零件,如衬套、定位销等
的拆卸,为保证周边受力均匀,常采用导向柱或导
向套筒。导向柱和导向套筒的直径,分别和零件
或衬套孔径具有较小的配合间隙,最好利用弹簧
来支承使被拆卸的零件,使其不受损坏,如图 3-3
所示。在锤击时要垫上软质垫块如木材、铜垫片
等以防止锤力过大而损坏所拆卸的零件表面。

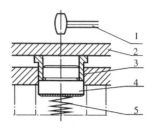

图 3-3　冲击力法拆卸示意图
1—手锤;2—垫板;3—导向套;
4—拆卸件;5—弹簧

3.4.2　压出拆卸法

压出拆卸法的作用力稳定而均匀,作用力的大小和方向容易控制,而且可以从
压力表中记录压力大小,以便估计过盈量或复原之用,但该方法需要一定的设备,
如各种动力(液、气、机械)的压力机。图 3-4 所示是在压力 P 的作用下,使齿轮
与轴分离的示意图。图 3-5 所示是在压力的作用下,拆卸滚动轴承的方法。

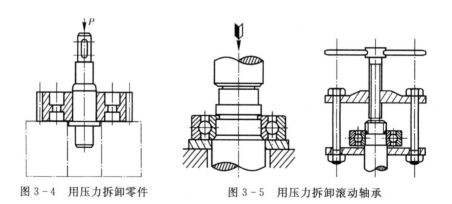

图 3-4　用压力拆卸零件　　　　　　　图 3-5　用压力拆卸滚动轴承

3.4.3　拉力拆卸法

拉力拆卸法常采用一些特殊的螺旋拆卸辅助工具,其样式很多,如图 3-6 所
示为拆卸滚动轴承、轴套、皮带轮等所用的拆卸工具。又如图 3-7 所示为利用卡
环(两个半圆)拆卸轴承,使轴承受力更均匀。

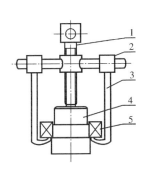

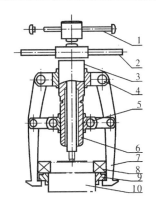

图 3-6 拆卸轴承、皮带轮用的工具
1—手钢与螺杆；2—螺母与横架；
3—拉杆；4—轴；5—轴承

图 3-7 利用卡环拆卸零件
1,2—手钢；3—螺母套；4—右旋螺母；
5—左旋螺母；6—螺母；7—拉杆；
8—轴承；9—卡环；10—轴

3.4.4 温差拆卸法

利用金属热胀冷缩的性质进行拆卸的方法称为温差拆卸法。加热使孔径增大，冷却使轴的直径变小，这样轴与孔的配合过盈量相对减小或出现间隙，拆卸就比较容易。

图 3-8 所示的是加热轴承内圈而拆卸轴承的方法。在加热前用石棉把靠近轴承那一部分轴隔离开，然后在轴上套一个套圈使之与零件隔热。拆卸时，用拆卸工具的抓钩抓住轴承的内圈，并迅速把加热到 100℃ 的油倒入，将轴承加热，然后拉出轴承。

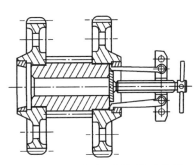

图 3-8 用热胀法拆卸轴承内圈

图 3-9 用冷缩法拆卸轴承外圈

也可用干冰局部冷却轴承外圈,并迅速从齿轮中拉出轴承的外圈,如图3-9所示。

以上几种拆卸方法,主要用于拆卸半永久性联接。永久性联接不应拆卸,如要拆卸,则为破坏性拆卸。

拆卸时应注意以下几点:

1) 手锤头部不能直接接触被拆卸零件。用冲击力拆卸零件时,手锤头部不能直接接触拆卸零件,以防止零件变形或损坏。若用一定力量敲击仍不见松动时,应改用其他方法。

2) 可拆可不拆的零件尽可能不拆卸。当有些零件之间的结构是已知的或者可以在机械零件设计手册中查出时,可以不拆卸而直接画出其零件图,如图3-10所示,其中(a)图所示为常见齿轮和轴的配合结构,较为熟悉,不经拆卸即可画出零件图如(b)、(c)图所示。

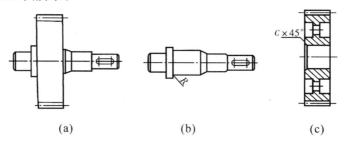

图3-10 轮与轴的结构分析
(a)轮与轴装配外形;(b)轴;(c)轮

3) 浇涛的合金轴承等零件不应拆卸。浇铸的轴承合金已经与机壳形成一体,因此不应拆卸,测绘时如遇到这种结构,只能根据外表和有关资料、标准进行分析,如图3-11所示。必要时,若有备件,则应做解剖化验和测量。

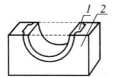

图3-11 多支点烧铸合金轴承
1—合金轴承;2—机体

4) 铆接件与焊接件也不应拆卸。

3.4.5 预紧力组装件拆卸法

用预紧力组装件拆卸法拆卸如机械压力机的大立柱等,常用的有加热法、机械拉伸法和液压拉伸法等。

1. 加热法

加热法的操作是应先计算出被拉伸部分的伸长值,可按下式计算:

$$\lambda = \frac{RL}{E} \qquad (3-1)$$

式中:λ 为伸长值(mm);R 为许用应力(kPa);L 为被拉伸压紧部的长度(mm);E 为弹性模量。

按式(3-1)算出的伸长值后再用下式计算出螺母的旋转角度:

$$\gamma = \frac{360°\lambda}{s} \qquad (3-2)$$

式中:γ 为旋转角(°);s 为螺距(mm);λ 为伸长值(mm)。

求得螺母旋转角度后,用下式计算螺柱的加热温度:

$$t_1 = \frac{\lambda}{\mu L} \qquad (3-3)$$

式中:t_1 为加热温度(℃);L 为螺柱受热部分的长度(mm);μ 为线胀系数(1/℃)。

将环境温度考虑进去,计算测量温度如下:

$$t = t_1 + t_2 \qquad (3-4)$$

式中:t 为测量温度(℃);t_1 为加热温度(℃);t_2 为环境温度(℃)。

加热前将螺母拧紧,使螺母与压紧件的表面接触紧密至转不动为止,同时在螺母上作出零位和应旋转的角度标记,见图 3-12。

用电加热贴片、电阻丝或热蒸汽在螺柱加热长度上进行加热;当螺柱的温度稳定在式(3-4)计算的测量温度时,旋转螺母至式(3-2)的计算角度后停止加热,待螺柱冷却便获得应有的预紧力。拆卸时,则当螺柱加热伸长后旋松螺母即可拆卸下来。

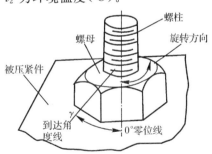

图 3-12 螺母旋转角度示意图

2. 机械拉伸法

当需要拆卸的螺柱既没有加热部位又没有专用工具时,可以采用杠杆原理以机械的方法进行拆卸。即加工一只螺母,用钢板焊上 U 字形的提篮臂,用槽钢加固后做成长杠杆,将加工的螺母旋至螺柱上与螺柱上的螺母留出约一扣的距离,用杠杆套在提篮臂上,以垫铁在杠杆头上作支点,用油压千斤顶在杠杆的另一端作力点,逐渐将千斤顶升高,螺柱被拉伸长后,随即将螺母旋松即可将螺柱拆卸下来,见图 3-13。

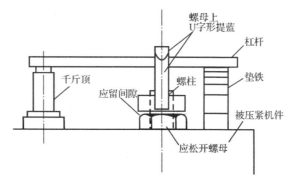

图 3-13　用简单工具拆卸大螺柱示意图

3. 液压拉伸法

将专用液压工具装至螺柱上,逐渐升高压力使螺柱伸长后,将螺母拧松便可将螺柱拆卸下来,这是最简便的拆卸方法,即液压拉伸法。

3.5　常见零部件的拆卸

3.5.1　螺纹联接件的拆卸

拆卸螺纹连接件时,首先应选用合适的扳手,一般开口扳手比活扳手好用,梅花扳手和套筒扳手比开口扳手好用。实际操作时,几种扳手可相互配合使用。开始拆卸时,应注意连接件的左右旋转方向,均匀施力,弄不清旋转方向时,要进行试拆,否则会出现越拧越紧的现象。待螺纹松动后,其旋向已明确,再逐步旋出,不要用力过猛,以免造成零件损坏。

特殊结构的螺母和螺纹联接,如圆周上带槽或孔的圆螺母,可用如图 3-14 所示的扳手拆卸;端面带槽或孔的圆螺母,可用带槽螺母扳手(如图 3-15 所示)和销钉扳手(如图 3-16)拆卸。

图 3-14　用圆螺母扳手拆卸圆螺母

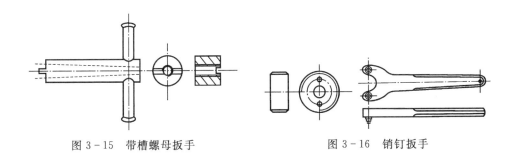

图 3-15　带槽螺母扳手　　　　　　图 3-16　销钉扳手

1. 双头螺柱的拆卸

1) 用并紧的双螺母来拆卸螺柱,这种方法操作简单,应用较广。方法是选两个和双头螺柱相同规格的螺母,把两个螺母拧在双头螺柱螺纹的中部,并将两个螺母拧紧,此时两螺母锁死在螺柱的螺纹中,用扳手旋转其中的一个螺母即可将双头螺柱拧出,如图 3-17(a)所示,安装双头螺柱的过程是旋向相反。

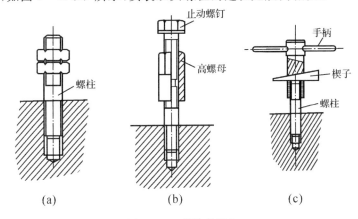

(a)　　　　　　　　(b)　　　　　　　　(c)

图 3-17　螺柱的拆卸

(a)双螺母拆卸器;(b)高螺母拆卸器;(c)楔式拆卸器

2) 用高螺母拆卸器拆卸螺柱时,先将它拧入螺柱,再拧紧止动螺钉,然后用扳手沿松脱螺柱的方向扳动高螺母即可见图 3-17(b)。

3) 用楔式拆卸器来拆卸螺柱时,先将它拧入螺柱,再将楔子楔入压紧螺柱,然后将手柄沿松脱螺柱的方向转动,即可以卸下螺柱(见图 3-17(c))。

2. 多螺栓紧固件的拆卸

由于多螺栓紧固的大多是盘盖类零件,其材料较软,厚度不大,易变形,因此在拆卸这类零件时,螺栓或螺母必须按一定顺序进行,以便被紧固件的内应力实现均匀变化,防止严重变形,失去精度。不可将每个螺栓一次旋出。拆卸螺纹联接时,拆卸顺序与装配时的拧紧顺序相反,由外到里依次逐渐松开,图3-18指出了拆卸松开的顺序。

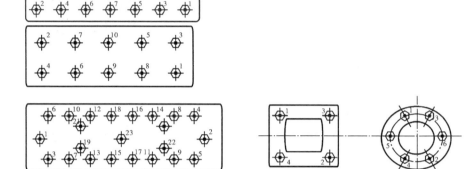

(a)　　　　　　　　　　　　　　　　(b)

图3-18　多螺栓联接的拆卸顺序

3. 锈蚀螺母、螺钉等的拆卸

一般螺纹的拆卸比较容易,只要用扳手拧松就可拆卸掉。但零部件长期没有拆卸,螺母会锈结在螺杆上或螺钉等会锈结在机件上,即对生锈腐蚀的螺纹联接的拆卸则比较麻烦。拆卸时要根据锈结情况采用相应的方法,绝不能硬拧。这时,可先用手锤敲击螺母或螺钉,使其受振动而松动,然后,用扳手拧紧和拧退,反复地松紧,这样以振动加扭力方式,将其卸掉。若锈结时间较长,可用煤油浸泡20～30 min或更长时间后,辅以适当的敲击振动,使锈层松散,就比较容易拧转和拆卸。锈结严重的部位,可用火焰对其加热,经过热膨胀和冷收缩的作用,使其松动。

4. 调整螺钉的拆卸

调整螺钉的拆卸一般用双套筒扳手,先拧紧内套筒,然后按松脱紧固螺母方向拧松外套筒,即可拆下(见图3-19)。

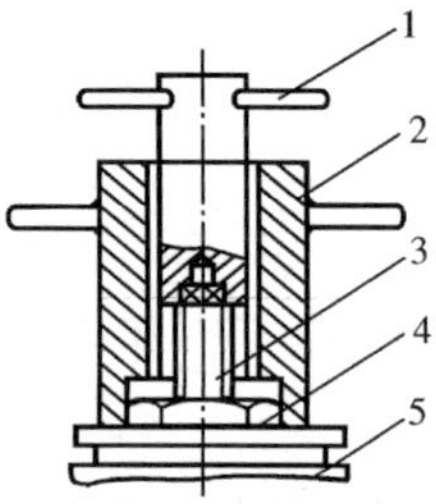

5. 受空间位置限制的特殊场合的拆卸

在受空间位置限制的特殊场合,可以用带万向接头的或带锥齿轮的特种扳手拆卸(见图3-20)。

图3-19　用双套筒扳手拆卸调整螺钉
1—内套筒;2—外套筒;
3—调整螺钉;4—紧固螺母;
5—阀体

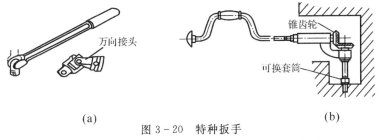

(a)　　　　　　　　　　　　　　　　　(b)

图 3-20　特种扳手

(a)带万向接头的特种扳手;(b)带锥齿轮的特种扳手

3.5.2　销的拆卸

1. 安装在通孔中销的拆卸

拆卸安装在通孔中的销时要在机件下面放上带孔的垫铁,或将机件放在 V 形支承或槽钢之类支承上面,使用手锤或略小于销直径的铜棒敲击销的一端(圆锥销为小端),即可将销拆出,如图 3-21 所示。当销和零件配合的过盈量较大,手工不易拆出时,可借助于压力机。对于定位销,在拆去被定位的零件后,销往往会留在主要零件上,这时可用销钳或尖嘴钳将其拔出。

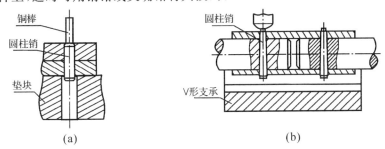

(a)　　　　　　　　　　　　　　　　　(b)

图 3-21　通孔中普通销的拆卸

(a)拆圆柱销;(b)拆圆锥销

2. 内螺纹销和盲孔中销的拆卸

内螺纹销的形式如图 3-22 所示。拆卸带内螺纹的销时,可使用特制拔销器将销拔出,如图 3-23 所示,当 3 部分的螺纹旋入销的内螺纹时,用 2 部分冲击 1 部分即可将销取出。如无专用工具,可先在销的内螺纹孔中装上六角头螺栓或带有凸缘的螺杆,再用手锤或铜冲冲打而将销子拆下,如图 3-24 所示。

对于盲孔中无螺纹的销,可先在销头部钻孔攻出内螺纹,再采用如图 3-24 所示的方法进行拆卸。

图 3 - 22　内螺纹销型式

（a）内螺纹圆柱销；（b）内螺纹圆锥销

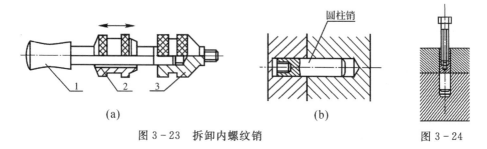

图 3 - 23　拆卸内螺纹销　　　　　　图 3 - 24

3. 螺尾圆锥销及外螺纹圆柱销的拆卸

螺尾圆锥销及外螺纹圆柱销的形式如图 3 - 25 所示，拆卸时，拧上一个与螺尾相同的螺母，如图 3 - 26 所示，拧紧螺母将销卸出。

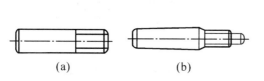

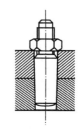

图 3 - 25　螺尾圆锥销和外螺纹圆柱销的形式　　　图 3 - 26　拆螺尾圆锥销

（a）外螺纹圆柱销；（b）螺尾圆锥销

3.5.3　轴系及轴上零件的拆卸

轴系的拆卸要视轴承与轴及轴承与机体孔的配合情况而定。拆卸前要分析清楚轴和轴承的安装顺序，按安装的相反顺序进行拆卸，可用压力机压出或用手锤和铜棒配合敲击轴端拆出，切忌用力过猛。如果轴承与机体配合较松，则轴系连同轴承一同拆掉；反之，则轴系先与轴承分离。

1. 滚动轴承的拆卸

拆卸轴上或机体孔内的轴承时，要采取必要的保护措施，掌握正确的拆卸方法，使轴保持完好的原有状态。过盈量不大时可用手锤配合套筒轻轻敲击轴承内外圈，慢慢拆出，过盈量较大时可采用下述方法进行拆卸。

1) 拆卸轴上的滚动轴承。从轴上拆卸滚动轴承时常使用拉拔器,滚动轴承内圈的拆卸一般用带钩爪的轴承拆卸器,如图 3-27 所示。

通过手柄转动螺杆,使螺杆下部顶紧轴端,慢慢地扳转手柄杆,旋入顶杆,即可将滚动轴承从轴上拉出来。为减小顶杆端部和轴头端部的摩擦,可在顶杆端部与轴头端部中心孔之间放一合适的钢球进行拆卸。这样,使螺杆对轴的顶紧力更集中,更能使轴承顺利离开轴。

从轴上拆卸较大直径的滚动轴承时,可将轴系放在专用装置上,如图 3-28 所示,通过压力机对轴端施加压力,将轴承拆卸下来。

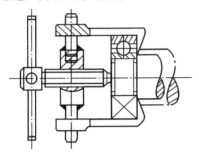

图 3-27　滚动轴承的拆卸

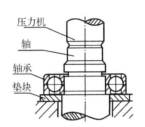

图 3-28　拆卸较大直径的滚动轴承

2) 拆卸孔内的滚动轴承。由于工件孔有通孔和盲孔之分,因此拆卸孔内轴承的方法也有区别,常用拉拔法和内涨法。拆卸通孔内的滚动轴承常采用拉拔法,图 3-29 所示为采用拉拔法拆卸箱体孔内轴承时使用的工具。图中圆柱销 1 和圆柱销 2 可从孔内伸出和退缩。使用时,先将其放进轴承孔内,然后拧动螺杆,使螺杆左面的尖端将圆柱销 1 和圆柱销 2 顶出,并使两个圆柱销伸出轴承外并勾住轴承,在孔外放好横杠的位置,拧动螺母,即可将滚动轴承拉出。图 3-30 所示为采用拉拔法拆卸轴承外圈的方法。

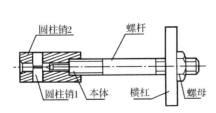

图 3-29　拉拔法拆卸孔内轴承的工具

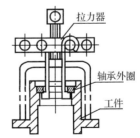

图 3-30　拉拔法拆卸轴承外圈

拆卸盲孔内的滚动轴承常采用内涨法,图 3-31 所示为内涨法拆卸盲孔内滚动轴承的情况。图中涨紧套筒上有 3~4 条开口槽,经热处理淬硬后具有一定的弹性。使用时,涨紧套筒和衬套安装在心轴上,一起放进轴承孔内(超出轴承内侧端面),旋转螺母 2,使涨紧套筒涨紧轴承,然后将等高块垫在工件上,放好横板,当旋转螺母 1 时轴承即能拆卸下来。

使用拉拔器进行拆卸时应注意的要点如下:

① 用拉拔器拆卸零件时,拉拔器应与被拆零件同心,拉拔器的各拉钩应相互平行,钩和零件要贴合平整以保持四周受力均匀。必要时,可在螺杆和轴端间以及零件和拉钩间垫入垫块,以免因拉力集中而损坏零件。

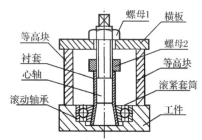

图 3-31　内涨法拆卸盲孔内滚动轴承

② 拆卸时要缓慢进行,不要强行拆卸。过盈配合的零件要加热膨胀后进行拆卸,以避免损伤零件。

③ 拉拔器几个拉杆距离要相等,使各方向受力一致,避免产生歪斜,影响正常拆卸工作。

④ 当拆卸大型轴承时,必须把拉拔器架设好,否则当轴承将离开轴时,易出现歪斜而损伤轴承。因此,在拆卸后期阶段,用手锤轻轻敲击拉拔器的后部,以保持平衡。

2. 其他轴系零件的拆卸

轴系零件除了滚动轴承之外,还有轴套以及各种轮、盘、密封圈、联轴器等,其拆卸方法与滚动轴承相似,当这些零件与轴配合较松时,一般用手锤和铜棒即可拆卸,较紧时则借助于拉拔器或压力机。轴上或机体内的挡圈需借助于专用挡圈钳拆卸。

3.5.4　键的拆卸

平键、半圆键可直接用手钳卸出,或使用锤子和铜棒从键的两端或侧面进行敲击而将键卸下,如图 3-32 所示。

拆卸楔键时,用铜条冲子对着键较薄的一头向外冲击,即可卸下楔键。配合较紧或不宜用冲子拆卸的楔键,可用拔键钩拆卸(如图 3-33 所示)或用起键器进行拆卸。图 3-34 所示的是用起键器套在楔键头部,用螺钉将其与楔键固定压紧,然后利用

图 3-32　拆卸平键

撞块冲击螺杆凸缘部分,或用手锤敲打撞块,即可将楔键从槽内拉出。

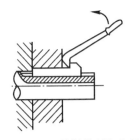

图 3-33 用拔键钩拆卸楔键

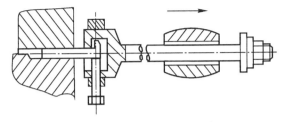

图 3-34 用起键器拆卸楔键

过渡配合或过盈配合零件的拆卸需根据其过盈量的大小而采取不同的方法。当过盈量小时,可用拉拔器拉出或用木锤敲击、铜冲冲打而将零件拆下;当过盈量较大时,可采用压力机拆卸、拆卸加温或冷却拆卸。拆卸过盈配合零件时应注意以下两点:

1) 被拆零件受力要均匀,所受力的合力应位于其轴心线上。

2) 被拆零件受力部位应恰当,如用拉拔器拉拔时,拉爪应钩在零件的不重要部位。一般不得用锤直接敲击零件,必要时可用硬木或铜棒作冲头,沿整个工件周边敲打,切不可在一个部位用力猛敲。当零件敲不动时应停止敲击,待查明原因后再采取适当的办法。加温拆卸时,可选择油浸和感应加热法。采用油浸的方法是:先把相配合的两零件中轴的配合部位用石棉包裹起来,以起到隔热作用,或将有孔零件放在热油中浸泡,使有孔零件受热膨胀,即可将两零件分离。而感应加热法是一种较先进的加温拆卸方法,它采用加温器对零件进行加热,加热迅速、均匀、清洁无污染、加热质量高,并能保证零件不受损伤。感应加热时,加热温度不要过高,以稍加力零件就能分离为宜,加热电流应加在有孔零件上。一定要注意,必须在主机断电后方可取出感应线圈内的加热部件,以防烫伤。

思考题与习题

1. 机械设备拆卸前要做哪些准备工作? 拆卸的一般原则是什么?

2. 拆卸的基本要求是什么,应注意什么?

3. 零部件的拆卸方法有哪几种,应用场合有何不同?

4. 螺纹联接的拆卸顺序和拧紧顺序有何不同?

5. 螺纹联接扭转力矩和转角是用什么测量的?

6. 拆卸时在安全方面应注意哪几点?

7. 保管精密零部件应注意什么?

8. 怎样防止零件丢失?

第4章　测量器具的选用与使用

4.1　测量器具的选用

4.1.1　合理选用测量器具的一般原则

1) 测量器具的类型应与生产类型相适应。单件、小批生产应选用通用测量器具;大批大量生产应选用专用测量器具和测量装置等。

2) 测量器具的使用性能应与被测件的结构、材质、表面特性相适应。一般钢件表面较硬,多用接触式测量器具;刚性低,硬度低的软金属或薄型、微型零件,可用非接触式测量器具。

3) 测量器具的度量指标应能满足测量要求。测量器具的测量范围应与被测的尺寸相适应,测量误差应与被测尺寸的公差相适应,过大、过小都不可取。

4.1.2　根据安全裕度选用测量器具

1. 误收和误废

对于任何测量过程来说,无论采用通用测量器具,还是采用极限量规对工件进行检测,都有测量误差存在。由于测量误差对测量结果有影响,因此当真实尺寸位于极限尺寸附近时,会引起把实际尺寸超过极限尺寸范围的工件误认为合格,出现误收,而把实际尺寸在极限尺寸范围内的工件误认为不合格,出现误废,如图 4-1 所示。可见,测量器具的精度越低,容易引起的测量误差就越大,误收和误废的概率就越大。

2. 内缩验收极限和安全裕度

测量器具的精度应该与被测零件的公差等级相适应。由于测量器具和测量条件的限制,不管采用什么样的仪器或量具,都会出现或大或小的测量误差,因此为了保证被测零件的正确率,验收标准规定:验收极限从规定的极限尺寸向零件公差带内移动一个测量不确定度的允许值 A(安全裕度),如图 4-2 所示。根据这一原则,建立了在规定尺寸极限基础上内缩的验收规则。

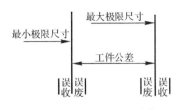

图 4-1　测量误差的影响

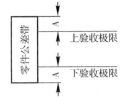

图 4-2　测量误差的影响

上验收极限＝最大极限尺寸－安全裕度(A)

下验收极限＝最小极限尺寸－安全裕度(A)

　　安全裕度 A 的确定,必须从技术和经济两个方面综合考虑。当 A 值较大时,可选用较低精度的测量器具进行检验,但减少了生产公差,因而加工经济性差;当 A 值较小时,要用较精密的测量器具,加工经济性好,但测量仪器费用高。因此,A 值应按被检工件的公差大小来确定,一般为工件公差的 1/10。国家标准规定的 A 值列于表 4-1 中。安全裕度相当于测量中的总的不确定度。不确定度用以表征测量过程中各项误差综合影响测量结果分散程度的误差界限。

表 4-1　安全裕度(A)与计量器具的测量不确定度允许值(u_1)（摘自 GB/T 3177—1997）　μm

公差等级	6					7					8					9				
基本尺寸 /mm	T	A	u_1			T	A	u_1			T	A	u_1			T	A	u_1		
			Ⅰ	Ⅱ	Ⅲ			Ⅰ	Ⅱ	Ⅲ			Ⅰ	Ⅱ	Ⅲ			Ⅰ	Ⅱ	Ⅲ
≥3	6	0.6	0.54	0.9	1.4	10	1.0	0.9	1.5	2.3	14	1.4	1.3	2.1	3.2	25	2.5	2.3	3.8	5.6
>3～6	8	0.8	0.72	1.2	1.8	12	1.2	1.1	1.8	2.7	18	1.8	1.6	2.7	4.1	30	3.0	2.7	4.5	6.8
>6～10	9	0.9	0.81	1.4	2.0	15	1.5	1.4	2.3	3.4	22	2.2	2.0	3.3	5.0	36	3.6	3.3	5.4	8.1
>10～18	11	1.1	1.0	1.7	2.5	18	1.8	1.7	2.7	4.1	27	2.7	2.4	4.1	6.1	43	4.3	3.9	6.5	9.7
>18～30	13	1.3	1.2	2.0	2.9	21	2.1	1.9	3.1	4.7	33	3.3	3.0	5.0	7.4	52	5.2	4.7	7.8	12
>30～50	16	1.6	1.4	2.4	3.6	25	2.5	2.3	3.8	5.6	39	3.9	3.5	5.9	8.8	62	6.2	5.6	9.3	14
>50～80	19	1.6	1.7	2.9	4.3	30	3.0	2.7	4.5	6.8	46	4.6	4.1	6.9	10	74	7.4	6.7	11	17
>80～120	22	2.2	2.0	3.3	5.0	35	3.5	3.2	5.3	8.0	54	5.4	4.9	8.1	12	83	8.7	7.8	13	20
>120～180	25	2.5	2.3	3.8	5.6	40	4.0	4.1	6.0	9.0	63	6.3	5.7	9.5	14	100	10	9	15	23
>180～250	29	2.9	2.6	4.4	6.0	46	4.6	4.1	6.9	10	72	7.2	6.5	11	16	115	12	10	17	26
>250～315	32	3.2	2.9	4.8	7.2	52	5.2	4.7	7.8	12	81	8.1	7.3	12	18	130	13	12	19	29
>315～400	36	3.6	3.2	5.4	8.1	57	5.7	5.1	8.6	13	89	8.9	8.0	13	20	140	14	13	21	32
>400～500	40	4.0	3.6	6.0	9.1	63	6.3	5.7	8.5	14	97	9.7	8.7	15	22	155	16	14	23	35

　　测量器具的测量不确定度是产生误收与误废的主要因素。在尺寸验收极限一定的情况下,测量器具的测量极限误差(测量不确定度允许值 u_1)越大,产生误收

与误废的概率也越大;反之,测量器具的测量不确定度允许值 u_1 越小,产生误收与误废的概率也越小。因此,使用一般通用的测量器具测量工件时,依据器具的不确定度允许值 u_1,正确选择测量器具很重要。

使用通用测量器具测量工件时,应参照国家标准 GB/T 3177—1997 进行。该标准适用于车间用的测量器具(游标卡尺、千分尺和分度值不小于 $0.5\mu\text{m}$ 的指示表和比较仪等),主要用以检测公差等级为 IT6～IT18 的工件尺寸。按照测量器具所引起的测量不确定度允许值 u_1 来选择测量器具,以保证测量结果的可靠性。常用的千分尺、游标卡尺、比较仪和指示表的不确定度 u_1 值列在表 4-2、表 4-3 中。在选择测量器具时,应使所选用的测量器具的不确定度 u'_1 小于或等于测量器具不确定度允许值 u_1,即 $u'_1 \leqslant u_1$。

测量不确定度的允许值分为 Ⅰ、Ⅱ、Ⅲ 三档(公差为 IT12～IT18 的工件分为 Ⅰ、Ⅱ 两档),分别约为工件公差的 1/10、1/6、1/4,可直接从表格中查取。一般情况下,优先选用 Ⅰ 档。

表 4-2　千分尺和游标卡尺的测量不确定度允许值 u_1　　　　　　　　mm

尺寸范围		测量器具类型			
		分度值为 0.05 mm 的外径千分尺	分度值为 0.01 mm 的内径千分尺	分度值为 0.01 mm 的游标卡尺	分度值为 0.05 mm 的游标卡尺
大于	至	测量不确定度 u'_1			
0	50	0.004	0.008	0.020	0.50
50	100	0.005			
100	150	0.006			
150	200	0.007	0.013		
200	250	0.008		0.300	
250	300	0.009			
300	350	0.010	0.020		
350	400	0.011			
400	450	0.012			
450	500	0.013	0.025		
500	600		0.030		0.350
600	700				
700	1000				

注:采用比较测量法测量时,千分尺和游标卡尺的测量不确定度 u'_1 可减小至表中的 60%

表 4 - 3　比较仪和指示表的不确定度　　　　　　　　　　μm

名称	分度值	放大倍数 量程范围	≤25	25 ～ 40	40 ～ 65	65 ～ 90	90 ～ 115	115 ～ 165	165 ～ 215	215 ～ 265	265 ～ 315
比较仪	0.5	2000 倍	0.6	0.7	0.8		0.9	1	1.2	1.4	1.6
	1	1000 倍	1		1.1		1.2	1.3	1.4	1.6	1.7
	2	400 倍	1.7	1.8			1.9		2	2.1	2.2
	5	250 倍	3						3.5		
千分尺	1	0 级全程内	5						6		
		1 级 0.2 mm 内									
	2	1 转内									
	1	1 级全程内	10								
	2										
	5										
百分表	10	0 级任意 1 m 内	18								
		1 级全程内	30								

例 4 - 1　按"光滑工件尺寸的检验"标准,用通用测量器具检验 $\phi35e9$ 工件,采用内缩方案,确定其验收极限,并按 I 档选择计量器具。

解　单位均为 mm。查表得: $\phi35e9(^{-0.050}_{0.112})$, $A=0.0062$, $u_1=0.0056$ 。

验收上限 $=\phi35-0.050-0.0062\approx\phi34.944$

验收下限 $=\phi35-0.112+0.0062\approx\phi34.894$

选分度值为 0.05 的外径千分尺,其不确定度为 $0.004<0.0056$,合适。

例 4 - 2　被测工件为 $\phi58f8$,试选择合适的测量器具。

解　1) 查表确定工件的极限偏差为 $\phi48f8(^{-0.064}_{-0.025})$ 。

2) 确定安全裕度 A 和测量器具的不确定度 u_1 。查表 4 - 1 得: $A=0.0039$ mm, $\mu_1=0.0035$ mm。

3) 选择测量器具。按工件基本尺寸 50 mm,从表 4 - 3 查知,分度值为 0.005 mm 的比较仪的不确定度 u_1 为 0.0030 mm,小于 0.0035 mm,可满足使用要求。

3. 测量基准面和定位方式的选择及温度误差的消除

(1) 测量基准面的选择原则

测量基准面的选择,原则上必须遵守基准统一的原则,即测量基准面应与设计基准面、工艺基准面、装配基准面相一致。

但是在实际检测中,工件的工艺基准面和设计基准面不一定重合。在工艺基准面与设计基准面不重合的情况下,测量基准面的选择应遵守下列原则:

1)在工序间检验时,测量基准面应与工艺基准面一致。

2)在终结检验时,测量基准面应与装配基准面一致。

(2)定位方式的选择原则

根据被测件的几何形状和结构形式选择定位方式,定位方式的选择原则如下:

1)对平面可用平面或三点支撑定位。

2)对球面可用平面或 V 形铁定位。

3)对外圆柱表面可用 V 形块、顶尖或三爪卡盘定位。

4)对内圆柱表面可用心轴、内三爪卡盘定位。

综上所述,合理地选择测量器具,应考虑以下两点要求:

1)选择的测量器具应与被测工件的外形、位置、尺寸的大小及被测参数特性相适应,使所选测量器具的测量范围能满足工件的要求。

2)选择测量器具应考虑工件的尺寸公差,使所选测量器具的不确定度值既要保证测量精度要求,又要符合经济性要求。

4.2 通用量具及其使用方法

4.2.1 长度量块

量块是一种测量精密工件或量具的正确尺寸和用于调整、校正、检验测量仪器的工具,是技术测量上长度测量的基准,也是一种没有刻度的平行平面端面量具,故又称块规。它是保证长度量值统一的重要常用实物量具,如图 4-3 所示。

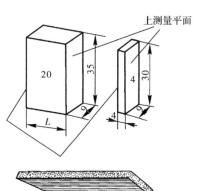

量块具有经过精密加工很平整很光滑的两个平行平面,叫做测量面。量块就是以其两测量面之间的距离作为长度的实物基准,是一种单值量具。其两测量面之间的距离为工作尺寸,又称为标称尺寸,该尺寸具有很高的精度。

图 4-3 量块

量块的两个测量面非常光洁,平面度精

度很高,用少许压力推合两块量块,使它们的测量面紧密接触,两块量块就能黏合在一起,量块的这种特性称为研合性。利用量块的研合性,就可用不同尺寸的量块组合成所需的各种尺寸。

量块材料通常都用铬锰钢、铬钢或轴承钢制成,其材料与热处理工艺可以满足量块的尺寸稳定、硬度高、耐磨性好的要求,其线膨胀系数与普通钢材的线膨胀系数相同,稳定性约为年变化量不超出 $\pm 0.5 \sim 1.0 \, \mu m$。

(1)长度量块的精度

长度量块按制造精度分为 0、1、2、3 级和 K 级(见 GB/T 6093—2001)。0 级精度最高,3 级精度最低,K 级为校准级,用于校准 0、1、2 级精度的量块。量块按级别使用时,用其标称尺寸作为工作尺寸。

(2)长度量块的套别

长度量块是成套提供的,每套中分别有 5 块、6 块、8 块、10 块、12 块、38 块、46 块、83 块和 91 块量块,加上不同的尺寸间隔共有 17 种套别。常用成套量块(91 块、83 块、46 块、38 块等)的级别、尺寸系列、间隔和块数如表 4 - 4 所示。

表 4 - 4 成套量块尺寸表(摘自 GB/T 6093—2001)

套别	全套块数	级别	尺寸系列/mm	间隔/mm	块数
1	91	00,0,1	0.5	—	1
			1	—	1
			1.001,1.002,…,1.009	0.001	9
			1.01,1.02…,1.49	0.01	49
			1.5,1.6,…1.9	0.1	5
			2.0,2.5,…,9.5	0.5	16
			10,20,…,100	10	10
2	83	00,0,1,2(3)	0.5	—	1
			1	—	1
			1.005	—	1
			1.01,1.02,…,1.49	0.01	49
			1.5,1.6,…,1.9	0.1	5
			2.0,2.5,…,9.5	0.5	16
			10,20,…,100	10	10
3	46	0,1,2	1	—	1
			1.001,1.002,…,1.009	0.001	9
			1.01,1.02,…,1.09	0.01	9
			1.1,1.2,…,1.9	0.1	9
			2,3,…,9	1	8
			10,20,…,100	10	10

套别	全套块数	级别	尺寸系列/mm	间隔/mm	块数
4	38	0,1,2(3)	1	—	1
			1.005	—	1
			1.01,1.02,…,1.49	0.01	9
			1.1,1.2,…,1.9	0.1	9
			2,3,…,9	1	8
			10,20,…,100	10	10

（3）长度量块的使用

长度量块是保证尺寸准确的标准量具，主要用于量仪和量具的检验与校正，量仪或工具的调整、定位，机床和夹具的调整，高精度零件尺寸的比较测量，内、外径的测量和精密划线等。在实际生产中，量块是成套使用的，每套量块由一定数量的不同标称尺寸的量块组成，以便组合成各种尺寸，满足一定尺寸范围内的测量需求。

使用量块的一般原则是尽量选用最少数量的量块组合。一般情况下，所选量块的数量不得超过四块。

使用量块组合尺寸时，应从所组合尺寸的最小位数开始，第一块量块的最小位数值应为所组合尺寸的最小位数值，依此类推。每选一块，使所组合的尺寸的位数逐次递减，直到得到所组合的尺寸为止。

例如，现需组合尺寸为 89.765 mm 的量块组，若采用 83 块一套的 4 块量块组合，量块尺寸的的选择方法如下：

量块组的尺寸：	89.765
第一块量块的尺寸：	1.005
剩余尺寸：	88.76
第二块量块的尺寸：	1.26
剩余尺寸：	87.5
第三块量块的尺寸：	7.5
剩余尺寸（第四块量块尺寸）：	80

即 $89.765 = 1.005 + 1.26 + 7.5 + 80$。

4.2.2 游标类量具

游标类量具是利用游标读数原理制成的一种常用量具，主要用于在机械加工中测量工件的内外尺寸、宽度、厚度和孔距等，它具有结构简单、使用方便、测量范围大等特点。

1. 游标量具的读数原理

游标量具的读数装置主要由尺身和游标组成。将两根直尺相互重叠,其中一根固定不动,另一根沿着它作相对滑动。固定不动的直尺称为主尺,沿主尺滑动的直尺称为游标尺(简称游标)。游标量具的主尺和游标尺的刻线宽度是不一样的,游标量具的读数就是利用尺身刻线间距与游标刻线间距之差来读取毫米的小数数值。

设主尺每格的宽度为 a,游标尺每格的宽度为 b,i 为游标的分度值(刻度值),n 为游标的刻线格数。当主尺 $n-1$ 格的长度正好等于游标 n 格的长度时,游标尺每格的宽度 b 为

$$b=(n-1)\times\frac{a}{n}=a-\frac{a}{n} \tag{4-1}$$

游标的分度值 i 为主尺每格的宽度与游标尺每格的宽度之差,即

$$i=a-b \tag{4-2}$$

将式(4-1)代入式(4-2)得

$$i=\frac{a}{n} \tag{4-3}$$

由式(4-3)可知,在主尺每格宽度一定的情况下,游标的刻线格数越多,游标尺分度值越小,读数精度就越高。常用的游标刻线格数分别为 10、20、50,相应的分度值为 0.1、0.05、0.02,如图 4-4 所示。

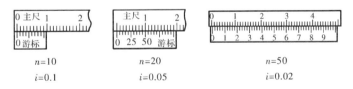

$n=10$	$n=20$	$n=50$
$i=0.1$	$i=0.05$	$i=0.02$

图 4-4　游标的刻线格数和游标尺分度值

下面以游标分度值为 0.1 mm 的游标尺为例说明游标读数原理。

如果主尺每格宽度 $a=1$ mm,因为游标刻线格数为 10,所以游标尺每格的宽度为

$$b=(n-1)\times\frac{a}{n}=a-\frac{a}{n}=0.9\text{ mm}$$

如图 4-5(a)所示,当主尺的零刻线与游标的零刻线对齐时,除游标最末的一根线与主尺的第九根线重合外,其他线均不与主尺刻线重合,这种情况称为游标读数装置处于零位。在游标读数装置处于零位时,游标的第一条线与主尺的第一条线相距 0.1 mm,它们的第二条线相距 0.2 mm,第三条线相距 0.3 mm……第九条线相距 0.9 mm,而它们的第十条线相距 1 mm。如图 4-5(b)所示,若游标在主尺

上向右滑动 0.1 mm 时,游标上的第一条刻线就与主尺的第一条线重合了,此时游标零刻线至主尺零刻线之间的距离为 0.1 mm;当第二条刻线重合时,游标零刻线至主尺零刻线之间的距离为 0.2 mm;当第九条线重合时,游标零刻线之间的距离为 0.9 mm。可见,利用游标可读出游标零刻线与主尺刻线之间相互错开的距离。游标刻度 0.05 mm 和 0.02 mm 的游标读数原理类同。

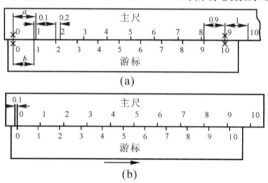

图 4-5 游标读数原理

2. 游标量具的读数方法

无论哪一种分度值的游标尺,都采用如下三个步骤读数(如图 4-6 所示):

(1)读整数部分

游标零刻线是读数的基准,先看游标零刻线的左边,主尺上最靠近的一条刻线的数值,该数就是读数的整数部分,图中为 30 mm。

(2)读小数部分

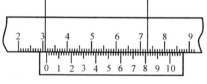

图 4-6 游标读数方法

判断游标零刻线右边是哪一根游标刻线与主尺刻线重合,将该线的序号乘游标分度值之后,所得的积即为读数的小数部分,图中为 41×0.02 mm＝0.82 mm。

(3)求和

将读数的整数部分与读数的小数部分相加即为所求的读数。用公式概括如下:

所求尺寸＝主尺整数＋小数部分＝30 mm＋0.82 mm＝30.82 mm

3. 游标量具的结构与选用

常用的游标量具有游标卡尺(如图 4-7(a)所示)、游标齿厚尺(如图 4-7(b)所示)、游标深度尺(如图 4-7(c)所示)、游标高度尺(如图 4-7(d)所示)、游标角度规等。

(1)游标齿厚尺

游标齿厚尺是一种专门用于测量圆柱齿轮齿厚的量具,用于测量直齿、斜齿圆

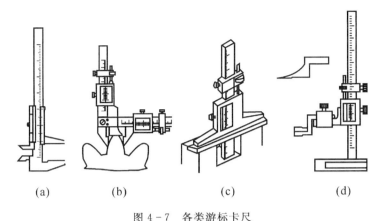

图 4-7　各类游标卡尺

(a)游标卡尺；(b)游标齿厚尺；(c)游标深度尺；(d)游标高度尺

柱齿轮的固定弦齿厚。游标齿厚尺很像两把游标卡尺组合而成,水平主尺上有游标尺框,高度主尺上有游标尺框,分别与微调装置相连,高度定位尺用于定位,量爪用于测量齿厚。

用游标齿厚尺测量齿厚时,在垂直主尺上调整出齿顶高,并用游标框上的螺钉锁紧。把高度定位尺紧贴被测齿轮的齿顶,保持齿厚游标卡尺与被测齿轮轴线垂直。移动水平游标尺框到量爪接近轮齿侧面时,拧紧微调装置上的紧固螺钉,旋转微调装置,使两个量爪轻轻接触轮齿侧面,从水平游标卡尺上读出齿厚数值。此时,宽度尺(或水平游标)上的读数为分度圆弦齿厚。

游标齿厚尺的测量精度不高,因为测量时以齿顶圆定位,所以齿顶圆误差和径向跳动误差会影响测量结果,游标齿厚尺的读数方法同于一般游标卡尺,其精度为 0.02 mm。

(2) 游标深度尺

游标深度尺主要用于测量孔、槽的深度和台阶的高度等。GB/T 1214.4—1996 标准规定,游标深度尺的精度有 0.1 mm、0.05 mm、0.02 mm 三种,测量范围为 0～200 mm、0～300 mm、0～500 mm 等多种,刻线的读法与一般游标卡尺的读法相同。

(3) 游标高度尺

游标高度尺主要用于测量放在平台上的工件各部位的高度,还可进行较精密的划线工作。游标高度尺的测量爪有两个测量面,下面是平面,上面是弧形,用来测曲面高度。

游标量具在结构上的共同特征是都有主尺、游标尺以及测量基准面。主尺上有毫米刻度,游标尺上的分度值有 0.1 mm、0.05 mm、0.02 mm 3 种。如图 4-8 所示,游标卡尺一般有上、下两对量爪,每对中有一个为固定量爪,另一个为活动量爪。

上量爪为内测量爪,用来测量物体的内部尺寸;下量爪为外测量爪,用来测量物体的外部尺寸。

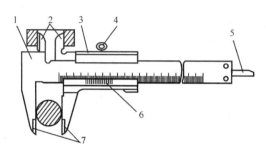

图 4-8　0.02 游标卡尺

1—尺身;2—上量爪;3—尺框;4—锁紧螺钉;

5—深度尺;6—游标;7—下量爪

　　为了方便读数,有的游标卡尺装有测微表头。图 4-9 所示的就是一种带表游标卡尺,它是通过机械传动装置,将两量爪的相对移动转变为指示表的回转运动,并借助尺身刻度和指示表,对两量爪相对位移所分隔的距离进行读数。

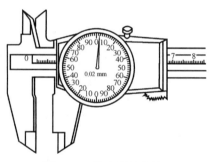

　　电子数显卡尺是利用电子数字显示原理,对两测量爪相对移动分隔的距离进行读数的一种长度测量工具。其用途与游标卡尺相同,

图 4-9　带表游标卡尺

但测量精度比一般游标卡尺高,分辨率也高,具有读数清晰、准确、直观、迅速、使用方便等优点。电子数显卡尺的结构各部分名称如图 4-10 所示。

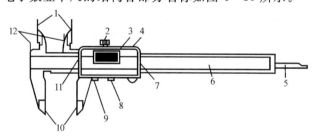

图 4-10　电子数显卡尺

1—内测量爪;2—锁紧螺钉;3—液晶显示器;4—数据输出端口;5—深度;6—尺身;

7,11—防尘板;8—置零按钮;9—米制英制转换按钮;10—外测量爪;12—台阶测量面

4.2.3 千分尺类量具

千分尺类量具又称为测微螺旋量具,它是利用螺旋副的传动原理进行测量和读数的一种测微量具。千分尺类量具是机械制造业中常用的量具,它比游标卡尺的精度高,使用方便,主要用来测量工件的长、宽、厚及外径,测量时能准确地读出尺寸,精度可达 0.01 mm。千分尺类量具按用途的不同,一般分为外径千分尺、内径千分尺、杠杆千分尺、深度千分尺、螺纹千分尺和公法线千分尺等。

1. 千分尺类量具的工作原理和读数方法

(1) 工作原理

千分尺是利用螺旋副传动原理,借助测微螺杆与螺母配合的螺旋传动,将被测尺寸转换成丝杆的轴向位移和微分筒的圆周位移,并以微分筒上的刻度对圆周位移进行计量,从而实现对螺距的放大细分。

当测量丝杆连同微分筒转过 ϕ 角时,丝杆沿轴向位移量为 L。因此千分尺的传动方程式为

$$L = P \times \phi/(2\pi)$$

式中:P 为丝杆螺距;ϕ 为微分筒转角。

一般 $P = 0.5$ mm,而微分套筒的圆周刻度数为 50 等分,故每一等分所对应的分度值为 0.01 mm。

将螺杆的回转运动变为直线运动后,从固定套筒和微分筒所组成的读数机构上,读出长度尺寸。读数的整数部分由固定套筒上的刻度给出,其分度值为 1 mm,读数的小数部分由微分筒上的刻度给出。

(2) 读数机构和读数方法

1) 读数机构。如图 4-11 所示,在千分尺的固定套管上刻有轴向中线,作为微分筒读数的基准线。在中线的两侧刻有两排刻线,每排刻线间距为 1 mm,上下两排相互错开 0.5 mm。测微螺杆的螺距为 0.5 mm,微分筒的外圆周上刻有 50 等分的刻度。当微分筒转一周时,螺杆轴向移动 0.5 mm。如微分筒只转动一格时,则螺杆的轴向移动为 0.5/50 = 0.01 mm,因而 0.01 mm 就是千分尺分度值。所以,千分尺可以准确读出 0.01 mm 的数值。

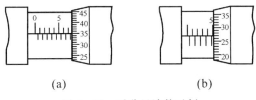

(a)　　　　　　　　　(b)

图 4-11　千分尺读数示例

2）读数方法。读数时，从微分筒的边缘向左看固定套管上距微分筒边缘最近的刻线，从固定套管中线上侧的刻度读出整数，从中线下侧的刻度读出 0.5 mm 小数，再从微分筒上找到与固定套管中刻度对齐的刻线，将此刻线数乘以 0.01 mm 就是小于 0.5 mm 的小数部分的读数，不足一格的数以估读法确定。将整数和小数部分相加，即为被测工件的尺寸。

2. 外径千分尺

（1）结构及特点

外径千分尺由尺架、测头、测微螺杆、固定套筒、微分筒、测力装置、锁紧装置等组成，如图 4-12 所示。外径千分尺主要用来测量外表面尺寸。

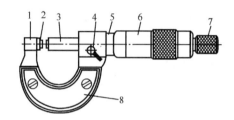

图 4-12　外径千分尺
1—尺架；2—测头；3—测微螺杆；4—锁紧装置；
5—固定套筒；6—微分筒；7—测力装置；8—隔热装置

（2）基本参数（引用 GB/T 1216—2004 标准）

1）分度值有 0.01 mm、0.001 mm、0.002 mm 和 0.005 mm。

2）测微螺杆的螺距有 0.5 mm 和 1 mm。

3）量程有 25 mm 和 100 mm。

4）测量范围：0～500 mm 每 25 mm 为一档，即有 0～25 mm、25～50 mm、…、475～500 mm；500～1000 mm 每 100 mm 为一档，即 500～600 mm、600 mm～700 mm、…、900～1000 mm。

外径千分尺使用方便，读数准确，其测量精度比游标卡尺高，在生产中使用广泛，但其螺纹传动间隙和传动副的磨损会影响测量精度，因此主要用于测量中等精度的零件。

3. 公法线千分尺

公法线千分尺主要用来测量模数 $m \geqslant 1$ mm 的渐开线外啮合齿轮的公法线长度。公法线千分尺的结构与外径千分尺基本相同，如图 4-13 所示，不同点是用测盘和测微螺杆盘代替了测头和测杆。

公法线千分尺的测量范围有 0～25 mm、25～50 mm、50～75 mm、75～100 mm、

$100\sim125$ mm、$125\sim150$ mm 等,分度值一般为 0.01 mm。

测量时按要求的跨测齿数将两个圆盘的中部与被测齿轮分度圆附近的齿面轻轻接触,如图 4-14 所示。千分尺的示值就是公法线的长度。公法线千分尺的读数方法与外径千分尺的完全相同。

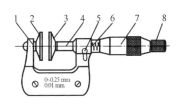

图 4-13　公法线千分尺

1—尺架;2—测盘;3—测微螺杆盘;

4—测微螺杆;5—锁紧装置;

6—固定套筒;7—微分筒;

8—测力装置

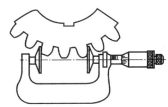

图 4-14　用公法线千分尺测量公法线长度

4. 内径千分尺

内径千分尺是用来测量内孔直径、槽宽等尺寸的,它有普通形式(见图 4-15)和杆式(见图 4-16)两种。

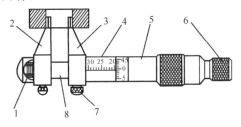

图 4-15　内径千分尺

1—螺母;2—固定量爪;3—活动量爪;4—固定套筒;

5—微分筒;6—测力装置;7—螺钉;8—导向杆

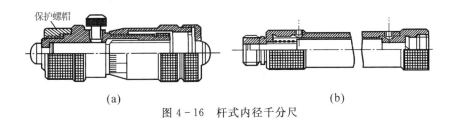

(a)　　　　　　　　　　　　(b)

图 4-16　杆式内径千分尺

（1）普通内径千分尺

普通内径千分尺主要用于测量零件的中、小尺寸孔的直径、沟槽的宽度等。

普通内径千分尺的读数方法和外径千分尺的读数方法基本相同，但测量方向和读数方向与外径千分尺相反，如图 4-15 所示。值得注意的是由于测量件不在基准线的延长线上，所以这种内径千分尺的示值误差比外径千分尺的大。

测量孔径时，左手扶住千分尺固定端，右手旋转套管，做上下左右轻微摆动，以使测量爪处于孔、径的最大尺寸处，具体的测量方法与外径千分尺相似。

（2）杆式内径千分尺

图 4-16(a)所示为杆式内径千分尺的结构样式。这种内径千分尺可以用来测量实体内部尺寸在 50 mm 以上的精密零件的内径尺寸、槽宽或两个内端面之间的距离，其读数范围为 50～63 mm。杆式内径千分尺附有成套接长杆（如图 4-16(b)所示），必要时可以通过连接接长杆，以扩大其量程。连接时去掉保护螺帽，把接长杆右端与内径千分尺左端旋合，可以通过连接多个接长杆，直到满足需要。

杆式内径千分尺由测量头、接长杆、固定套筒、微分筒、测量面、锁紧装置等组成。它的刻度原理和螺杆螺距与外径千分尺相同，螺杆最大行程为 13 mm。为了增加测量范围，可在尺头上旋入加长杆，成套的内径千分尺加长杆有不同的规格。

内径千分尺的测量范围有 50～175 mm、50～250 mm、50～575 mm 等，最大可测量 1500 mm 或更大直径的孔。分度值一般为 0.01 mm。

使用杆式内径千分尺时的注意事项如下：

1）使用前，应用调整量具（校对卡规）校对微分头零位，若不正确，则应进行调整。

2）使用接长杆时，接头必须施紧，否则将影响测量的准确度。

3）选取接长杆时，应尽可能选取数量最少的接长杆来组成所需的尺寸，以减少累积误差。

4）连接接长杆时，应按尺寸大小排列。尺寸最大的接长杆应与微分头连接，依次减小，这样可以减少弯曲，减小测量误差。

5）使用接长后的内径千分尺时，应一只手扶住固定端，另一只手旋转套筒，做上下左右摆动，这样测量才能取得比较准确的尺寸。在测量大孔径时，一般需要两个人合作进行测量，要按孔径的大小选择合适的接长杆或接长杆组。

6）当使用测量下限为 75（或 150）mm 的内径千分尺时，被测量面的曲率半径不得小于 25（或 60）mm，否则可能产生内径千分尺的测头球面边缘接触被测件，造成测量误差。

5. 深度千分尺

深度千分尺主要用来测量精度要求较高的通孔、盲孔、阶梯孔、槽的深度和台阶高度尺寸等，其结构有固定式和可换式两种。固定式测杆的测量范围是 0～

25 mm(见图 4-17),可换测杆式(见图 4-18)有 4 种尺寸规格,加测量杆后的测量范围有 0~25 mm、25~50 mm、50~75 mm、75~100 mm 等,从而扩大了测量范围。分度值为 0.01 mm。

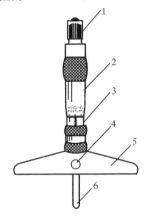

图 4-17　深度千分尺

1—测力装置;2—微分筒;3—固定套筒;

4—锁紧装置;5—底板;6—测杆

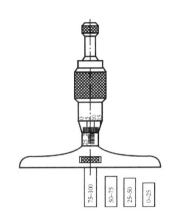

图 4-18　可换测杆式深度千分尺

深度千分尺的测量范围由标准测杆的规格确定。读数方法和外径千分尺基本相同,只是用底板代替了固定测头,底板是测量时的基面。

深度千分尺测量工件的最高公差等级为 IT10。

6. 螺纹千分尺

螺纹千分尺主要用于测量螺纹的中径,其结构与外径千分尺相似,所不同的是测砧可调节,有调零装置,测砧和测杆端部各有一个小孔,用于插入不同规格的测头。一般带有一组测量米制螺纹的插头,也有附一组测量英制螺纹的插头。带螺纹千分尺的 V 形测头和锥形测头必须配对使用,如图 4-19 所示。

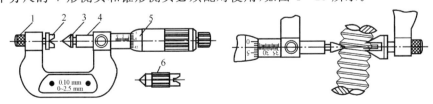

图 4-19　螺纹千分尺的外形结构及其应用

1—调"0"装置;2—V 形测头;3—锥形测头;

4—测微螺杆;5—微分筒;6—校对量杆

螺纹千分尺测量中径的范围有 0～25 mm、25～50 mm、50～75 mm、75～100 mm 等。分度值为 0.01 mm。可测量螺纹的螺距为 0.4～6 mm。

螺纹千分尺的使用注意事项如下：

1）测量不同精度等级的工件，应选用不同精度等级的外径千分尺。

2）测量时，根据被测螺纹螺距大小，选择螺纹千分尺的 V 形测头和锥形测头，装入螺纹千分尺，并读取零位值。

3）测量时，应从不同截面、不同方向多次测量螺纹中径，其值为从螺纹千分尺中读取后减去零位的代数值。

4）测量时，要用测力装置转动微分筒，不要握住微分筒转动或摇转弓形尺架。

5）千分尺测量轴的中心线应与被测长度方向相一致，不要歪斜。

6）测量被加工的工件时，要在静态下进行，不要在工件转动或加工时测量。

4.2.4 表类量具

表类量具包括百分表、千分表、杠杆百分表、杠杆千分表、内径百分表、内径千分表、杠杆齿轮比较仪和扭簧比较仪等。

1. 百分表

（1）结构

百分表是一种应用较广的机械量仪，主要用来测量精密件的形位公差，也可用比较法测量工件的长度。其外形及传动系统分别如图 4-20 和图 4-21 所示。从图 4-21 可以看到，当切有齿条的测量杆上下移动时，带动与齿条相啮合的小齿轮

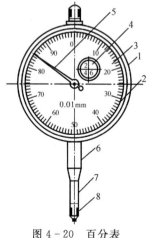

图 4-20 百分表

1—表体；2—表面；3—刻度盘；4—转读数装置；
5—长指针；6—套筒；7—测量杆；8—测量头

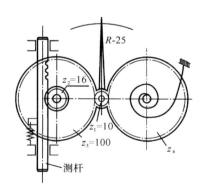

图 4-21 百分表传动系统

转动,此时与小齿轮固定在同一轴上的大齿轮也跟着转动。通过大齿轮即可带动中间齿轮及与中间齿轮固定在同一轴上的指针。这样通过齿轮传动系统,就可将测量杆的微小位移放大变为指针的偏转,并由指针在刻度盘上指出相应的数值。

为了消除由齿轮传动系统中齿侧间隙引起的测量误差,在百分表内装有游丝,由游丝产生的扭矩作用在大齿轮上,大齿轮也和中间齿轮啮合,这样可以保证齿轮在正反转时都在齿的同一侧面啮合,因而可消除齿侧间隙的影响。大齿轮的轴上装有小指针,以显示大指针的转数。

百分表体积小、结构紧凑、读数方便、测量范围大、用途广,但齿轮的传动间隙和齿轮的磨损及齿轮本身的误差会产生测量误差,影响测量精度。

百分表的测量杆移动 1 mm,通过齿轮传动系统,使大指针沿着刻度盘转过一圈。刻度盘沿圆周刻有 100 个刻度,当指针转过一格时,表示所测量的尺寸变化为 0.01 mm,所以百分表的分度值为 0.01 mm。因其最小读数值为 1 mm 的百分之一,故称之为百分表。

（2）工作原理

百分表的测量范围有 0～3 mm、0～5 mm 和 0～10 mm 等。百分表的精度等级分为 0 级、1 级和 2 级。百分表不仅用作相对测量,也能用作绝对测量。它一般用来测量工件的长度尺寸和形位误差,也可以用于检验机床设备的几何精度或调整工件的装夹位置以及作为某些测量装置的测量元件。用百分表测量时,被测尺寸的变化引起测头微小移动,经传动装置而转变为读数装置中的长指针转动,这样被测量就可以从刻度盘上读出。百分表的传动系统如图 4-25 所示,测量杆上方有齿条与齿轮 z_2 啮合,齿条和齿轮的模数均为 $m=0.199$ mm,当测量杆上升 1 mm 时,齿条上升 1.6 齿,因为与齿条啮合的齿轮齿数为 $z_2=16$,所以 z_2 转动 1/10 周,与 z_2 固定在同一轴上的大齿轮齿数为 $z_3=100$,所以 z_3 转过 10 齿,小齿轮齿数为 $z_1=10$,经 z_3 带动 z_1 以及固定在同一轴上的长指针正好转一周,百分表的刻度盘为 100 等分,所以当测杆移动 1 mm 时,长指针转动 100 个分度,那么长指针转动 1 个分度,就相当于测量杆移动 0.01 mm。

（3）使用注意事项

1）百分表应牢固地装夹在表架上,但夹紧力不宜过大,以免使装夹套筒变形而卡住测杆。测杆移动应灵活。使用时用手反复轻推触头,观看表针是否停在同一位置,检查百分表读数的重复精度。

2）测量时应使测量杆与零件被测表面垂直,否则将产生测量误差。

3）测量圆柱形工件时,测量杆的中心线要通过被测圆柱面的轴线。

4）测量头开始与被测量表面接触时,为保持一定的初始测量力,测量杆应预先有 0.3～1 mm 的压缩量,以保证示值的稳定性。测量前先要转动表盘,使指针对正零线,再将表杆上下提几次,待表针稳定后再进行测量。

5) 测量时应轻提测量杆,移动工件至测量头下面(或将测量头移至工件上),再缓慢放下与被测表面接触。不能急于放下测量杆,否则易造成测量误差。不准将工件强行推至测量头下,以免损坏量仪。

6) 测头移动要轻缓,距离不要太大,测量杆与被测表面的相对位置要正确,提压测量杆的次数不要过多,距离不要过大,以免损坏机件及加剧零件磨损。

7) 应避免剧烈震动和碰撞,不要使测量头突然撞击在被测表面上,以防测量杆弯曲变形,更不能敲打表的任何部位。

8) 使用磁性表座时要注意表座的旋钮位置。

使用百分表及相应附件还可测量工件的直线度、平面度及平行度等误差,以及在机床上或者其他专用装置上测量工件的各种跳动误差等。

2. 内径百分表

(1) 结构与用途

内径百分表是测量孔径的通用量仪,一般以量块作为基准,采用相对测量法测量孔的直径和孔的形状误差,特别适于深孔的测量,其分度值为 0.01 mm,测量范围一般为 6～10 mm、10～18 mm、18～35 mm、35～50 mm、50～160 mm、160～250 mm、250～400 mm 等。

内径百分表是以百分表为读数机构,配备杠杆传动系统,即由百分表和专用表架组成,其构造如图 4-22 所示,它采用比较法测量孔径、槽宽的尺寸、孔和槽的几何形状误差等。内径百分表是以同轴线上的固定测头和活动测头与被测孔壁相接触进行测量的。它具有一套长短不同的固定测头,可根据被测孔径大小选择更换。

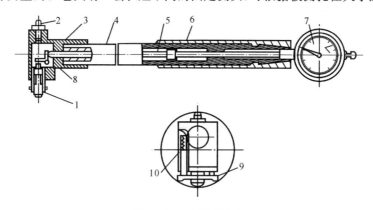

图 4-22　内径百分表

1—活动测头;2—可换固定测头;3—主体;4—移动杆;5—传动杆;

6—弹簧;7—百分表;8—杠杆;9—定位装置;10—弹簧

内径百分表的测量范围就取决于固定测头的尺寸范围。

百分表的测量杆与传动杆始终接触,弹簧是控制测量力的,并经过传动杆、杠杆向外顶住活动测头。测量时,活动测头的移动使杠杆回转,通过传动杆推动百分表的测量杆,使百分表指针回转。由于杠杆是等臂的,百分表测量杆、传动杆及活动测量头三者的移动量是相同的,因此活动测头的移动量可以在百分表上读出来。

(2)操作方法

如图 4-22 所示,百分表 7 的测杆与传动杆 5 始终接触。弹簧 6 控制测量力,并经传动杆 5、杠杆 8 向外侧顶靠在活动测头 1 上。测量时,活动测头 1 的移动使杠杆 8 绕其固定轴转动,推动传动杆 5 传至百分表 7 的测杆,使百分表指针偏转显示测量值。为使内径百分表的测量轴线通过被测孔的圆心,内径百分表设有定位装置 9,该装置的作用是找正直径位置,使活动测头 1 和可换固定测头 2 的轴线处于被测孔直径位置,以保证测量的准确性。

(3)使用注意事项

1)测量前必须根据被测工件尺寸,选用相应尺寸的测量头,并将其安装在内径百分表上。

2)使用前应调整百分表的零位。用标准环规、外径千分尺或量块组成内尺寸来调整内径百分表的零位。对表时,应预先将百分表压缩 1 mm,表针指向正上方为宜。

3)测量时内径百分表的固定测头和活动测头的连线应与被测孔轴心线垂直,将内径百分表按轴线方向来回摆动或转动,如图 4-23 所示。若指针正好指零,说明孔的实际尺寸与测量前内径百分表在标准环规或其他量具上所对尺寸相等;若指针差一格到零位,说明孔径比标准环规大 0.01 mm;若指针超过零位一格,说明孔径比标准环规小 0.01 mm。

4)测量时,活动测头受到孔壁的压力而产生位移,该位移经杠杆系统传递给指示表,并由指示表进行读

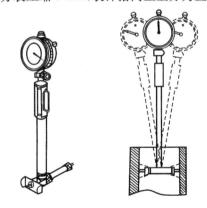

图 4-23 内径百分表
(a)内径百分表外形; (b)内径百分表的使用方法

数。为了保证两测头的轴线处于被测孔的直径方向上,在活动测头的两侧有对称的定位片,定位片在弹簧的作用下,对称地压靠在被测孔壁上。具有定位装置的内径百分表,在测量内孔时,只要将其按孔的轴线方向来回摆动,取其最小值,即为孔的直径。

5) 若要测量孔的圆度,则应在孔的同一径向截面内的几个不同方向上进行测量;若要测量孔的圆柱度,则应在孔的几个径向截面内进行测量,将几次测量结果进行比较,即能判定出被测孔是否有圆度和圆柱度误差。

3. 杠杆百分表

（1）结构与用途

杠杆百分表又称为杠杆表或靠表,它是将其杠杆测头的角位移,通过机械传动系统转变为指针在表盘上的角位移而进行读数的长度测量工具。杠杆百分表可用于绝对测量,也可用于相对测量,但最多的还是用于相对测量。

（2）用杠杆百分表测量形位误差的方法

以测量一个工件的平直度为例,讲述用杠杆百分表测量形位误差的方法。

1) 使用前要检查其外观,要求无影响使用性能的缺陷;用手拨动测头时,测杆和指针的移动应平稳、灵活。

2) 先将符合要求精度的平台(一般要求 1 级以上)工作面、表架(用游标高度尺做表架)的底平面和被测工件的底平面擦拭干净,然后将被测工件放在平台上,把百分表装夹在表架上。

3) 将百分表调高到略高于被测面,双手推高度尺的底座,使表的测头置于被测面上的适当位置后对好"0"点。测量时可以缓慢地左右推动高度尺的底座,使测头在被测量面上沿轴向移动,全过程中最大和最小读数之差即为被检测面的平直度数值;也可在被测全长范围内均匀地取几个点进行测量,几点读数中最大和最小读数之差即为被检测面的平直度数值。后一种方法应用得较多,如图 4-24 所示。

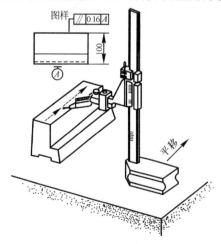

图 4-24 用杠杆百分表测量工件的平直度

　　图 4-25 给出了用杠杆百分表测量一根轴的外圆径向圆跳动和两处端面圆跳动形位公差的示意图。图中的转轴架在车床或专用测量支架的两个顶尖上。

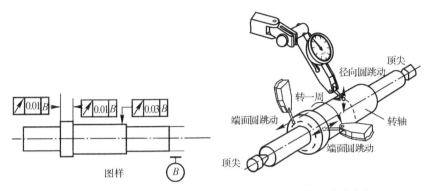

图 4-25　用杠杆百分表测量工件的径向和端面轴向跳动公差

（3）杠杆百分表测量杆角度引起的测量误差及其修正方法

　　在检定杠杆百分表时，其测量杆轴线要平行于测微头的测量面，或者说测量杆轴线应与测微头测量轴线垂直，如图 4-26（a）所示。测量时，测量杆的状态往往不是这样，而是偏离一个角度，这就会造成一定的测量误差，如对测量结果的精度要求较严格，则应对其进行修正。

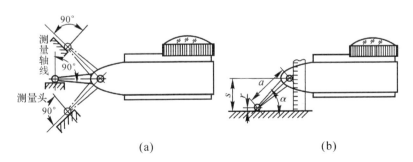

图 4-26　杠杆百分表测量杆的位置状态及产生的测量误差
（a）检定状态；（b）产生测量误差的测量状态

　　设 N_b 为测量时从表上读得的数值，N_s 为实际的数值，α 为杠杆测头的轴线与被测表面所成的夹角（见图 4-26（b）），则

$$N_s = N_b \cos\alpha$$

　　α 角的大小可用目测的方法得到，在精密测量时则应精确计算。测出测量杆

回转轴心至被测量表面的距离 s，通过测量或查表得到所用百分表测头的半径 r 和杠杆短臂的长度 a，见图 $4-26(b)$，然后用下式进行计算求得 $\cos\alpha$：

$$\cos\alpha = \cos(\arcsin\frac{s-r}{a})$$

$\cos\alpha$ 称为杠杆百分表的修正系数，表 $4-5$ 给出了一些数值，以方便使用。

表 4 - 5　杠杆百分表的修正系数

$\alpha(°)$	10	15	20	25	30	35	40	45	50	60
$\cos\alpha$	0.985	0.966	0.939	0.906	0.866	0.819	0.766	0.707	0.643	0.500

例 4 - 3　使用杠杆百分表测量所得读数为 $0.24\ mm$，$\alpha = 30°$，试求准确的实际测量结果。

解　由表 $4-5$ 查得，当 $\alpha = 30°$ 时，修正系数 $\cos\alpha = 0.866$。根据修正公式 $N_s = N_b\cos\alpha$ 可得

$$N_s = N_b\cos\alpha = 0.24 \times 0.866 = 0.20784\ mm \approx 0.208\ mm$$

准确的实际测量结果为 $0.208\ mm$。

4.2.5　角度量具

1. 游标万能角度尺

（1）用途和结构

游标万能角度尺又称万能角度尺、角度规、万能量角器等，主要用于测量各种零件、样板的内外角度，是一种专门用来测量精密工件 $0°\sim320°$ 内、外角度的量具。

游标万能角度尺按最小刻度（即分度值）可分为 $2'$ 和 $5'$ 两种；按尺身的形状可分为圆形和扇形两种。本节以最小刻度为 $2'$ 的扇形万能角度尺为例介绍万能角尺的结构、刻线原理、读数方法和测量范围。

万能角度尺的结构如图 $4-27$ 所示，它由主尺、角尺、游标、制动器、扇形板、基尺、直尺、夹块、捏手、小齿轮和扇形齿轮等组成。游标固定在扇形板上，基尺和尺身连成一体。扇形板可以与尺身做相对回转运动，形成和游标卡尺相似的读数机构。角尺用夹块固定在扇形板上，直尺又用夹块固定在角尺上。根据所测角度的需要，也可拆下角尺，将直尺直接固定在扇形板上。制动器可将扇形板和尺身锁紧，便于读数。

测量时，可转动万能角度尺背面的捏手，通过小齿轮转动扇形齿轮，使尺身相对扇形板产生转动，从而改变基尺与角尺或直尺间的夹角，满足各种不同情况的测量需要。

（2）读数原理

万能角度尺是一种结构简单的通用角度量具，其读数原理与游标卡尺相似，如

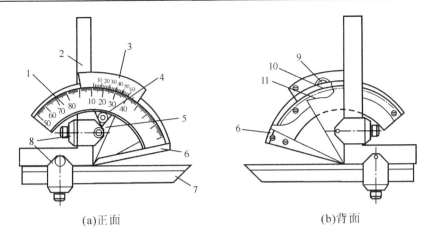

图 4-27　万能角度尺

1—主尺；2—角尺；3—游标；4—制动器；5—扇形板；6—基尺；

7—直尺；8—夹块；9—捏手；10—小齿轮；11—扇形齿轮

图 4-27 所示。角度尺主尺的分度每格等于 1°，游标的刻线格数与主尺的刻线格数的关系是：主尺上 29 个格的一段弧长等于游标 30 个格的一段弧长。

设主尺每格的宽度为 a，游标尺每格的宽度为 b，i 为游标分度值（刻度值），n 为游标的刻线格数。当主尺 $n-1$ 格的长度正好等于游标 n 格的长度时，游标尺每格的宽度 b 为

$$b=(n-1)\times\frac{a}{n}=a-\frac{a}{n}=1°-1°/30=58'$$

游标的分度值 i 为主尺每格的宽度与游标尺每格的宽度之差，即

$$i=a-b=1°-58'=2'$$

通过万能角度尺构件不同的组合，可以测量 0~320° 以内的任何角度，在这个范围内测量的角度都是以基尺为基准的。测量 0~50° 之间的角度，如图 4-28 所示，应装上直角尺和直尺，利用卡块将直尺固定在直角尺上，再利用卡块将直角尺固定在扇形板上。通过主尺背面的微动装置使扇形板随游标相对主尺缓慢转动。测量 50°~140° 之间的角度，如图 4-29 所示，只需装上直尺，即可进行测量。测量 140°~230° 之间的角度，如图 4-30 所示，也需装上直角尺，但安装时应注意使直角尺短边与长边的交点与基尺的尖端对齐。测量 230°~320° 之间的角度，如图 4-31 所示，不装直角尺和直尺，只使用基尺和扇形板的测量面进行测量。

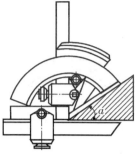

图 4 - 28　0～50°角度测量

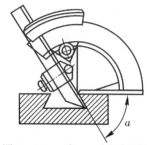

图 4 - 29　50°～140°角度测量

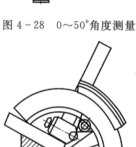

图 4 - 30　0～50°角度测量

图 4 - 31　50°～140°角度测量

2. 正弦规

（1）结构和工作原理

正弦规是间接测量角度的常用计量器具之一，它需和量块、千分表等配合使用。正弦规的结构如图 4 - 32 所示，它由主体和两个圆柱等组成，分宽型和窄型两种。

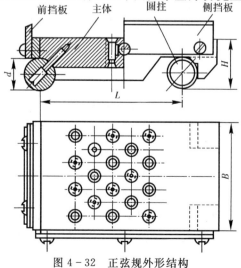

图 4 - 32　正弦规外形结构

　　正弦规测量角度误差的原理是以直角三角形的正弦函数为基础,如图 4 - 33 所示。测量时,先根据被测圆锥的公称圆锥角 α,按下式计算出量块组的高度 h:

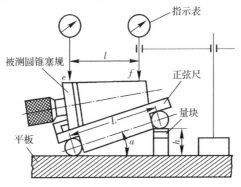

图 4 - 33　正弦规测量圆锥角

$$h = L\sin\alpha$$

式中:L 为正弦规两圆柱间的中心距(宽型和窄型的 L 分别为 100 mm 和 20 mm);h 为量块组尺寸;α 为正弦规测量平面与平板平面之间的夹角(即被测件的锥度)。

　　根据计算出的 h 值组合量块,垫在正弦规圆柱的下方,此时正弦规的测量面与平板的夹角为 α。然后将被测圆锥放在正弦规的工作面上,如果被测圆锥角等于公称圆锥角 α,则指示表在 e、f 两点的示值相同,反之 e、f 两点的示值有一差值 A。当 $\alpha > \alpha'$ 时,$e - f = +A$;当 $\alpha' < \alpha$ 时,$e - f = -A$(α' 为塞规实际圆锥角),则

$$\tan\alpha = \frac{A}{l}$$

式中,L 为 e、f 两点间的距离。

　　(2) 测量圆锥角的操作方法

　　1) 根据被测圆锥塞规圆锥角 α,按公式 $h = L\sin\alpha$ 计算垫块的高度,选择合适的量块并组合好作为垫块。

　　2) 将组合好的量块组按图 4 - 33 所示放在正弦规一端的圆柱下面,然后将被测塞规稳放在正弦规的工作台上。

　　3) 千分表装在磁性表座上,测量 e、f 两点(其距离尽量远些,不小于 2mm)。测量时,应找到被测圆锥素线的最高点,然后将指示表读数调为零,再测 f 或 e 的读数。

　　4) 按上述步骤,将被测量规转过一定角度,在 e、f 点分别测量三次,取平均值,求出 e、f 两点的高度差 A,然后测量 e、f 之间的距离。将 A 和 e、f 之间的距离代入上述公式,则可间接测量出圆锥塞规圆锥角的大小。

　　例如用正弦尺在平台上测量内锥体锥角(见图 4 - 34)。

　　用正弦尺在平台上测量内锥体锥度、锥角时,量块组尺寸用下式计算:

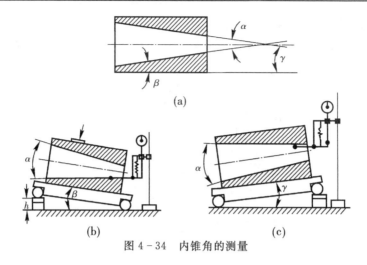

图 4 - 34　内锥角的测量

$$h = L\sin\alpha$$

式中：L 为正弦尺两圆柱轴线距离；α 为圆锥角。

　　测量时，以工件外表面作为测量的辅助基面，按图 4 - 34 所示分别测出 β 及 γ，则内锥角为

$$\alpha = \beta + \gamma$$

　　必须注意，在测量 β 和 γ 时，内锥体在正弦尺上的安装情况保持不变，只是量块组分别垫在正弦尺的左、右圆柱下。

4.3　其他常用量具及其使用方法

4.3.1　螺纹规和螺纹样板

1. 螺纹规

　　检查螺纹的量规（即螺纹规）可分为螺纹塞规和螺纹环规两大类，前者用于检查外螺纹，后者用于检查内螺纹。螺纹规有双头和单头之分，其中双头的螺纹塞规较常用，单头的螺纹环规较常用。另外，螺纹环规还有不可调式和可调式两大类。螺纹规的测量部位和标准的螺栓（或螺母）一样，具有标准的全形螺纹牙，一般可旋合长度为 8 个牙，如图 4 - 35 所示。

　　（1）螺纹塞规的使用方法

　　螺纹塞规用于检验工件的内螺纹尺寸是否合格。每种规格分通规（代号为 T）和止规（代号为 Z）两种，二者可制成单体，也可制成整体。一般情况下，螺纹塞规通侧螺纹较长，而不通侧较短，而且柄部有刻线纹。

检查时,若螺纹塞规的通端能够顺利地旋入和旋出被检螺孔,而使用止端时不能旋入,则说明被检螺纹是合格的;若通端不能旋入,则说明被检螺纹直径偏小了;若止端也能旋入,则说明被检螺纹直径偏大了。

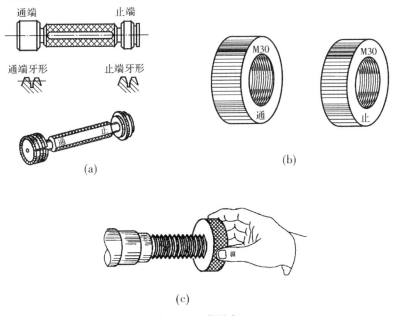

图 4-35　螺纹规

(a)双头螺纹塞规;(b)单头螺纹环规;(c)用螺纹环规检查外螺纹

（2）螺纹环规的使用方法

螺纹环规是按极限尺寸判断原则而设计的。螺纹通规体现的是最大实体牙型边界,具有完整的牙型,并且其长度应等于被检测螺纹的旋合长度,以用于正确的检测作用中径。若被检螺纹的作用中径未超过螺纹的最大实体牙型中径,且被检螺纹的底径也合格,那么螺纹通规就会在旋合长度内与被检螺纹顺利旋合。

螺纹环规的止规用于检测被检螺纹的单一中径。为了避免牙型半角误差及螺距累积误差对检测的影响,止规的牙型常做成截短型牙型,以使止端只在单一中径处与被检螺纹的牙侧接触,并且止端的牙扣比通端少,通常只有几扣。

检查时,若螺纹规的通端能够顺利地旋入和旋出被检螺栓,而使用止端时不能旋入,则说明被检螺纹是合格的;若通端不能旋入,则说明被检螺纹直径偏大了;若止端也能旋入,则说明被检螺纹直径偏小了。

2. 螺纹样板

螺纹样板又称螺距规,它是一种用于测量低精度螺纹工件的螺距、牙形角的检

测工具,采用比较法测定普通螺纹的
螺距。螺纹样板的结构形式如图
4-36所示。

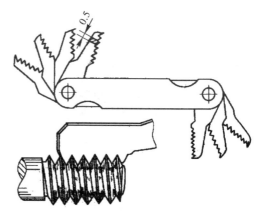

　　和其他用途的样板一样,螺纹样
板也是成套供应的,即由多种标准螺
纹牙形样板组成,在每一个样板上标
注着各自的螺距,样板采用 0.5 mm
厚的不锈钢板制成。

　　螺纹样板的使用方法如下:

　　1) 检验螺距。按被检螺纹的名
义螺距(图纸标定的螺距),先选一片

图 4-36　螺纹样板及其使用方法

与其数值相同的螺纹样板在被测螺纹上进行试卡,如果完全吻合,则说明被测螺纹
的螺距合格,此时所用样板所标的螺距即为被检螺纹的实际螺距。

　　2) 检验螺纹牙形。按被检螺纹的名义螺距(图纸标定的螺距),选一片与其数
值相同的螺纹样板在被测螺纹上进行试卡,如果完全吻合,即没有透光现象,则说
明被测螺纹的牙形是准确的。

　　本方法很粗略,只能对牙形的偏差进行一个大概的判定。

4.3.2　光滑塞规

　　检查内尺寸的光滑塞规,按其用途可分为圆柱形和圆锥形两种。

1. 圆柱塞规

　　检查圆柱形孔内径的光滑塞规称为圆柱塞规,它和螺纹量规一样,有将通端和
止端装置在一个手柄两端的双头型和通规、止规单独制作的单头型两大类,如图
4-37所示。

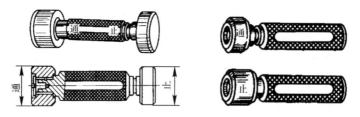

图 4-37　圆柱塞规
(a)双头套式;(b)单头套式

（1）通端（通规）和止端（止规）的区分

通常采用以下几种措施来区分塞规的通端（通规）和止端（止规）：

1）用字母 T 表示通端，Z 表示止端。

2）制造时，在靠近止端的一头手柄上或者止端测头的锥柄上，车出一个环形窄槽。

3）通端的工作面比止端长出 1/3～1/2。

（2）使用方法和注意事项（见图 4-38）

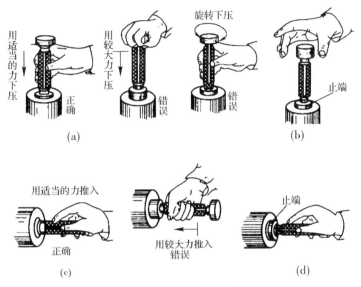

图 4-38　塞规的使用方法

（a）垂直检查通端；（b）垂直检查止端；（c）水平检查通端；（d）水平检查止端

1）将被检查的圆孔擦拭干净后，手握塞规，尽可能地保持塞规的轴线与被检查的圆柱孔轴线重合。

2）先将塞规的通端对准被检查的圆柱孔，轻轻地将塞规通端推入孔内，然后拉出。

若此时推动和拉出的手感用力不算大，或者说感觉较顺利，则说明被检查圆孔的内径尺寸在公差带之内；若须用较大的力才能推进和拉出，则说明被查内径尺寸在公差带下限附近（即接近下限）；若用很小的力就能推进和拉出，甚至于靠塞规的自重就能滑入被检孔内，则说明被查内径尺寸在公差带上限附近（即接近上限），甚至于超过了上限（此孔超过了合格标准）。

3）再将塞规的止端对准被检查的圆柱孔，若不能进入，则说明被检查的圆孔内径尺寸未超过公差带的上限值，合格；若能进入（可能须用一定的推力和拉力），则说明被检查的圆孔内径尺寸超过公差带的上限值,不合格。

4) 检查通孔时,塞规的止端应分别从孔的两头进行检查,且都不通过,通端应在孔的整个长度内通过,此时方认为被检孔合格。

5) 将通端(通规)塞入被检孔内时,塞规轴向不得倾斜,否则容易发生测量误差,也可能把塞规卡在孔内;向外拉拔塞规时,也要使塞规顺着孔的轴线方向。

6) 将塞规塞入圆孔内之后,不许转动,以防止塞规受到不必要的磨损。

7) 一般不允许检查刚刚加工完的孔,如必须检查,则应动作迅速,即将通端(通规)塞入孔内后,要尽快地将其拉出,否则就有可能因工件冷却使孔内径缩小,将塞规"咬"在孔内,难于拔出。

若遇上述情况,不要采取榔头敲、打或摔、拧塞规等强行措施,而要用木榔头轻轻敲或使用拉拔器等专用工具进行处理。必要时,可将工件稍稍加热后,即可将塞规很容易地拔出。

2. 圆锥塞规

检查圆锥孔内径的光滑塞规称作圆锥塞规,它是锥体量规中的一种。由于圆锥工件的直径偏差和角度偏差都将影响基面距的变化,因此用圆锥塞规检验圆锥工件时,是按照圆锥塞规相对于被检验的圆锥工件端面的轴向移动(基面距偏差)来判断是否合格的。

在圆锥塞规测量面的较粗端,有一个台阶形的缺口或两条环形刻线,缺口的间距为 m, m 的值就是工件因加工误差所引起的基面距(用于确定相互配合的内、外圆锥轴向的相互距离)变动的允许值,如图 4-39 所示。

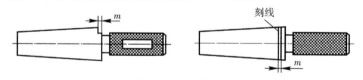

图 4-39　圆锥塞规

将圆锥塞规塞入被检查的锥形孔内以后,如果锥形孔的大口端面刚好处于塞规缺口或两条环形刻线之间,并且塞规在孔内不能晃动,则表示被检锥孔的孔径、锥度以及长度都是合适的,否则说明孔径大或者小,如图 4-40 所示。

由于圆锥配合时,通常锥角公差有更高要求,因此当用圆锥量规检验时,首先以单项检验锥度,采用涂色法,即在塞规的测量表面涂上一层厚度为 $2\sim15\,\mu m$ 的红丹粉或蓝油后,将塞规塞入锥形孔中,转动塞规几周后从孔中退出,观看涂层被抹掉的面积,该面积即为塞规测量面和锥形孔内表面相接触的面积。另外,也可事先用红丹粉、蓝油(没有这两种材料时也可用铅笔)在塞规测量面上沿轴向在圆周上

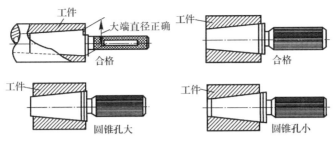

图 4-40　圆锥塞规的使用方法

均匀地画 3 道或 4 道线,然后轻轻地和被检工件对研,转动几周后,取出圆锥量规,观看图色的线被抹掉的部位和长度,即知锥形孔锥度的加工情况,如图 4-41 所示。

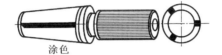

涂色

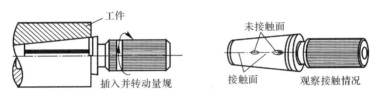

图 4-41　用涂色法检查锥形孔的加工情况

　　用圆锥塞规检验内圆锥时,若只有大端被擦去,则表示内圆锥的锥角小了;若小端被擦去,则说明内圆锥的锥角大了;若均匀地被擦去,则表示被检验的内圆锥锥角是正确的。其次再用圆锥量规按基面距偏差作综合检验,如果被检验工件的最大圆锥直径处于圆锥塞规两条刻线之间,表示被检验工件是合格的。

3. 带百分表的的圆锥塞规

　　图 4-42 所示是一个带百分表的圆锥塞规的使用的情况。所用标准环规的锥

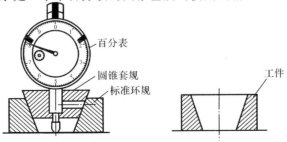

图 4-42　带百分表的圆锥塞规及其使用方法

度以及长度、两端直径要按被检工件的名义尺寸来制造。

将百分表安装在塞规的中心孔内并用顶丝固定(在校对时可能还要调整)。将标准环规平放在测量平板上,把塞规放入标准环规中,使百分表的测头接触测量平板,并要求有一定的测量力,即要求百分表的指针转动半圈到一圈。旋转表盘使指针对零。

将被检工件也平放在测量平板上,把塞规放入其中后,若百分表的指针还在零位,则说明被检工件的尺寸和标准环规完全相同;若发生了偏离,但偏离量未超过允许的公差范围,则为合格。允许的公差范围与标准环规的尺寸有关。

4.3.3 圆锥环规和锥度样板

1. 圆锥环规

检查圆锥环规轴直径和锥度用的光滑套规被称作圆锥环规,它也是锥体量规中的一种。

在圆锥环规测量面孔径较小的一端,有半个端面缩进去一段,形成一个台阶形的缺口,缺口的长度为m,m 的定义和圆锥塞规中的相同,如图 4-43 所示。

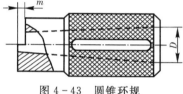

图 4-43 圆锥环规

将环规套入被检查的锥形轴上以后,如果锥形轴的小端面刚好处于套规缺口长度之间,并且套规不感觉晃动,则表示被检锥轴的轴径、锥度以及长度都是合适的,否则说明轴径大或者小,如图 4-44 所示。

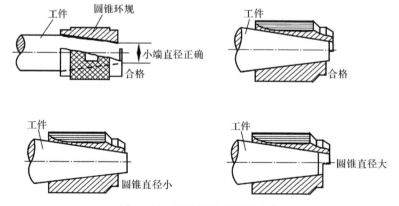

图 4-44 圆锥环规的使用方法

为了准确地检查轴锥度和表面的加工情况,也可采用涂色法,具体操作和判定方法和用圆锥塞规检查锥形孔基本相同,只是此时要将涂料涂在被检查的锥形轴上。

2. 锥度样板

除圆锥环规外,对外圆锥还可以用锥度样板进行检验,如图 4-45 所示。合格的外圆锥最小圆锥直径应处在样板上两条刻线之间,锥度的正确性可利用光隙来判断。

图 4-45　锥度样板

4.3.4　键槽尺寸量规

1. 平键键槽尺寸量规

对于平键联接,需要检测的项目有键宽、轴键槽和轮毂键槽的宽度、深度及槽的对称度。

(1)槽宽极限量规

在单件小批量生产时,一般采用通用计量器具(如千分尺、游标卡尺等)测量;在大批量生产时,用极限量规控制,如图 4-46(a)所示。

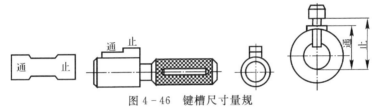

图 4-46　键槽尺寸量规

(a)槽宽极限量规;(b)轮毂槽深量规;(c)轴槽深量规

(2)槽深极限量规

在单件小批量生产时,一般用游标卡尺或外径(内径)千分尺测量槽深;在大批量生产时,用专用量规,如轮毂槽深极限量规和轴槽深极限量规控制,如图 4-46(b)、(c)所示。

(3)键槽对称量规

在单件小批量生产时,可用分度头、V 形块和百分表测量键槽的对称性;在大批量生产时一般用综合量规检测,如对称度极限量规,只要量规通过即为合格。图 4-47(a)所示的是轮毂槽对称量规,图 4-47(b)是轴槽对称量规。

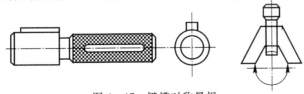

图 4-47　键槽对称量规

(a)轮毂槽对称量规;(b)轴槽对称量规

2. 花键综合量规

矩形花键的检测包括尺寸检测和形位误差检测。

在单件小批量生产中,花键的尺寸和位置误差通常用千分尺、游标卡尺或指示表等通用计量器具进行测量。

在大批量生产中,内(外)花键用花键综合塞(环)规同时检验内(外)花键的小径、大径、各键槽宽(键宽)、大径对小径的同轴度和键(键宽)的位置度等项目。此外,还要用单项止端塞(卡)规或不同计量器具检测其小径、大径、各键槽宽(键宽)的实际尺寸是否超越其最小实体尺寸。

检测内、外花键时,如果花键综合量规能通过,而单项止端量规不能通过,则表示被测内、外花键合格,反之,即为不合格。

内外花键综合量规的形状如图 4 - 48 所示,其中,图 4 - 48(a)为花键塞规,图 4 - 48(b)为花键环规。

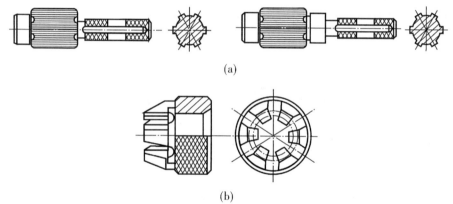

(a)

(b)

图 4 - 48 矩形花键综合量规

(a)花键塞规; (c)花键环规

4.3.5 半径样板

半径样板又称半径规、R 规,有凸形和凹形两种,用于以比较法测定工件凸凹圆弧面的半径。

半径样板根据其半径范围,常用的有三套,每组由凹形和凸形样板各 16 片组成,具体尺寸见表 4 - 6。从表中可以看出,最小的为 1 mm,然后每隔 0.5 mm 增加一挡,到 20 mm 为止,再后每隔 1 mm 增加一挡,到 25 mm 为止。每片样板都是用 0.5 mm 的不锈钢板制造的,如图 4 - 49(a)所示。

表 4 - 6　成套半径样板的半径尺寸　　　　　　　　mm

样板组半径范围	样板半径尺寸														
1～6.5	1	12.5	1.5	17.5	2	2.25	2.5	2.75	3	3.5	4	4.5	5	5.5	6	6.5
7～14.5	7	7.5	8	8.5	9	9.5	10	10.5	11	11.5	12	12.5	13	13.5	14	14.5
15～25	15	15.5	16	16.5	17	17.5	18	18.5	19	19.5	20	21	22	23	24	25

　　用半径样板检查圆弧角时,先选择与被检圆弧角半径名义尺寸相同的样板,将其靠紧被测圆弧角,要求样板平面与被测圆弧垂直(即样板平面的延长线将通过被测圆弧的圆心),用透光法查看样板与被测圆弧的接触情况,完全不透光为合格;如果有透光现象,则说明被检圆弧角的弧度不符合要求,几种情况分别如图 4 - 49 (b)中各图所示,图中 R 为样板半径,r 为工件半径。

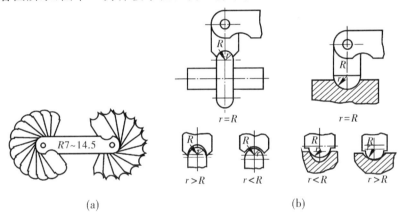

(a)　　　　　　　　　　　　　　(b)

图 4 - 49　半径样板和使用方法
(a)半径样板;(b)完全合格和不合格的各种情况

　　若要测量出圆弧角的未知半径,先大致估计所测曲线半径的大小,再依次以不同半径尺寸的样板,在工件圆弧处做检验,当密合一致时,该半径样板的尺寸即为被测圆弧表面的半径尺寸。

4.3.6　塞尺

　　塞尺是测定两个工件的缝隙以及平板、直角尺和工作物间的缝隙使用的片状量规。当遇到测量两个平面之间的距离很小,并且其所处的位置很难使用前面介绍的量具时,塞尺可以发挥其作用。

　　塞尺又称厚薄规或间隙规,有普通级和特级两种。实际应用的塞尺都是由几片不同厚度的尺片合装在一起的,每个薄片都有两个相互平行的测量面,在每一薄片上都刻有厚度的尺寸数字,在一端像扇骨那样钉在一起,如图 4-50 所示。由不同厚度的金属薄片组成的塞尺,一般称为"一把",每把有 13、14、17、20、21 片不等。考虑到较薄的尺片容易损坏,厚度在 0.05 mm 及以下尺片每挡为两片。

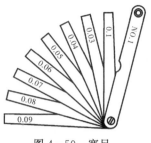

图 4-50　塞尺

塞尺的长度有 75 mm、100 mm、150 mm、200 mm、300 mm 共 5 种。如果厚度是0.03~0.1 mm,则中间每两片间隔为 0.01 mm;如果厚度是 0.1~1 mm,则中间每两片间隔为 0.05 mm。

使用塞尺测量间隙时,先大致估计所测间隙的大小,再依次以不同厚度的塞尺插入间隙,刚好插入者,其厚度即为所测间隙的大小。

塞尺可以单片使用,也可多片叠起来使用,但多片使用会使测量误差变大,所以叠起的片数越少越好。

使用塞尺时,应注意用力适当,方向要合适,不可强行将较厚的塞尺往小的间隙中塞,防止其弯曲过度其至折断和划伤。

若只检查某一间隙是否小于规定值,则用符合规定最大值的塞尺(一片或几片叠加在一起)去塞该间隙,如果不能塞入,则为合格,能塞入则为不合格。

若需测量出间隙的实际尺寸,则要用不同厚度的塞尺片(包括一片或几片叠加在一起)去试探着塞入被测间隙中,刚好插入,手感不松不紧者,所用片的厚度即为被测间隙的尺寸。

因为塞尺片很薄,精度也较高,所以应特别注意日常保护,每次使用后,应使用干净的棉布等顺着尺片将其擦干净。不要随意放置在有灰尘和油污,特别是有腐蚀性化学物质的地方。如发现局部有锈蚀,应立即清除,锈蚀较严重的不能使用。

4.4　现代测量仪器——三坐标测量机

三坐标测量机是近 30 年发展起来的一种高效率的新型精密测量仪器,是集精密机械、电子技术、传感器技术、电子计算机等高新科技为一体的现代化检测检测仪器,广泛地应用于机械制造、电子、汽车和航空航天等工业中。它可以进行零件和部件的尺寸、形状及相互位置的检测,还可用于划线、定中心孔、光刻集成线路等,并可对连续曲面进行扫描等,故有"测量中心"之称。在现代化生产中,三坐标测量机已成为 CAD/CAM 系统中的一个测量单元,它将测量信息反馈到系统主控计算机,进一步控制加工过程,提高产品质量。

4.4.1　三坐标测量机的结构类型

三坐标测量机有三个方向的标准器(标尺),利用导轨实现沿相应方向的运动,同时三维测头对被测量进行探测和瞄准。此外,测量机还具有数据处理和自动检测等功能,需由相应的电气控制系统与计算机软硬件来实现。

1. 三坐标测量机的结构

三坐标测量机分为主机、测头、电气系统三大部分,如图 4 - 51 所示。主机的机构包括框架结构、标尺系统、导轨、驱动装置、平衡部件、转台与附件等,其中标尺系统是测量机的重要组成部分,也是决定仪器精度的关键。三坐标测量机所用的标尺有线纹尺、精密丝杠、感应同步器、光栅尺、磁尺及光波波长等。

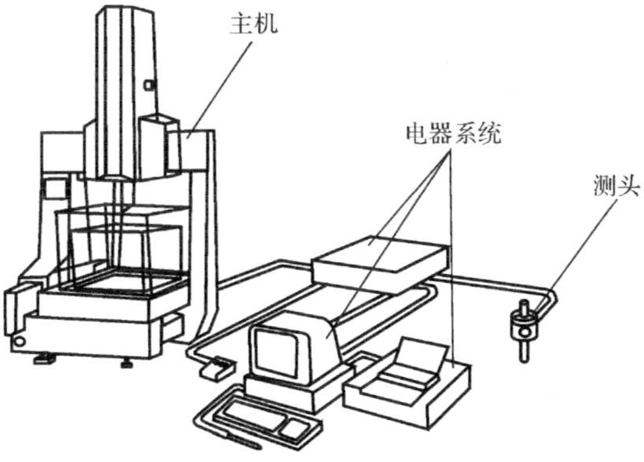

图 4 - 51　三座标测量机的组成

测头是三维测量的传感器,它可以在三个方向上感受瞄准信号和微小位移,以实现瞄准与测微两种功能。测量机的测头主要有接触式测头和非接触式测头两类。

电气控制系统是测量机的电气控制部分,主要包括计算机硬件部分、测量机软件、打印与绘图装置。测量机的软件包括控制软件与数据处理软件,这些软件可进行坐标变换与测头校正,生成探测模式与测量路径,可用于基本集合元素及其相互关系的测量,形状与位置误差的测量,齿轮、螺纹与凸轮的测量以及曲线与曲面的测量等。

2. 三坐标测量机的分类

(1) 按操作方式分类

1) 手动测量机:这种机器结构简单,无机动传动机构,全部由操作者控制动作。

2) 半自动测量机:有三套传动系统,由电机、减速器、驱动器、控制器、电源、操作杆等组成。工作时,操作者通过操作杆控制机器的运动方向和速度。

3) 自动测量机:即 CNC 控制的测量机,全部运动自动实现,它的伺服传动机构同机动式测量机一样,只是控制方式是通过软件实现。批量测量时,第一件用机动方式操作,编出自学习程序,存储在计算机里,以后再测量时,动作全部自动进行。

(2) 按主机结构形式分类

1) 悬臂式:如图 4 - 52(a)、(b)所示。图(a)为悬臂式 z 轴移动,特点是左右方向开阔,操作方便,但因 z 轴在悬臂 y 轴上移动,易引起 y 轴挠曲,故使 y 轴的测量范围受到限制(一般不超过 500 mm)。图(b)为悬臂式 y 轴移动,特点是 z 轴固定在悬臂 y 轴上,随 y 轴一起前后移动,有利于工件的装卸,但悬臂在 y 轴方向移动,重心的变化较明显。

这类结构的缺点是刚性较差,会影响测量精度,设计时应注意补偿变形误差。

2) 桥式:如图 4 - 52(c)、(d)所示。以桥框作为导向面,x 轴能沿 y 方向移动,其结构刚性好,适用于大型测量机。

3) 龙门式:如图 4 - 52(e)、(f)所示。图 (e)为龙门移动式,图 (f)为龙门固定式。龙门式的特点是当龙门移动或工作台移动时,装卸工件非常方便,操作性能好,适宜于小型测量机,精度较高。

4)图 4 - 52 (g)、(h)所示的是在卧式镗床或坐标镗床的基础上发展起来的坐标机,这种形式的精度较高,但结构复杂。

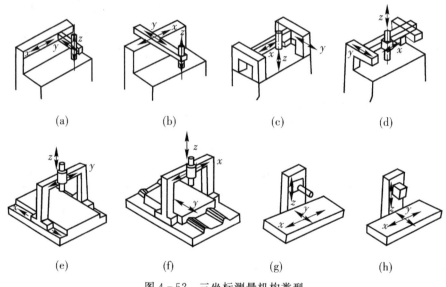

图 4 - 52   三坐标测量机构类型

（3）按精度高低分类

1）高精度:指三坐标测量机单轴示值精度在 1 m 的测量范围内,误差绝对值小于等于 5 μm。

2）中等精度:指三坐标测量机单轴示值精度在 1 m 的测量范围内,误差绝对值在 5~15 μm 之间。

3）低精度:指三坐标测量机单轴示值精度在 1 m 的测量范围内,误差绝对值大于 15 μm。

三坐标测量机的示值误差是由测量的正确度和测量精密度组成的;测量正确度是由几何精度等系统误差所决定的;精密度是由三坐标测量机的重复性误差所决定的。

（4）按尺寸大小分类

按三坐标测量机的测量范围大小可分为大、中、小三种类型:

1）大型三坐标测量机:x 轴的测量范围大于 2000 mm 以上的为大型三坐标测量机。

2）中型三坐标测量机:x 轴的测量范围在 600～2000 mm 的为中型三坐标测量机。这种机器的用途广,生产厂家多,品种和规格也很多,自动化水平高。

3）小型三坐标测量机:x 轴的测量范围小于 600 mm 的为小型三坐标测量机。它主要用于测量小型复杂形状高精度零件,所以精度和自动化水平都较高。

4.4.2　三坐标测量机的测量系统

测量系统是坐标测量机的重要组成部分之一。该系统与三坐标测量机的精度、成本、维护保养和寿命等有着密切的关系。目前国内外三坐标测量机中使用的测量系统种类很多,归纳起来大致可分为三类,即机械式测量系统、光学式测量系统和电气式测量系统。这些测量系统的工作原理和优缺点各异。

1. 机械式测量系统

机械式测量系统按其工作原理和结构可分为以下三种:

1）精密丝杠加微分鼓轮测量系统。这是一种以精密丝杠为检测元件的机械式测量系统。其读数方法是把丝杠的转角从微分鼓上读出。读数值一般为 0.01 mm,若附加游标后,可读到 0.005～0.001 mm。测量系统的精度取决于丝杠的精度。

为了读数方便,这种测量系统可以通过机电转换方式,用数字形式把坐标值显示出来。

2）精密齿轮齿条测量系统。这是用一对互相啮合的齿轮齿条作为检测元件的测量系统,如图 4-53 所示。在齿轮的同轴上装有一圆形的光电盘(也有装刻度盘的),光电盘上刻有许多刻线。当齿轮在齿条上转动时,读数头里的光电元件就接收到明暗交替变化的光电信号,经放大整形后被送入计数器,用数字的形式把移动的坐标值显示出来。

该测量系统的精度取决于齿轮副的精度。这种测量系统的可靠性高、维护简便,但是精度较低。

3）滚动光栅测量系统。该系统利用了摩擦滚动的原理,以一定的压力使摩擦轮与平面导轨接触,摩擦轮轴的另一端装

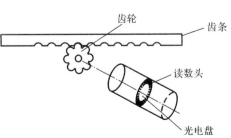

图 4-53　精密齿轮条测量系统

有圆光栅系统。一般情况下,摩擦轮与光栅安装在移动部件上,部件移动时借助摩擦力使摩擦轮旋转,同时带动光栅转动,圆光栅将机械位移转变为电信号,经放大整形送入数显表,以数字形式显示出坐标位移量。

这种测量系统的测量精度与摩擦副中有无打滑及滚轮的尺寸精度有关。该测量系统的优点是结构简单、安装方便,缺点是因摩擦副打滑或滚轮磨损,会使测量精度降低。

2. 光学式测量系统

光学式测量系统按工作原理、结构特点来分,主要有以下几种:

1)光学刻度尺测量系统。这种测量系统要求检测元件是金属标尺或玻璃标尺。在标尺上每隔 1 mm 刻一条刻线,测量时通过光学放大把刻线影像投射到视野上,再通过游标副尺读出整数和小数坐标值。视野的结构大部分是光屏式的,也有目镜式的。

这种测量系统的精度主要取决于标尺的制作精度。

2)光电显微镜和刻度尺测量系统。如图 4-54 所示,该测量系统的读数装置由圆光栅盘 10,指示光栅 13、光电元件 9、光源 11 及数字电路组成。光栅盘与伺服电机 12 和鼓轮 8 同轴转动。在光栅盘上刻有 2500 条线,光栅盘每转一周,在光电元件上接收到 2500 条莫尔条纹,转换成电信号,再被电路四倍频细分后转变成脉冲送入数字电路。当工作台 7 带动刻线标尺 6 移动时,伺服电机不停地转动,同时光电元件 9 接收脉冲信号。工作台停止移动后,电机停转。因此,数字电路显示的数值,就是移动的坐标值。这种测量系统的精度高,但结构比较复杂。

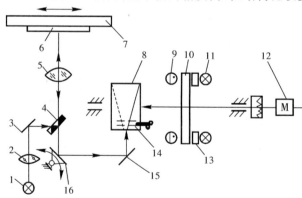

图 4-54　光电显微镜和金属刻度尺测量系统

3)光学编码器测量系统。该系统是一种绝对测量系统,在原点固定之后,它所显示的数值是绝对坐标值,也就是说编码器的任何一个确定位置,只能与一个固定的编码状态相对应,停电不会造成测量数据丢失,电源一接通,与编码器位置相对应的坐标值又被正确地显示出来。

编码器有直线型和旋转型两种,分别称为码尺和码盘。码尺和码盘是以二进制代码运算为基础,用透光和不透光两种状态代表二进制代码的"1"和"0"两个状态,经光电接收和模数转换,可用于长度和角度的测量和定位。

编码器测量系统的优点是不需要电子细分电路,所以电路抗干扰能力较强,受电子噪声、电源波动等影响较小,缺点是码尺和码盘制作麻烦,价格较贵。

3. 电气式测量系统

1)感应同步器与旋转变压器测量系统。感应同步器结构简单,制造不复杂,成本低,环境变化影响小,维护方便,工作可靠,但定位精度低,适合于开环系统。旋转变压器与感应同步器类似,是一种角度检测元件。

2)磁尺测量系统。磁尺是一种录有磁化信号的磁性标尺或磁盘。磁尺测量系统由磁尺和读数磁头及测量电路三部分组成,可用于大型精密机械,作为位置测量系统。

4.4.3　三坐标测量机的测量头

三坐标测量机的测量头按测量方法分为接触式和非接触式两大类。

1. 接触式测头

接触式测量头可分为硬测头和软测头两类。硬测头多为机械测头,因测量力会引起测头和被测件的变形,降低了瞄准精度,所以主要用于手动测量和精度要求不高的场合。软测头是目前三坐标测量机普遍使用的测量头。而软测头的测端与被测件接触后,测端可作偏移,传感器输出模拟位移量的信号。因此,它不但可用于瞄准,又可用于测微。

接触式测头亦称电触式测头,其作用是瞄准。它可用于"飞越"测量,即在检测过程中,测头缓缓前进,当测头接触工件并过零时,测头即自动发出信号,采集各坐标值,而测头则不需要立即停止或退回,允许若干毫米的超程。

三坐标测量机使用的机械式测头种类很多,包括不同形状的各种触头,可根据被测对象的不同特点进行选用。使用时注意测量力引起的变形对测量精度的影响,在触头与工件接触可靠的情况下,测量力越小越好。一般要求测量力在$(1 \sim 4) \times 10^{-1}$ N 的范围内,最大测量力不应大于 1 N。下面介绍一种触发式软测头。

图 4-55 所示为触发式软测头的典型结构之一,其工作原理相当于零位发信开关。当三对由圆柱销组成的接触副均匀接触时,测杆处于零位;当测头与被测件接触时,测头被推向任一方向后,三对圆柱销接触副必然有一对脱开,电路立即断开,随即发出过零信号;当测头与被测件脱离后,外力消失,由于弹簧的作用,测杆回到原始位置。

接触式测头的结构与电路都比较简单,测头输出的是阶跃信号,它广泛地应用于各种信号的瞄准装置、自动分选和主动检验中。触点的电蚀和腐蚀影响检验

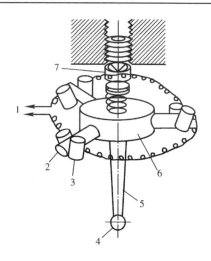

图 4 - 55　触发式软测头

1—信号线；2—销；3—圆柱销；4—红宝石测头；

5—测杆；6—块规；7—陀螺

精度，它易受振动而误发信号，其静态测量误差一般不超过±1μm。

2. 非接触式测头（激光测头）

激光测头速度快（比一般接触式测头高 10 倍），效率高，对一些软质、脆性、易变形的材料，如橡胶、木塞、石蜡、塑料、胶片，甚至透明覆盖物后面的表面均可测量。该测头没有测量力引起的接触变形的影响，适用于雷达、微波天线、电视显像管、光学镜头、汽轮机叶片及其他翼面成形零件等的测量与检验。该测头的测量范围较大，水平方向为 10 m，垂直方向为 4 m。

图 4 - 56 所示为激光测头的工作原理图。激光光源 1 发射出一束精细的光束，形成光能量较强的光斑（直径为 0.076 mm）照射在被测工件 2 的表面 A 点上，若 A 点位于透镜的光轴上，探针距被测表面为一固定值 C，通过透镜 3 成像在相对应的 A' 点上。若被测表面位于 B 点（在探针测量范围内），通过透镜 3 成像在 B' 点，通过计算显示出测量结果 BC 比 AC 大，也可用光电元件接收，输入计算机进行处理。

三坐标测量机的工作效率和精度与测头密切相关，没有先进的测头，就无法发挥测量机的功能。三坐标测量机的发展促进了新型测头的研制，新型测头的出现又使测量机的应用范围更加广泛。

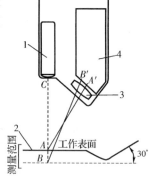

图 4 - 56　激光测头原理图

1—激光光源；2—被测工件；

3—透镜；4—数字固体传感器

思考题与习题

1. 量块的作用是什么,其结构有何特点? 量块的"等"和"级"有何区别? 说明按"等"和"级"使用时,各自的测量精度如何?

2. 试述使用量块组合尺寸的一般方法。

3. 从 83 块一套的量块中选取合适尺寸的量块,组合出尺寸为 39.885 mm 的量块组。

4. 用光滑极限量规检验工件时,通规和止规分别用来检验什么尺寸? 被检验工件的合格条件是什么?

5. 用普通计量器具测量下列的孔和轴时,试分别确定它们的安全裕度、验收极限以及使用的计量器具的名称和分度值。

(1) $\phi50h11$;　　(2) $\phi140H10$;　　(3) $\phi35e9$;　　(4) $\phi95p6$

6. 光滑极限量规的通规和止规的形状各有何特点,为什么应具有这样的形状?

7. 常用的角度标准测量器具有哪几种,各自有何主要用途?

8. 常用游标量具的分度值有哪几种,各适合测量几级精度的尺寸?

9. 试述游标量具的正确使用方法。

10. 常用的螺旋测微量具有哪几种,其基本原理是什么?

11. 试述外径千分尺的正确使用方法。

12. 杠杆千分尺与外径千分尺有何不同?

13. 试述杠杆千分尺的正确使用方法。

14. 常用的指示表测量器具有哪几种? 试述其基本结构和工作原理。

15. 百分表和千分表各有哪几种分度值和测量范围?

17. 杠杆百分表与百分表在结构上和测量方法上有何主要区别?

18. 内径百分表一般由哪几个主要部分组成? 试述其正确使用方法。

19. 卧式测长仪有哪几个主要组成部分? 为便于测量,卧式测长仪的工作台具备哪几种运动?

20. 为什么规定安全裕度和验收极限?

21. 根据安全裕度,怎样选用测量器具和零件的验收极限?

22. 已知某配合轴套的配合尺寸为 H3/g6,试根据安全裕度选用测量轴、孔的测量器具及验收极限。

第5章　尺寸公差的选择与标注

5.1　极限与配合的基本概念

由于任何一种加工方法都不可能把工件做得绝对准确,因此,一批完工工件的尺寸之间就一定存在着不同程度的差异。而为满足产品使用性能要求,也允许完工工件尺寸有所差异,即允许存在尺寸误差。允许尺寸变化的界限,即称为极限。

在制成的一批相同尺寸而有不同程度差异的工件中任取一件,不需作任何选择和修配就可装配在机器上,并能满足机器原定性能的要求,该工件就具有互换性能。显然,要使一批工件具有互换性,就必须根据配合精度的要求,将工件的加工误差控制在一定的范围内。在这个范围内,既不影响工件的互换,又不降低工件的工作性能。

1. 有关尺寸的术语(GB/T 1800)

(1) 基本尺寸

设计时给定的尺寸称为基本尺寸。它是根据使用的需要和结构的特点,通过计算或根据经验来确定的。应尽量选择标准尺寸。如图 5-1 中的 $\phi20$ 和长度 40 是圆柱销的基本尺寸。

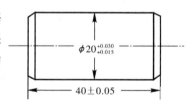

图 5-1　圆柱销

(2) 实际尺寸

实际尺寸是通过测量获得的某一孔、轴的尺寸。

由于测量误差的存在,因此,实际尺寸不一定是被测尺寸的真值。又由于测量误差具有随机性,因此多次测量同一尺寸所得的实际尺寸可能是不相同的。此外,由于被测工件形状误差的存在,测量器具与被测工件接触状态的不同,其测量结果也是不同的。我们把任何两相对点之间测得的尺寸,称为局部实际尺寸。通常所谓的实际尺寸均指局部实际尺寸,即两点法测得的尺寸。

(3) 极限尺寸

实际尺寸与基本尺寸不同,但也不能相差太多,因此,必须用极限尺寸来限制实际尺寸的变动范围。极限尺寸是一个孔或轴允许的尺寸变化的两个极端值。孔或轴允许的最大尺寸称为最大极限尺寸,孔或轴允许的最小尺寸称为最小极限尺寸。

有关尺寸的名称参看图 5-2。

2. 有关偏差与公差的术语

（1）偏差

某一尺寸（如实际尺寸、极限尺寸等）减其基本尺寸所得的代数差称为偏差。偏差可以为正、负或零。偏差可以分为实际偏差和极限偏差等。

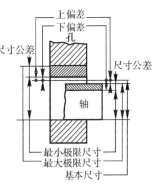

图 5 - 2　术语图解

1）实际偏差　实际尺寸减其基本尺寸所得的代数差称为实际偏差。

2）极限偏差　极限尺寸减其基本尺寸所得的代数差称为极限偏差。

3）上偏差　最大极限尺寸减其基本尺寸所得的代数差称为上偏差。孔的上偏差以 ES 表示；轴的上偏差以 es 表示。

4）下偏差　最小极限尺寸减其基本尺寸所得的代数差称为下偏差。孔的下偏差以 EI 表示；轴的下偏差以 ei 表示。

（2）公差

公差是最大极限尺寸减最小极限尺寸之差，或上偏差减下偏差之差，也称尺寸公差。公差是允许尺寸的变动量。公差不为零，永远是个正值。

因为在加工工件时要限定公差，所以，工作图中在基本尺寸后面都注出允许的偏差数。

例如：图纸上所注的轴的直径为 $\phi 40^{+0.015}_{-0.010}$。根据以上定义，我们可以清楚地将尺寸偏差分析如下：

基本尺寸　　　　　40 mm

最大极限尺寸　　　40＋0.015＝40.015 mm

最小极限尺寸　　　40－0.010＝39.990 mm

公差　　　　　　　40.015－39.990＝0.025 mm

上偏差　　　　　　40.015－40.0＝＋0.015 mm

下偏差　　　　　　39.99－40.0＝－0.010 mm

即轴的直径要做得不大于 40.015 mm 又不小于 39.990 mm 就算合格了。

（3）公差带

由代表上偏差和下偏差，或最大极限尺寸和最小极限尺寸的两条直线所限定的区域，称为公差带（或尺寸公差带），如图 5 - 3 所示 。

以基本尺寸线为零线（零偏差线），用适当的比例画出两极限偏差，以表示尺寸允许变动的界限及范围，称为公差带图（尺寸公差带图）。

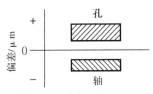

图 5 - 3　公差带示意图

通常,公差带图的零线水平安置,且取定零线以上为正偏差,零线以下为负偏差。偏差值多以 μm(微米)为单位进行标注。

公差数值与工件尺寸的数值相差得很悬殊,因此,当用同一比例来表示时,公差带就画不出来。如果按同一比例放大,保证了公差带很清楚,而工件图形就显得很巨大。为了解决这个矛盾,可以不画整个工件图,而只画出工件的公差带。这样,就可以将公差带的比例放得很大,看起来非常清楚。

公差带的大小取决于公差数值的大小,公差带相对于零线的位置取决于极限偏差的大小。大小相同而位置不同的公差带,它们对工件的精度要求相同,而对尺寸大小的要求不同。必须既给定公差数值以确定公差带大小,又给定一个极限偏差(上偏差或下偏差)以确定公差带位置,才能完整地描述一个公差带,表达对工件尺寸的要求。

（4）标准公差

为确保工件的功能和互换性,对工件上的配合尺寸应给出公差要求,以确定加工尺寸的允许变动范围。标准公差是国家标准极限与配合制中所规定的任一公差。标准公差用 IT 表示(IT 也表示国际公差)。

（5）公差等级

公差等级表示尺寸精确的程度,即确定公差带的宽度。

极限与配合在基本尺寸小于等于 500 mm 内规定了 IT01、IT0、IT1、…、IT18 共 20 个标准公差等级。IT01 为最高一级,即精度最高,公差值最小(即公差带最窄);IT18 为最低一级,即精度最低,公差值最大(即公差带最宽)。标准公差等级 IT01 和 IT0 在工业上很少用到,所以在标准中没有给出该两公差等级的标准公差数值。

各公差等级的大致应用范围见表 5 - 1 公差等级的应用。

表 5 - 1　公差等级的应用

应用	公差等级（IT）																			
	01	0	1	2	3	4	5	6	7	8	9	10	11	12	13	14	15	16	17	18
量块	—	—	—																	
量规			—	—	—	—	—	—	—											
配合尺寸							—	—	—	—	—	—	—	—						
特别精密零件的配合				—	—	—	—													
非配合尺寸（大制造公差）														—	—	—	—	—	—	—
原材料公差										—	—	—	—	—	—	—	—	—		

（6）公差带与公差尺寸的表示方法

1）公差带的表示 公差带用基本偏差的字母和公差等级数字表示。

例如：H7 为孔公差带代号；h7 为轴公差带代号。

2）公差尺寸的标注 公差的尺寸用基本尺寸后跟所要求的公差带或（和）对应的偏差值表示（见图 5-4）。

公差带在图样中可采用下述三种表示方法。

孔：$\phi450H8$，$\phi50^{+0.039}_{0}$，$\phi50H8(^{+0.039}_{0})$。

轴：$\phi50f7$，$\phi50^{-0.029}_{-0.050}$，$\phi50f7(^{-0.029}_{-0.050})$。

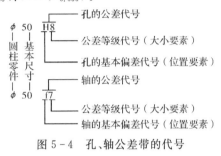

图 5-4 孔、轴公差带的代号

3. 配合类别

（1）间隙配合

为了得到轴和孔有适当要求的间隙配合，这个间隙不能大于、小于一定的数值。因此，对于每种间隙配合要规定出最大间隙和最小间隙。

1）最大间隙 最大间隙是指在间隙或过渡配合中孔的最大极限尺寸减轴的最小极限尺寸之差。

2）最小间隙 最小间隙是指在间隙配合中孔的最小极限尺寸减轴的最大极限尺寸之差。

例 5-1 如图 5-5 所示，孔径为 $\phi100^{+0.035}_{0}$，轴径为 $\phi100^{-0.080}_{-0.125}$，求间隙差是多少。

解 最大间隙＝孔的最大极限尺寸－轴的最小极限尺寸

$$=100.035-99.875=0.160 \text{ mm}$$

最小间隙＝孔的最小极限尺寸－轴的最大极限尺寸

$$=100.000-99.920=0.080 \text{ mm}$$

间隙差＝0.160－0.080＝0.080 mm。

这个例子里所得到的配合最小间隙为 0.080 mm，

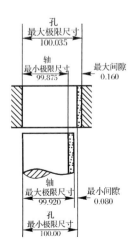

图 5-5 间隙配合示意图

最大间隙为 0.160 mm,所以,永远可以得到间隙配合。

（2）过盈配合

为了使轴和孔有适合要求的紧度,过盈不能小于一定数值,不然,就得不到需要的紧度;同时过盈也不能大于一定的数值,不然,装配时就需要很大的力,而且会有损坏配合零件的危险。也就是说,对每一种过盈配合,都必须规定出最大过盈和最小过盈。

1）最大过盈　在过盈配合或过渡配合中,孔的最小极限尺寸减轴的最大极限尺寸之差,称为最大过盈。

2）最小过盈　在过盈配合中,孔的最大极限尺寸减轴的最小极限尺寸之差,称为最小过盈。

例 5 - 2　如图 5 - 6 所示,孔径为 $\phi 100_{-0.050}^{-0.085}$,轴径为 $\phi 100_{+0.105}^{+0.140}$,求过盈差是多少。

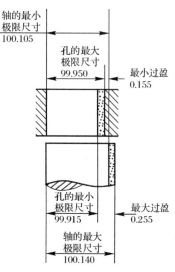

图 5 - 6　过盈配合示意图

解　最大过盈＝孔的最小极限尺寸－轴的最大极限尺寸＝99.915－100.140＝－0.225 mm

最小过盈＝孔的最大极限尺寸－轴的最小极限尺寸
＝99.950－100.105＝ －0.155 mm

过盈差＝－0.225－（－0.155）＝－0.070 mm

在这个例子中,轴和孔的配合可以得到最小过盈为－0.155 mm,最大过盈为－0.225 mm,所以,永远可以得到过盈配合。

间隙差和过盈差统称为配合公差。配合公差是组成配合的孔、轴公差之和,它是允许间隙或过盈的变动量。

例 5 - 2 中配合公差（即过盈差）为 0.070 mm,而孔公差为 0.035 mm,轴公差为 0.035mm,两者之和就是 0.070 mm,这正好等于配合公差。所以配合公差永远是孔公差和轴公差之和。

（3）过渡配合

过渡配合是可能具有间隙或过盈的配合。如图 5 - 7 所示,轴和孔虽然都在公差范围内,如果孔的最大极限尺寸和轴的最小极限尺寸相配,则可得到最大间隙;如果孔的最小极限尺寸和轴的最大极限尺寸相配,又可以得到最大过盈。因此,这样的配合,既可能是间隙配合,也可能是过盈配合,这种配合就叫做过渡配合,它是介于间隙和过盈之间的一种配合。

例 5-3 如图 5-7 所示,孔径为 $\phi 40^{+0.027}_{0}$,轴径为 $\phi 40^{+0.008}_{-0.008}$,求配合公差是多少。

解 最大间隙＝40.027−39.992＝0.035 mm

最大过盈＝40.000−40.008＝−0.008 mm

实际最大过盈为 0.008 mm

配合公差＝0.035−(−0.008)＝0.043 mm

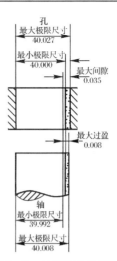

图 5-7 过渡配合示意图

4. 基孔制配合与基轴制配合

在实际应用中,为使工件能达到相互配合,国家标准规定了公差范围来表示各种配合。为了以尽可能少的标准公差带形成最多种类的配合,将配合的工件之一的公差范围固定,而只改变另一工件的公差范围,来达到间隙、过盈和过渡配合的目的。为此国家标准规定了两种配合制,即基孔制配合和基轴制配合。

（1）基孔制配合

基孔制配合是基本偏差为一定的孔的公差带,与不同基本偏差的轴的公差带形成各种配合的一种制度。基孔制配合的孔称为基准孔。国家标准规定基准孔的下偏差为零,即 EI＝0;基准孔的上偏差为正值;基本偏差代号为 H。

（2）基轴制配合

基轴制配合是基本偏差为一定的轴的公差带,与不同基本偏差的孔的公差带形成各种配合的一种制度。基轴制配合的轴称为基准轴。国家标准规定基准轴的上偏差为零,即 es＝0;基准轴的下偏差为负值;基本偏差代号为 h。基孔制配合和基轴制配合都有间隙配合、过盈配合和过渡配合三种类型,如图 5-8 所示。

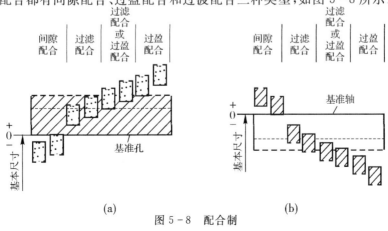

(a)　　　　　　　　　　　　(b)

图 5-8 配合制

（a）基孔制配合；（b）基轴制配合

在基孔制配合中孔的基本尺寸就是它的最小极限尺寸,即孔的公差只能使孔径加大,而不能减小。在基轴制配合中,轴的基本尺寸就是它的最大极限尺寸,即轴的公差只能使轴径减小,而不能加大。

5.2 极限与配合的确定方法

在测绘零件的过程中,不仅要确定零件的基本尺寸,还要确定零件的尺寸公差和形位公差等技术要求。而实际测绘时由于只能测得零件的实际尺寸、实际间隙或实际过盈等,因此要确定零件的技术要求还需要根据生产的实际情况,结合测量值、同类产品的资料等,综合考虑各种因素才能把被测绘件的极限与配合确定下来。

通常确定极限与配合的方法有两种:一种是用类比法选择极限与配合;另一种是用实测值和配合件的实际间隙或过盈来确定极限与配合。要解决这一问题应进行以下三方面的工作:第一,确定基准制;第二,确定等级;第三,确定配合种类。

5.2.1 用类比法选择极限与配合

1. 基准制的选择

配合制包括基孔制配合和基轴制配合两种,一般来说基孔制和基轴制的优先和常用配合要符合"工艺等价"原则。所谓工艺等价性,是指同一配合中的孔和轴的加工难易程度大致相同。如对于间隙配合和过渡配合,标准公差等级为 8 级的孔应与高一级(9 级)的轴配合。基孔制配合和基轴制配合的"同名配合",原则上配合性质相同。如 $\phi30H7/f6$ 与 $\phi30F7/h6$,从满足配合性质上讲,基孔制与基轴制完全等效,具有同样的最大、最小间隙,所以配合制的选择与使用要求无关,主要从结构、工艺性及经济性几方面综合考虑。

(1) 优先选用基孔制

一般情况下,应优先选用基孔制配合,因为中小尺寸的孔通常使用定值刀具(如钻头、铰刀、拉刀等)加工,使用光滑极限塞规检验。而轴使用通用刀具(如车刀、砂轮等)加工,用普通计量器具(如游标卡尺、千分尺量具)测量。定值刀具、量具的特点是孔的公差带一经改变,往往就要更换刀具和量具,所以采用基孔制配合可以减少孔公差带的数量,进而可以减少定值刀具、量具的规格种类,有利于刀具、量具的标准化、系列化,这样显然是经济合理的。

在测绘时,若被测孔的实际尺寸大于基本尺寸,则基孔制配合的可能性较大。

(2) 选择基轴制的情况

1) 机械制造用的冷拔圆钢型材,尺寸公差达 IT7～IT9 级,表面粗糙度达

$R_a0.8\sim3.2\ \mu m$。用这样的冷拔圆钢型材做轴,对农机、纺机等设备已能满足使用精度要求,轴可不加工,或极少加工,此时用基轴制在技术上合理,在经济上合算。

2) 尺寸小于 1 mm 的精密轴比同一公差等级的孔加工要困难,因此在仪器制造、钟表生产中,常使用经过光轧成型的钢丝或有色金属棒料直接做轴,这时应采用基轴制。

3) 和标准件配合时,应将标准件作基准。机器上使用的标准件,通常由专门工厂大量生产,其配合部分的基准制已确定。所以,与之配合的轴或孔应服从标准件上既定的基准制。例如,滚动轴承内圈内径和轴的配合一定是基孔制,而外圈外径和外壳孔的配合一定是基轴制。

图 5 - 9 所示为轴承内、外径的公差带图。由图可见,各级轴承单一平面平均外径 D_{mp} 的公差带的上偏差均为零,与一般基轴制相同;单一平面平均内径 d_{mp} 的公差带的上偏差亦为零,和一般基孔制的规定不同。这样的公差带分布规律是考虑到轴承和轴颈配合的特殊需要。实践证明,当轴承与一般过渡配合的轴相配时,可以获得小量的过盈,正好满足了轴承内孔与轴的配合要求。滚动轴承的配合都为高精度的小间隙或小过盈配合。

D_{mp} 和 d_{mp} 的公差数值与国家标准“极限与配合”中的标准公差数值不同,在装配图上标注滚动轴承与轴颈和壳体孔的配合时,只需标注轴和壳体孔的公差带代号(见图 5 - 10)。

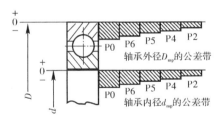

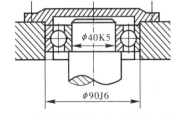

图 5 - 9 轴承内外径的公差带   图 5 - 10 滚动轴承与轴颈和壳体孔配合的标注

4) 当同一轴与基本尺寸相同的多个孔相配合,且配合性质不同时,宜采用基轴制配合。如图 5 - 11(a)所示的活塞连杆机构,活塞销 2 装在活塞销孔内,并穿过连杆 3 小头衬套孔,共有三处配合。通常是活塞销 2 与活塞 1 两个销孔的配合要求紧些(过渡配合性质),而活塞销 2 与连杆 3 小头衬套孔的配合要求松些(小间隙配合性质)。若采用基轴制配合,活塞销可制成一根光轴,而连杆小头衬套孔和活塞销孔分别按不同公差带加工,既便于生产,又便于装配,如图 5 - 11(b)所示。若采用基孔制配合,三个孔的公差带一样,而活塞销则需加工成两端粗中间细的阶梯轴,如图 5 - 11(c)所示,这种活塞销加工不方便且不利装配(装配时,易将连杆小头衬套孔壁刮伤,影响配合质量)。

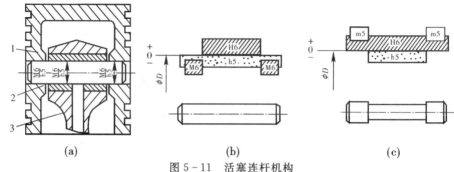

图 5 - 11　活塞连杆机构

(a)活塞连杆机构；(b)基轴制配合；(c)基孔制配合

1—活塞；2—活塞销；3—连杆

5) 特大件与特小件配合,可考虑用基轴制。

(3) 采用非基准制配合的情况

当机器上出现一个非基准孔(轴)与两个或两个以上的轴(孔)要求组成不同性质的配合时,其中至少有一个为非基准制配合。如图 5 - 12 所示的轴承孔与端盖的配合,考虑端盖的装拆方便,且允许配合的间隙较大,因此选用非基准制的混合配合 $\phi110\dfrac{J7}{f9}$。

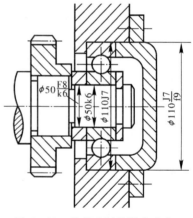

图 5 - 12　非基准制的混合配合

2. 公差等级的确定

(1) 选择公差与配合的意义及原则

零件上的尺寸公差,多数是先选定公差配合代号再查表得到。选择公差配合的意义可以从以下两个方面来说明:

1) 公差配合的选择直接影响产品的性能。机械产品除结构设计和材料选择之外,公差配合的选择是影响产品性能的主要因素。如机床设备加工零件时所能达到的加工精度、仪器仪表的工作精度、机器和仪表的使用寿命等,都和公差与配合的选择有关。

2) 公差与配合的选择影响机械产品的制造成本。对相同的基本尺寸,公差等级越高,则制造成本越高,废品率也相应增加。选择公差配合的原则是,在满足使用要求的前提下,能获得最佳的技术经济效益。

(2) 选择公差与配合的方法

1) 公差等级的选择。由于对被测件的测绘只能测量出实际尺寸而不能测量出其上、下偏差,因此在确定被测件的公差等级时,要正确处理使用要求、制造工艺和成本之间的关系。在满足使用要求的前提下,尽量选用较低的公差等级。

2) 公差等级的选择方法。公差等级一般用类比法选择,即参照实践证明是合理的同类产品选择相应的孔、轴公差等级。也就是参考从生产实践中总结出来的经验资料,进行比较选择。

在用类比法选择公差等级时,应综合考虑以下几个方面:

① 根据被测绘零件所处机器的精度高低、被测绘零件所在部位的作用、配合表面粗糙度数值的大小来选取。若被测机器精度高、所在部位重要、配合表面粗糙度数值小,则被测部位公差等级高,反之则公差等级较低。

② 根据各个公差等级的应用范围和各种加工方法所能达到的公差等级来选取。表 5 - 2 为各公差等级的具体应用,表 5 - 3 为各种加工方法可能达到的精度等级。

表 5 - 2　公差等级的应用

公差等级	应 用 条 件 说 明	应 用 举 例
IT01	用于特别精密的尺寸传递基准	特别精密的标准量块
IT0	用于特别精密的尺寸传递基准及航天工业仪器中特别重要的极个别精密配合尺寸	特别精密的标准量块,个别特别重要的精密机械零件尺寸,校对检验 IT6 级轴用量规的校对量规
IT1	用于精密的尺寸传递基准、高精密测量工具、特别重要的极个别精密配合尺寸	高精密标准量规,校对检验 IT7～IT9 级轴用量规的校对量规,个别特别重要的精密机械零件尺寸
IT2	用于高精密的测量工具及特别重要的精密配合尺寸	检验 IT6,IT7 级工作用量规的尺寸制造公差,校对检验 IT8～IT11 级轴用量规的校对塞规
IT3	用于精密测量工具、小尺寸零件的高精度的精密配合及与 C 级滚动轴承配合的轴径和外壳孔径	检验 IT8～IT11 级工件用量规和校对检验 IT9～IT13 级轴用量规的校对量规,精密机械和高速机械的轴径,与 C 级向心球轴承外环外径相配合的外壳孔径
IT4	用于精密测量工具、高精度的精密配合以及 C 级、D 级滚动轴承配合的轴径和外壳孔径	检验 IT9～IT12 级工件用量规和校对 IT12～IT14 级轴用量规的校对量规,与 D 级轴承孔相配的机床主轴,精密机械和高速机械的轴径,与 C 级轴承相配的机床外壳孔,柴油机活塞销及活塞销座孔径

公差等级	应用条件说明	应用举例
IT5	用于机床、发动机和仪表中特别重要的配合,配合性质比较稳定,对加工要求较高,一般机械制造中较少应用	检验 IT11～IT14 级工件用量规和校对 IT14、IT15 级轴用量规的校对量规,与 D 级滚动轴承相配的机床箱体孔,与 E 级滚动轴承孔相配的机床主轴,精密机械及高速机械的轴径,5 级精度齿轮的基准孔及 5 级、6 级精度齿轮的基准轴
IT6	广泛用于机械制造中的重要配合,配合表面有较高均匀性的要求,能保证相当高的配合性质,使用可靠	检验 IT12～IT15 级工件用量规和校对 IT15～IT16 级轴用量规的校对量规,与 E 级滚动轴承相配的外壳孔及与滚子轴承相配的机床主轴轴颈齿轮、蜗轮、凸轮的轴径,机床夹具的导向件的外径尺寸,精密仪器中的精密轴,6 级精度齿轮的基准孔和 7 级、8 级精度齿轮的基准轴径
IT7	应用条件与 IT6 相类似,但它要求的精度可比 IT6 稍低一点,在一般机械制造业中应用相当普遍	检验 IT14～IT16 级工件用量规和校对 IT16 级轴用量规的校对量规,机床制造中联轴器、皮带轮、凸轮等的孔径,机床夹头导向件的内孔(如固定占套、可换占套、衬套、镗套等),精密仪器中精密配合的内孔,7 级、8 级精度齿轮的基准孔和 9 级、10 级精密齿轮的基准轴
IT8	用于机械制造中属中等精度,在仪器、仪表制造中属应用较多的一个等级,在农业机械、纺织机械、印染机械、自行车、缝纫机、医疗器械中应用最广	检验 IT16 级工件用量规,轴承座衬套沿宽度方向的尺寸配合,电机制造中铁芯与机座的配合,发动机活塞油环槽宽连杆轴瓦内径、低精度(9 至 12 级精度)齿轮的基准孔和 11、12 级精度的齿轮和基准轴,6 至 8 级精度齿轮的顶圆
IT9	应用条件与 IT8 相类似,但要求精度低于 IT8 时用	机床制造中轴套外径与孔,操纵件与轴、空转皮带轮与轴操纵系统的轴与轴承等的配合,纺织机械、印柴机械中的一般配合零件,光学仪器、自动化仪表中的一般配合
IT10	应用条件与 IT9 相类似,但要求精度低于 IT9 时用	电子仪器仪表中支架上的配合,打字机中铆合件的配合尺寸,轴套与轴

公差等级	应用条件说明	应用举例
IT11	配合精度要求较粗糙且装配后可能有较大的间隙,特别适用于要求间隙较大且有显著变动而不会引起危险的场合	机床上法兰盘止口与孔、滑块与滑移齿轮、凹槽等,农业机械、机车车箱部件及冲压加工的配合零件,纺织机械中较粗糙的活动配合,不作测量基准用的齿轮顶圆直径公差
IT12	配合精度要求很粗糙且装配后有很大的间隙,适用于基本上没有什么配合要求的场合,要求较高未注公差尺寸的极限偏差	非配合尺寸及工序间尺寸,手表制造中工艺装备的未注公差尺寸,切削加工中未注公差尺寸的极限偏差,机床制造中扳手孔与扳手座的连接
IT13	应用条件与 IT12 相类似	非配合尺寸及工序间尺寸,计算机、打字机中切削加工零件及圆片孔、二孔中心距的未注公差尺寸
IT14	用于非配合尺寸及不包括在尺寸链中的尺寸	机械等工业中对切削加工零件未注公差尺寸的极限偏差,广泛应用此等级
IT15	用于非配合尺寸及不包括在尺寸链中的尺寸	冲压件、木模铸造零件、重型机床制造中当尺寸大于 3150 mm 时的未注公差尺寸
IT16	用于非配合尺寸及不包括在尺寸链中的尺寸	浇铸件尺寸,箱体外形尺寸,塑料零件尺寸公差,木模制造和自由锻造时用公差
IT17	用于非配合尺寸及不包括在尺寸链中的尺寸	塑料成型尺寸公差,手术器械中的一般外形尺寸公差
IT18	用于非配合尺寸及不包括在尺寸链中的尺寸	冷作、焊接尺寸用公差

表 5 - 3　各种加工方法的加工精度

加工方法	公差等级（IT）																	
	01	0	1	2	3	4	5	6	7	8	9	10	11	12	13	14	15	16
研　磨	———————————————																	
珩　磨						———————————												
圆　磨						———————————												
平　磨						———————————												

加工方法	公差等级（IT）																	
	01	0	1	2	3	4	5	6	7	8	9	10	11	12	13	14	15	16
金钢石车							—	—	—									
金钢石镗							—	—	—									
拉　削							—	—	—	—								
绞　孔								—	—	—	—	—						
车									—	—	—	—	—					
镗									—	—	—	—	—					
铣										—	—	—	—					
刨、插												—	—					
钻　孔												—	—	—	—			
滚压、挤压												—	—	—				
冲　压												—	—	—	—	—		
压　铸													—	—	—	—		
粉末冶金成型								—	—	—								
粉末冶金烧结									—	—	—	—						
砂型铸造、气割																	—	—
锻　造																		—

③ 联系孔和轴的工艺等价性。当基本尺寸小于等于 500 mm，公差等级高时，孔比轴加工困难。所以对相互配合的孔与轴，当公差等级小于 IT8 时，孔比轴低一级（例如 H7/n6、p6/h5）；当公差等级为 IT8 时，孔和轴同级或孔比轴低一级（例如 H8/f8、F8/h7）；当公差等级大于 IT8 时，孔和轴为同级（例如 H9/e9、B12/h12）。

④ 联系相关件和配合件的精度。例如齿轮孔与轴的配合公差等级由齿轮的精度等级确定；与滚动轴承相配合的外壳孔和轴颈的公差等级由滚动轴承的精度等级确定。

⑤ 应与配合种类相适应。过渡与过盈配合一般不允许其间隙或过盈有太大的变动，所以过渡配合与过盈配合的公差等级不能太低，一般孔的标准公差小于等于 IT8 级，轴的标准公差小于等于 IT7 级。间隙配合则不受此限制，但间隙小的配合公差等级应较高，而间隙大的公差等级应低些。它反映了间隙配合的使用要求。

⑥ 应考虑加工成本。通常产品精度愈高,加工工艺愈复杂,生产成本愈高。图 5 - 13 是公差等级与生产成本的关系曲线图。

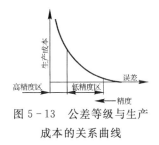

图 5 - 13　公差等级与生产成本的关系曲线

由图可见,在高精度区,加工精度稍有提高将使生产成本急剧上升。所以,高公差等级的选用要特别谨慎。而在低精度区,公差等级提高使生产成本增加不显著,因而可在工艺条件许可的情况下适当提高公差等级,以使产品有一定的精度储备,从而取得更好的综合经济效益。

在某些情况下,只要满足使用要求,还可把相配合的一对轴和孔,在对各自的公差等级选取时,把一件选的较高,一件选的较低,而不一定像标准中所推荐的二者同一级或仅相差一级。如图 5 - 12 中机座上轴承孔精度等级受轴承精度制约应选 IT7,而与该轴承孔相配合的端盖,只要求轴向定位而无定心要求,为利于装配取较大间隙,而轴承孔的精度等级已由滚动轴承确定,所以轴承端盖公差等级比轴承孔的公差等级低两级,这样既可满足使用要求,又降低了端盖加工成本。

3. 配合的选择

配合种类的选择是为了确定相配合孔与轴在工作时的相互关系。在确定了配合制和公差等级以后,选择配合种类,实际上就是如何选择轴或孔的基本偏差代号的问题。

用类比法选择配合种类,是目前选择配合的主要方法。即参照经过生产和使用验证的类似机器或零部件的图纸资料,确定新设计或测绘的图纸的公差与配合。为此,首先必须确切地掌握所测绘机器的性能与用途、零部件的作用及要求,了解它们的加工方法和装配方法等,并与另外作用相同或相近的、使用性能良好的机器或部件实例进行分析对比,从而得出合适的方案。零件的工作条件是选择配合的重要依据。用类比法选择配合时,当待选部位和类比的典型实例在工作条件上有所变化时,应对配合的松紧做适当的调整。因此,必须充分分析零件的具体工作条件和使用要求,考虑工作时结合件的相对位置状态(如运动速度、运动方向、停歇时间、运动精度要求等)、承受负荷情况、润滑条件、温度变化、配合的重要性、装卸条件以及材料的物理机械性能等。

使用时,要了解各类配合的特征和应用。在充分研究配合件的工作条件和使用要求的基础上,进行合理选择。

1) a~h(或 A~H)11 种基本偏差与基准孔(或基准轴)形成间隙配合,主要用于结合件有相对运动或需方便装拆的配合。

2) js~n(或 JS~N)5 种基本偏差与基准孔(或基准轴)形成过渡配合,主要用于需精确定位和便于装拆的相对静止的配合。

　　3）p～zc(或 P～ZC)12 种基本偏差与基准孔(或基准轴)形成过盈配合,主要用于孔、轴间没有相对运动,需传递一定的扭矩的配合。过盈不大时,主要借助键连接(或其他紧固件)传递扭矩,可拆卸;过盈大时,主要靠结合力传递扭矩,不便拆卸。

　　表 5-4 是配合类别的大体方向。国家标准规定的配合种类很多,使用时,应尽可能地选用优先配合。配合类别大体确定后,再进一步类比选择,确定非基准件的基本偏差代号。

表 5-4　配合类别的大体方向

无相对运动	需要传递转矩	不要精确同轴	永久结合	过盈配合
			可拆结合	过渡配合或基本偏差为 H(h)① 的间隙配合加紧固件②
		不要求精确同轴		间隙配合加紧固件
	不需要传递转矩			过渡配合或轻的过盈配合
有相对运动	只有移动			基本偏差为 H(h)、G(g)① 的间隙配合
	转动或转动与移动复合运动			基本偏差为 A～F(a～f)② 的间隙配合

　　①指非基准件的基本偏差代号。

　　②指键、销和螺钉等。

　　在确定非基准轴或非基准孔的基本偏差代号时,应从以下几个方面考虑,再用类比法确定基本偏差代号。

　　1）实测的孔和轴的配合间隙或过盈的大小。

　　2）被测件的配合部位在工作过程中对间隙的影响。

　　3）被测绘机器的使用时间及配合部位的磨损状态。

　　4）配合件的工作情况:

　　① 配合件间若有相对运动,则只能选择间隙配合;若没有相对运动,但要求很容易拆装的,也应是间隙配合;若没有相对运动,且用键、销等联接件传递扭矩又易于拆装的,则可能是间隙配合或松的过渡配合;不易拆装的应是过渡配合;无相对运动且又要传递扭矩的应是过盈配合。

　　② 孔和轴之间定心精度要求高时不宜用间隙配合,而应选用过渡配合或较小过盈的过盈配合。

　　③ 传递大载荷且不使用联接件的,应选有较大过盈的过盈配合。

　　④ 孔和轴使用中需经常拆装的配合应松些,如车床交换齿轮和轴、滚齿机滚刀与轴的配合应较松些。有时虽不常拆卸,但由于工作场所限制不易拆卸时也应取较松的配合。

5）在机械结构中，常遇到薄壁套筒装配变形的问题，如图 5-14 所示，由于套筒压入机座后使内孔收缩直径变小，因而影响它与轴的配合性质。实验表明，当外径有－0.03 mm 过盈时，内径收缩可达 0.045 mm；当内孔与轴加工后实际间隙有＋0.03 mm 时，则装配后由于套筒的变形，轴与套筒内壁之间将有－0.015 mm 的过盈，不但使轴不能转动，而且会使装配也难于进行。

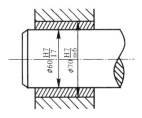

图 5-14　有装配变形的配合

一般装配图上规定的配合，应是装配后的要求。因此，对于有装配变形的套筒类零件，在绘图时应对公差带进行必要的修正，如将内孔公差带上移，使孔的极限尺寸加大，或用工艺措施加以保证，如将套筒压入机座孔后再精加工套筒孔，以保证轴的正常配合。

6）在选择公差与配合时，要考虑温度条件。若工作温度与装配温度相差较大，必须充分考虑装配间隙在工作时发生的变化。公差与配合标准中规定的数值，均以标准温度（20 ℃）为准。当工作温度与标准温度相差较大，或材料的线膨胀系数较大时，应考虑热变形的影响，这对于在高温或低温下工作的机械尤其重要。

7）考虑配合件的生产批量情况。在单件小批量生产时，孔往往接近最小极限尺寸，轴往往接近最大极限尺寸，造成孔轴配合趋紧，此时间隙应放大些。

8）在明确所选配合大类的基础上，了解与对照各种基本偏差的特点及应用。

表 5-5 为各种基本偏差的特性和应用，表 5-6 是优先配合的配合特性和应用，可供选择配合时参考。

表 5-5　各种基本偏差的应用实例

配合	基本偏差	特点及应用实例
间隙配合	a（A） b（B）	可得到特别大的间隙，应用很少，主要用于工作时温度高、热变形大的零件的配合，如发动机中活塞与缸套的配合为 H9/a9
	c（C）	可得到很大的间隙，一般用于工作条件较差（如农业机械）、工作时受力变形大及装配工艺性不好的零件的配合，也适用于高温工作的间隙配合，如内燃机排气阀杆与导管的配合为 H8/c7
	d（D）	与 IT7～IT11 对应，适用于较松的间隙配合（如滑轮、空转的带轮与轴的配合）以及大尺寸滑动轴承与轴颈的配合（如涡轮机、球磨机等的滑动轴承）。活塞环与活塞槽的配合可用 H9/d9
	e（E）	与 IT6～IT9 对应，具有明显的间隙，用于大跨距及多支点的转轴与轴承的配合，以及高速、重载的大尺寸轴与轴承的配合，如大型电机、内燃机的主要轴承处的配合为 H8/e7

配合	基本偏差	特点及应用实例
间隙配合	f(F)	多与 IT6～IT8 对应,用于一般转动的配合,受温度影响不大、采用普通润滑油的轴与滑动轴承的配合,如齿轮箱、小电动机、泵等的转轴与滑动轴承的配合为 H7/f6
	g(G)	多与 IT5、IT6、IT7 对应,形成配合的间隙较小,用于轻载精密装置中的转动配合,插销的定位配合,滑阀、连杆销等处的配合,钻套孔多用 G
	h(H)	多与 IT4～IT11 对应,广泛用于无相对转动的配合、一般的定位配合,若没有温度、变形的影响也可用于精密滑动轴承,如车床尾座孔与滑动套筒的配合为 H6/h5
过渡配合	js(JS)	多用于 IT4～IT7 具有平均间隙的过渡配合,用于略有过盈的定位配合,如联轴节,齿圈与轮毂的配合,滚动轴承外圈与外壳孔的配合多用 JS7,一般用手或木槌装配
	k(K)	多用于 IT4～IT7 平均间隙接近零的配合,用于定位配合,如滚动轴承的内、外圈分别与轴颈、外壳孔的配合,用木槌装配
	m(M)	多用于 IT4～IT7 平均过盈较小的配合,用于精密定位的配合,如蜗轮的青铜轮缘与轮教的配合为 H7/m6
	n(N)	多用于 IT4～IT7 平均过盈较大的配合,很少形成间隙,用于加键传递较大转矩的配合、冲床上齿轮与轴的配合,用槌子或压力机装配
过盈配合	p(P)	用于小过盈配合,与 H6 或 H7 的孔形成过盈配合,而与 H8 的孔形成过渡配合。碳钢和铸铁制零件形成的配合为标准压入配合,如绞车的绳轮与齿圈的配合为 H7/p6,合金钢制零件的配合需要小过盈时可用 p(或 P)
	r(R)	用于传递大转矩或受冲击负荷而需要加键的配合,如蜗轮与轴的配合为 H7/r6,H8/r8 配合在基本尺寸小于 100mm 时为过渡配合
	s(S)	用于钢和铸铁零件的永久性和半永久性结合,可产生相当大的结合力,如套环压的轴、阀座上用 H7/s6 配合
	t(T)	用于钢和铸铁制零件的永久性结合,不用键可传递扭矩,需用热套法或冷轴法装配,如联轴器与轴的配合为 H7/t6
	u(U)	用于大过盈配合,最大过盈需验算,用热套法进行装配,如火车轮毂和轴的配合为 H6/u5
	v(V),x(X) y(Y),z(Z)	用于特大过盈配合,目前使用的经验和资料很少,须经试验后才能应用,一般不推荐

表 5 - 6　优先配合选用说明

优先配合		说　明
基孔制	基轴制	
$\dfrac{H11}{c11}$	$\dfrac{C11}{h11}$	间隙非常大,用于很松、转动很慢的动配合
$\dfrac{H9}{d9}$	$\dfrac{D9}{h9}$	间隙很大的自由转动配合,用于精度非主要要求、有大的温度变化高转速或大的轴颈压力时
$\dfrac{H8}{f7}$	$\dfrac{F8}{h7}$	间隙不大的转动配合,用于中等转速与中等轴颈压力的精确转动,也用于装配容易的中等定位配合
$\dfrac{H7}{g6}$	$\dfrac{G7}{h6}$	间隙很小的滑动配合,用于不希望自由转动,但可自由移动和滑动并精密定位时,也可以用于要求明确的定位配合
$\dfrac{H7}{h6}$ $\dfrac{H8}{h7}$ $\dfrac{H9}{h9}$ $\dfrac{H11}{c11}$	$\dfrac{H7}{h6}$ $\dfrac{H8}{h7}$ $\dfrac{H9}{h9}$ $\dfrac{H11}{c11}$	均为间隙定位配合,零件可自由装拆,而工作时一般相对静止不动,在最大实体条件下的间隙为零,在最小的实体条件下的间隙由公差等级决定
$\dfrac{H7}{k6}$	$\dfrac{K7}{h6}$	过渡配合,用于精密定位
$\dfrac{H7}{n6}$	$\dfrac{N7}{h6}$	过渡配合,用于允许有较大过盈的更精密定位
$\dfrac{H7}{p9}$	$\dfrac{P7}{h6}$	过盈定位配合即小过盈配合,用于定位精度特别重要时,能以最好的定位精度达到部件的刚性及对中性要求
$\dfrac{H7}{s6}$	$\dfrac{S7}{h6}$	中等压入配合,适用于一般钢件,或用于薄壁件的冷缩配合,用于铸铁可得到最紧的配合
$\dfrac{H7}{u6}$	$\dfrac{U7}{h6}$	压入配合实用可以承受高压入力的零件,或不宜承受大压入力的冷缩配合

5.2.2　用实测值确定极限与配合

前面所述的用类比法确定公差配合,基本上是由测绘者根据设计的实践经验,按照设计的一般程序给定的。由于缺乏对实测值的深入分析,因而在测绘机器的过程中常出现偏离设计质量的情况,致使制造出的某些零件无法与原样机零部件互换。为了解决这一问题,可以采用实测数据和极限与配合标准数据进行科学分析,找出实测值与尺寸公差的内在联系,从而确定出符合设计要求的基本尺寸、尺寸公差、极限与配合种类等。从零件的实际尺寸推断设计尺寸的过程称为测绘圆整法。

1. 对实测值进行分析

假定所测绘零件全部为合格零件,则测绘中得到的实测值一定是原图样给定的公差范围内的某一数值,即

实测值＝基本尺寸±制造误差±测量误差

由于制造误差与测量误差之和应小于或等于原图规定的公差,因此实测值应大于或等于零件的最小极限尺寸而小于或等于最大极限尺寸。

又由于制造误差和测量误差在大批量生产时,符合正态分布规律,即它们处于中值的概率为最大。因此当只有一个测得值时,便可将该实测值作为被测零件在公差中值时的零件尺寸,将实测的间隙或过盈当成图纸所给间隙或过盈的中值。当实测值有多个值时,则应进行概率计算。

2. 实测值与极限和配合的内在联系

相配合的孔与轴,假设其尺寸公差如图 5 - 15 所示。在基准件的实测值中,既包含着零件的基本尺寸,又包含着零件的公差,因为基准孔的公差带位置总是在零线上方,其上偏差 ES 的数值的绝对值即为基准孔的公差值,而基准轴的公差带位置总是在零线下方,其下偏差 ei 的绝对值即为基准轴的公差值。

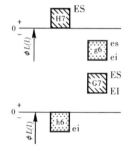

图 5 - 15　基孔制、基轴制间隙配合公差带

在非基准件的实测值中,不仅包含着基本尺寸和公差,而且还包含着基本偏差,因为在孔和轴的配合中,各种不同的配合性质都是由极限与配合标准中规定的孔和轴的公差带位置决定的,而每一种公差带位置则由基本偏差确定。实测间隙或过盈的大小,反映基本偏差的大小。

由上面的分析可以看出,相互配合的孔、轴的基本尺寸和公差值,应该在实测值中去找,而配合类别应该在实测间隙或过盈中去找。

3. 用实测值确定极限与配合的方法

用实测值确定极限与配合的具体操作步骤如下。

(1) 精确测量

测量精度应保证小数点后三位。为精确起见,测量中应对同一几何量反复进

行多次测量,在剔除粗大误差后求出其算术平均值,并将此值作为被测的公差在公差中值时的测得值。

（2）确定配合基准制

根据零件结构、工艺性、使用条件及经济性几个方面进行综合考虑,定出基准制。一般情况下,优先选用基孔制。

（3）确定基本尺寸

相互配合的孔与轴,其基本尺寸只有一个。

1）确定尺寸精度。测绘时,不论是基孔制还是基轴制,推荐按孔的实测尺寸,根据表 5-7 来判断基本尺寸是否应含小数点后的数值。

表 5-7

基本尺寸/mm	实测值中小数点后的第一位数	基本尺寸是否含小数值
1～80	≥2	包含
>80～250	≥3	包含
>250～500	≥4	包含

表 5-7 之所以成立,是因为它是根据标准公差制定的,当孔的实测值小数点后的第一位小于表 5-7 中所列值时,基本尺寸不包含小数位;只有当孔的实测值小数点后的第一位大于或等于表 5-7 中所列数值时,该实测值小数点后的第一位数才可能与基本尺寸有关,而使基本尺寸带第一位小数。

确定尺寸精度就是判定基本尺寸应否包含实测值小数点后面的数值。

2）确定基本尺寸数值。由于基孔制的基准孔下偏差为零,上偏差为正,而基轴制的基准轴上偏差为零,下偏差为负,并且假设实测值为原图纸所给基本尺寸与公差中值之和,因此孔（轴）的基本尺寸必须同时满足下列不等式:

$$对于基孔制\begin{cases} 孔（轴）的基本尺寸<孔实测尺寸值 & (5-1) \\ 孔实测尺寸-基本尺寸≤1/2\ 孔公差（IT11） & (5-2) \end{cases}$$

$$对于基轴制\begin{cases} 孔（轴）的基本尺寸<轴实测尺寸 & (5-3) \\ 基本尺寸-轴实尺寸≤1/2\ 轴公差（IT11） & (5-4) \end{cases}$$

确定孔（轴）的基本尺寸时,以公差等级 IT11 作为判断依据的理由是公差等级高于 IT11 时常用于配合尺寸。

例 5-4　有一基孔制配合的孔,测量得到孔的尺寸为 $D=\phi63.52$ mm。试确定基本尺寸。

解　根据表 5-7,由于 $\phi63.52$ mm,故其基本尺寸在 1～80 mm 内。又由于实测值小数点后第一位数为 5（大于 2）,故基本尺寸应包含一位小数。根据式（5-1）可知,实测值中 $\phi63.52$ 的基本尺寸应小于 63.52,且保留一位小数,故基本尺寸最

大只能是 $\phi63.5$。根据式(5-2)得

63.52－63.5＝0.02≤1/2孔公差(IT11)

由于 $\phi63.5$ 孔的IT11＝0.19,代入式(5-1)使式(5-1)的不等式成立,因此将基本尺寸确定为 $\phi63.5$ 是合理的。

(4) 计算公差、确定尺寸公差等级

1) 计算基准件公差。

基孔制的孔公差 $T_h=(L_{实测}-L_{基本})\times2$

基轴制的轴公差 $T_s=(L_{基本}-L_{实测})\times2$

根据计算出的 T_h 或 T_s,从标准公差数值表中查出相近的数值作为基准件的公差值,同时也确定公差等级。

例5-4中,基准孔的实测尺寸为 $\phi63.52$ mm,基本尺寸定为 $\phi63.5$ mm,根据计算基准件公差公式 $T_h=(L_{实测}-L_{基本})\times2$ 计算得

$$T_h=(63.52-63.5)\times2=0.04 \text{ mm}$$

从标准公差数值表中,查出相近的数值 0.046 mm,故将其公差定为 0.046 mm,同时确定其公差等级为 IT8。

2) 确定相配件公差等级。相配件的公差等级应根据基准件的公差等级并按工艺等价性进行选择。

(5) 计算基本偏差,确定配合类型

1) 计算孔、轴实测尺寸之差,确定出实测间隙或过盈值。

2) 求相配合孔、轴的平均公差:

$$平均公差＝(孔公差＋轴公差)/2$$

3) 当孔、轴实测为间隙时(见图5-16),可按表5-8确定配合类型;当孔、轴实测为过盈时(见图5-17),可按表5-9确定配合类型。

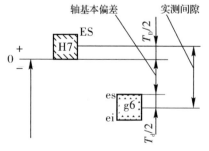

图5-16 基孔制间隙配合公差带

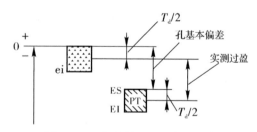

图5-17 基轴制过盈配合公差带

表 5 - 8　孔、轴实测为间隙时的配合

<table>
<tr><td rowspan="3" colspan="2">配合制</td><td colspan="4">实测间隙种类</td></tr>
<tr><td>1</td><td>2</td><td>3</td><td>4</td></tr>
<tr><td>隙间等于(T_h $+T_s$)/2</td><td>间隙小于(T_h $+T_s$)/2</td><td>间隙大于(T_h $+T_s$)/2</td><td>间隙等于基准间公差/2</td></tr>
<tr><td rowspan="3">轴
(基孔制)</td><td>配合代号</td><td>h</td><td>j、k</td><td>a、b~f、fg、g</td><td>js</td></tr>
<tr><td>基本偏差</td><td>上偏差</td><td>下偏差</td><td>上偏差</td><td>±轴公差/2</td></tr>
<tr><td>偏差性质</td><td>0</td><td>—</td><td>—</td><td></td></tr>
<tr><td colspan="2">孔、轴的基本偏差计算</td><td>不必计算</td><td>查公差表</td><td>基本偏差＝间隙 $-(T_h+T_s)/2$</td><td>查公差表</td></tr>
<tr><td rowspan="3">孔
(基轴制)</td><td>配合代号</td><td>H</td><td>J、K</td><td>A、B、C、CD、D、E、EF、F、FG、G</td><td>JS</td></tr>
<tr><td>基本偏差</td><td>下偏差</td><td>上偏差</td><td>下偏差</td><td rowspan="2">±孔公差/2</td></tr>
<tr><td>偏差性质</td><td>0</td><td>＋</td><td>＋</td></tr>
</table>

表 5 - 9　孔、轴实测为过盈时的配合

<table>
<tr><td rowspan="5">轴
(基孔制)</td><td>适用范围</td><td>轴的公差等级为 4、5、6、7 级</td><td>轴的公差等级为 01、0、1、2 及 8~16 级</td></tr>
<tr><td>配合代号</td><td>m、n、p、r、S、t、U、V、x、y、Z、Za、Zb、ZC</td><td>k</td></tr>
<tr><td>基本偏差
(绝对值)</td><td>|过盈|＋(T_h-T_s)/2①</td><td>当 $T_h<T_s$ 时出现实测过盈
当 $T_h>T_s$ 时出现实测间隙</td></tr>
<tr><td>基本偏差</td><td>下偏差</td><td>下偏差</td></tr>
<tr><td>偏差性质</td><td>＋</td><td>0</td></tr>
<tr><td rowspan="5">孔
(基轴制)</td><td>适用范围</td><td>孔的公差等级 8~16 级</td><td>孔的公差等级小于等于 7 级,孔公差＞轴公差</td></tr>
<tr><td>配合代号</td><td>K、M、N、P、R、S、T、U、V、X、Y、Z、ZA、ZB、ZC</td><td>K~ZC</td></tr>
<tr><td>基本偏差
(绝对值)</td><td>|过盈|－(T_h-T_s)/2</td><td>|间隙|＋(IT_n-IT_{n-1})/2②
|过盈|－(IT_n-IT_{n-1})/2</td></tr>
<tr><td>上偏差</td><td>上偏差</td><td></td></tr>
<tr><td>偏差性质</td><td>—</td><td>—</td></tr>
</table>

①计算结果如出现负值,说明孔公差小于轴公差,应调整孔、轴公差等级。

②式中 n 为公差等级。

过渡配合在实测时,在大批量条件下,当过渡配合的轴孔之间的实测值出现过盈时,按国家标准,只能出现在基孔制的 H/k、H/m、H/n 三种配合类型或基轴制的 K/h、M/h、N/h 三种配合类型,其配合选择可查表 5-9。

(6) 确定相配合孔、轴的上偏差和下偏差

1) 基孔制的孔:上偏差 ES=+IT(IT 为标准公差数值)

下偏差 EI=0

2) 基轴制的轴:上偏差 es=0

下偏差 ei=-IT

3) 当已知非基准制孔或轴的公差等级和基本偏差时,其上、下偏差为

$$ES(es)=EI(ei)+IT$$

$$EI(ei)=ES(es)-IT$$

(7) 校核与修正

根据常用及优先配合标准进行校核。根据零件的功用、结构、材料、工艺水平及工作条件,在必要时可对公差及配合进行适当调整和修正。

例 5-5 某轴和齿轮的配合,孔的实测尺寸为 $\phi40.021$ mm,轴的实测尺寸为 $\phi39.987$ mm。试确定基本尺寸。

解 1) 确定配合基准制。根据结构分析,确定该配合为基孔制。

2) 确定基本尺寸。查表 5-7,并满足不等式(5-1)、(5-2),即

孔(轴)的基本尺寸<孔实测尺寸

孔实测尺寸-基本尺寸≤1/2 孔公差(IT11)

由上式得基本尺寸为 $\phi40$ mm。

3) 计算公差,确定尺寸的公差等级。

① 确定基准孔公差为

$$T_{\text{h}}=(L_{\text{实测}}-L_{\text{基本}})\times2=0.021\times2 \text{ mm}=0.042 \text{ mm}$$

查公差表,IT8 的公差值为 0.039 mm,与计算出的基准孔公差 T_{h} 最接近,故选孔公差等级为 IT8,所以基准孔为 $\phi40H8$。

② 确定轴公差为

$$T_{\text{s}}=(L_{\text{基本}}-L_{\text{实侧}})\times2=(40-39.987)\times2 \text{ mm}=0.026 \text{ mm}$$

查公差表,IT7 公差值 0.025 mm,与计算出的基准轴公差 T_{s} 最接近,故选轴公差等级为 IT7。

4) 计算基本偏差,确定配合类别。

① 孔、轴实际间隙=40.021-39.987=0.034 mm。

② 平均公差=(孔公差+轴公差)/2=(0.039+0.025)/2=0.032 mm。

③ 基本偏差=实测间隙-平均公差=0.034-0.032=0.002 mm。该值为轴

的负值上偏差。查轴的基本偏差数值表,得到与-0.002 mm 最接近的上偏差值
为 h,所以配合轴为 $\phi40$h7。

5)确定孔、轴上、下偏差。

孔:$\phi40$H8$(^{+0.039}_{0})$

轴:$\phi40$h7$(^{0}_{-0.025})$

6)H8/h7 为优先配合,圆整后的配合尺寸为 $\phi40$H8/h7。

5.3　零件图中尺寸的合理标注

在测绘过程中,除了需要足够的视图表达零件的形体外,还必须测量并标注出
零件上各部分的尺寸,以确定零件中各形体的大小和相对位置。任何形体或表面
总是在机器或部件中起着它应有的作用,而且与相关零件有密切的关系,因此还要
考虑制造工艺对零件的影响。在测绘中,标注尺寸故然要求完整而清晰,但更重要
的是应该满足设计和工艺方面的要求。

5.3.1　尺寸基准

基准是指零件上的一些点、线或面。在零件图上标注尺寸时,是以它们为起点
来确定零件中其他几何要素的位置的。在生产中,用基准来确定零件在机构中或
加工、测量、装配时的位置。

1. 设计基准

设计基准是指在设计工作中,确定零件在机构中的理论位置所用的一些基准。
如图 5-18 所示的油针组合件,其径向设计基准为两零件的轴线;其轴向基准对于
零件 1 为 A 面,对于零件 2 则为 P 面。

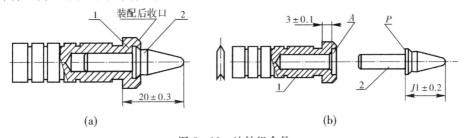

图 5-18　油针组合件

又如图 5-19 所示的曲轴,其径向设计基准是曲轴的回转轴线;而轴向设计基
准则是 O—O,即确定活塞工作位置的理论中心线。

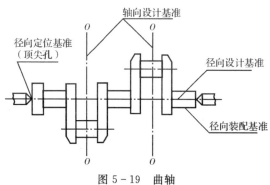

图 5 - 19　曲轴

　　通过图例可以看出,设计基准既是设计中确定零件间相互位置的依据,又可用来确定零件本身其他几何要素的位置。但在实际加工和装配时,零件的位置不一定都能靠设计基准确定,如图 5 - 18 曲轴中 O—O 线,实际上并不存在,也无法用它进行加工和装配,因此在生产中往往需要另选工艺基准。

　　2. 工艺基准

　　工艺基准是根据零件在加工、测量、装配等方面的需要而选定的一些基准。这些基准在生产中往往起着重要的作用。它们可能与设计基准重合,这是比较理想的情况,但也可能与设计基准不一致,会引起各种误差,迫使人们提高尺寸精度,增加产品成本。根据工艺基准的用途不同,通常将其分为定位基准、测量基准和装配基准。

　　(1) 定位基准

　　定位基准在加工过程中,确定零件的加工表面与机床、夹具的相对位置所用的一些基准。例如图 5 - 20 中所示的支架,设计时要求 ϕD 与 K 面的距离为 $A+a$,显然 K 面是确定 ϕD 轴线的设计基准。但在加工时若选 M 平面定位,则 M 面为加工 ϕD 时的定位基准;如果选 N 面定位,则 N 面为加工 ϕD 时的定位基准。

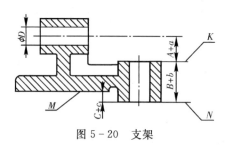

图 5 - 20　支架

从以上的例子可以看出：

① 定位基准有选择性。由于定位基准是加工零件的某些表面时所用的基准，即使加工同一表面，也可选用不同的表面作定位基准，因此它的选择是否恰当，将直接影响零件的质量和成本。所以，在标注尺寸时应特别注意定位基准的选择。

② 定位基准的选择应重视重合性，即尽量与设计基准重合。定位基准是零件的实际表面，设计基准则不一定是实际表面。因此往往会出现两者不重合的情况，也就是说会出现定位误差。如果选择恰当，则可避免和消除定位误差。在图 5-20 中，如以 M 面作定位基准加工 D 孔，即使对刀非常准确，加工极为仔细，但尺寸 B、C 的加工误差（b 和 c）仍然影响着尺寸 $A+a$ 的精度，其定位误差 $\lambda=b+c$；如以 N 面作为定位基准，则尺寸 C 的误差可以消除，而尺寸 B 的误差 b 仍影响零件上尺寸 $A+a$ 的精度，其定位误差 $\lambda=b$；如以 K 面作定位基准（与设计基准重合），则 B、C 两尺寸的误差都可消除，定位误差 $\lambda=0$，显然易于保证尺寸 $A+a$ 的精度。

由此可见，在可能的情况下，标注尺寸应使定位基准与设计基准重合，以免产生定位误差。

③ 考虑定位基准的一致性。在加工同一零件的不同表面时，各工序的定位基准可能不同，这样也会影响零件的精度。例如图 5-21 中所示的齿轮轴，在卡盘上采用调头加工时（分别以 Ⅰ、Ⅱ 两圆柱面为基准）就必然影响两边轴颈的同心度；如果采用顶尖顶住两端面上的中心孔进行加工，就可避免因更换定位基准而引起的误差。由此可见，尽量使相关工序的定位基准一致，可以提高零件的加工精度。

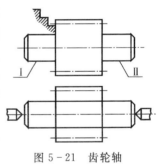

图 5-21 齿轮轴

（2）装配基准

在产品装配过程中，确定零件在机器中的实际位置所用的一些基准，称为装配基准。如图 5-21 所示的齿轮轴，装配时要将 Ⅰ、Ⅱ 两圆柱面装入轴承孔内，故 Ⅰ、Ⅱ 两圆柱面就是轴的径向装配基准（设计基准是公共轴线，定位基准是两端中心孔的锥面）。

又如图 5-19 所示的曲轴，其径向装配基准是主轴颈，它也与设计基准不重合，但对多数零件来说，其装配基准与设计基准还是一致的。如图 5-18 中所示油针组合件的零件 2，其 P 面既是长度方向的设计基准又是装配基准。

（3）测量基准

测量基准是检验已加工表面所用的基准。例如图 5-22 中测量大圆柱上的切平面位置尺寸时，是用大圆柱上的某一素线为测量基准。又如图 5-23 中测量中间大圆柱面的跳动时，设计基准应为两端轴颈的公共轴线，但测量时可用刃形 V 形架支撑两轴颈，故测量基准是两轴颈的圆柱表面。

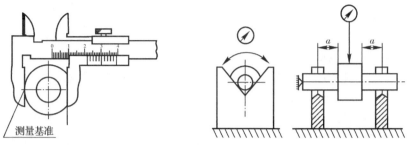

图 5 - 22 测量大圆柱上的切平面位置尺寸 图 5 - 23 测量中间大圆柱面的跳动

  由此可以看出,测量基准往往和设计基准并不一致,因此在标注尺寸时既要考虑测量的方便,又要注意加工过程的实际需要。如图 5 - 24(a)所示为衬套的设计要求,若考虑到尺寸 $50^{+0.1}_{0}$ 测量不便,改注尺寸 60 代替,如图 5 - 24(b)所示,这样尺寸精度提高得很多,但端面 1 也需要提高加工精度,因此这样改动显然是不经济的。实际上如图 5 - 24(c)所示,工艺人员常使用专用的测量工具以基准 3 来测量,使尺寸 $50^{+0.1}_{0}$ 很容易得到保证。

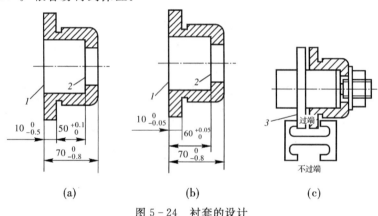

(a)   (b)   (c)

图 5 - 24 衬套的设计

5.3.2 常见尺寸的标注方法

  为了使零件图中的尺寸标注得比较合理,测绘人员必须具有一定的设计和工艺方面的经验,这样才能全面考虑各种因素,以保证所注尺寸能符合产品质量和加工工艺要求。因此对实际产品的尺寸标注来说,除要求完整、清晰外,更重要的是它的合理性。

1. 圆锥的尺寸标注

  圆锥的主要要素是大、小端直径 D 和 d,两端面距离 L 以及锥度 K。锥度与圆锥角(2α)的关系为

$$K=\frac{D-d}{L}=2\tan\alpha$$

1) 锥度要求不高或铸、锻成型的锥面,通常标注出大、小端直径和长度 L,这种注法(见图 5-25)对车削加工或铸件的木模制作比较有利。

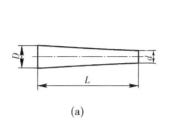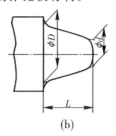

　　　　　　(a)　　　　　　　　　　　　　　　　(b)

图 5-25　锥度要求不高或铸、锻成型的锥面的尺寸标注

2) 锥度有一定要求的锥面,按使用情况又可分为:标准锥度、专用锥度(机床专用)和工具锥度(包括中等尺寸用的莫氏圆锥和特大、特小尺寸采用的公制圆锥)。

① 当标准锥度的锥角 $2\alpha>30°$ 时,通常采用标注大端(或小端)直径、长度 L 及锥角。如水阀中的阀门锥面、顶尖用的中心孔等即采用此种标注(见图 5-26)。

② 当标准锥度的锥角 $2\alpha<30°$ 以及采用专用锥度和公制工具锥度时,通常采用标注大端(或小端)直径、长度 L 及锥度 K,如图 5-27 所示。标注时可用指引线引出,也可直接注在轴线上方,必要时可在其下方注出对应的斜角,但应加括弧作为参考尺寸。

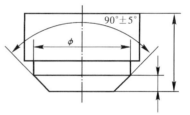

图 5-26　锥角大于 30°时的尺寸标注

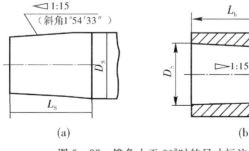

　　　　　　(a)　　　　　　　　　　　　　　　　(b)

图 5-27　锥角小于 30°时的尺寸标注

③ 对于工具锥度中的莫氏锥度,标注尺寸时一般注出大端(或小端)直径、长度及莫氏锥度几号(莫氏锥度分 0 号、1 号、2 号、3 号、4 号、5 号、6 号共 7 种),标注

方法与图5-27基本相同,但指引线上注"×号莫氏锥度"。

2. 孔组尺寸的标注

零件上相互有位置关系的一组孔称为孔组。在标注尺寸时,根据孔间的位置精度要求不同,常采用下列注法。

图5-28所示的法兰盘是以中心为基准标注定位尺寸,孔间相对位置在加工时按其要求可采用划线、分度头或钻模等方式保证,通常这种连接用孔要求不高,故孔的间距用"5-φ8 均布"进行标注。

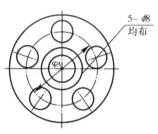

图5-28　法兰盘

图5-29、5-30所示两零件,其孔间距离均有一定精度要求,此时可根据加工方法不同,采用直角坐标(图5-29)或极坐标(图5-30)的方法标注尺寸。如果拟采用坐标钻床、坐标镗床加工,则可按直角坐标方法标注,这样不仅对加工有利,对数控机床及计算机辅助绘图中编制程序也较方便。如果拟采用分度头、转盘等加工孔组,则可按极坐标的方法标注,这样不仅加工方便,且易保证精度。

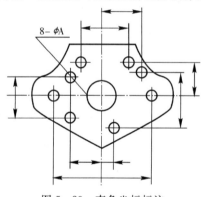

图5-29　直角坐标标注

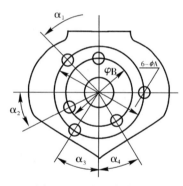

图5-30　极坐标标注

3. 零件上斜孔尺寸的标注

在零件上标注斜孔尺寸时,除应注出孔径及孔深(不通孔)外,还应注出确定斜孔轴线方向和位置的角度尺寸和定位尺寸,其注法如图5-31所示。

对于组合后加工的斜孔,标注其定位尺寸时(见图5-31(c)),应注A或B,不应注C,因标注尺寸C在组合后加工困难。

4. 弯制零件的尺寸标注

对于一些在弯管机上弯曲成型的零件,标注尺寸通常采用以下两种方式:

1)以零件的轴线为基准标注尺寸,如图5-32所示。这种注法对设计时确定零件间的位置比较有利,但对加工和检验不太方便。

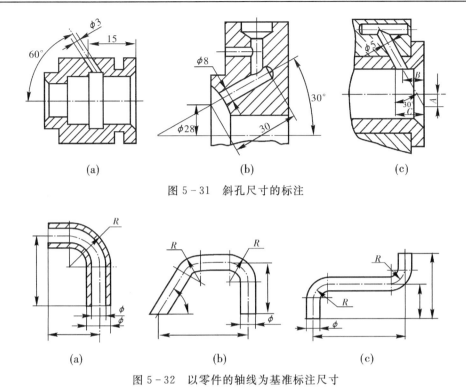

图 5 - 31　斜孔尺寸的标注

图 5 - 32　以零件的轴线为基准标注尺寸

2)以零件的实际表面为基准标注尺寸,如图 5 - 33 所示。这种注法利于加工和检验。

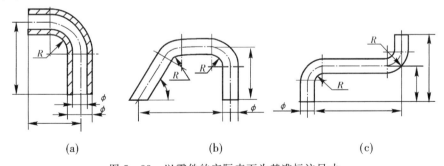

图 5 - 33　以零件的实际表面为基准标注尺寸

5.3.3　公差与配合的标注

在装配图上,基本尺寸后面需标注配合代号,如 $\phi 30\dfrac{\text{H7}}{\text{f6}}$、$\phi$30H7/f6(见图 5 - 34(a))。

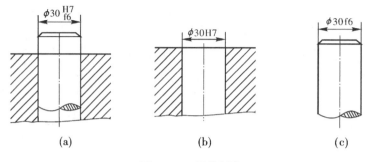

图 5 - 34　图样标注

（a）装配图；（b）零件图；（c）零件图

在零件图上，基本尺寸后面需标注孔或轴的公差带代号，上、下偏差数值，或同时标注公差带代号及上、下偏差数值。如孔标注 $\phi30H7$（见图 5 - 34（b））、$\phi30^{+0.021}_{0}$ mm 或 $\phi30H7(^{+0.021}_{0})$，轴标注 $\phi30f6$（见图 5 - 34（c））、$\phi30^{-0.020}_{-0.033}$ mm 或 $\phi30f6(^{-0.020}_{-0.033})$。在零件图上标注上、下偏差数值时，零偏差必须用数字"0"标出，不得省略，如 $\phi40^{+0.025}_{0}$ mm、$\phi40^{0}_{-0.016}$ mm。当上、下偏差绝对值相等而正负符号相反时，在偏差数值前面标注"±"号，如 $(\phi40\pm0.008)$ mm。

思考题与习题

1. 什么是基本尺寸，它是怎样确定的？

2. 什么是实际尺寸？实际尺寸与零件尺寸的真值有何区别？

3. 何谓零件的互换性？为什么要求零件具有互换性？

4. 互换性有哪几种，其含义是什么，备有哪些优缺点？如何使零件具有互换性？

5. 何谓尺寸公差带？为什么要画尺寸公差带图？

6. 公差带代号如何组成？

7. 试述画尺寸公差带图和画配合公差带图的步骤。

8. 未注公差尺寸是否没有公差？

9. 未注公差尺寸使用的公差等级和基本偏差是怎样确定的？

10. 选择公差等级的原则是什么？

11. 公差与偏差的概念有何根本区别？

12. 公差与配合有几类？各类配合公差带有什么特点？

13. 当不同零件的公差等级相同时，其公差数值是否相同，尺寸精度是否相同？

14. 国标为什么要规定轴和孔的优先、常用和一般选用的公差带？

15. 测绘中选择基准时,在哪些情况下应选用基轴制？

16. 什么是极限尺寸,它在生产中有何重要意义？

17. 什么是尺寸偏差？图样上极限偏差有哪几种不同标注形式？

18. 当图样上采用公差带代号标注时,应怎样确定其极限偏差？

19. 极限与配合的选择包括哪些内容,选择的一般步骤是怎样的？

20. 试述基轴制和非基准制应用的场合。

21. 试述孔与轴配合的选择内容和步骤。在确定基准制、公差等级之后,配合的选择实质是选择什么？一般情况下为什么要优先选用基孔制配合？

22. 已知下列三对孔、轴相配合。分别计算三对配合的极限间隙或过盈量及配合公差,画出公差带图,并说明它们的配合类别。

(1)孔　$\phi 20^{+0.033}_{0}$,轴 $\phi 20^{+0.065}_{-0.098}$；

(2)孔　$\phi 80^{+0.099}_{-0.021}$,轴 $\phi 80^{-0}_{-0.019}$；

(3)孔　$\phi 40^{+0.039}_{0}$,轴 $\phi 40^{+0.027}_{+0.002}$。

23. 查表求出下列配合中孔、轴的极限偏差,画出公差带图及配合公差带图。

(1)$\phi 50H7/g6$；(2)$\phi 30K7/h6$；(3)$\phi 18M6/h5$；

(4)$\phi 30R6/h5$；(5)$\phi 55F6/h6$；(6)$\phi 55H7/js6$。

第6章　形位公差的选择与标注

6.1　形位公差的基本概念

零件在机械加工过程中,由于机床、夹具、刀具和系统等存在几何误差,以及加工中出现受力变形、热变形、振动和磨损等影响,不但尺寸产生误差,而且零件的实际形状和位置相对理想的形状和位置也会产生偏离,出现形状和位置误差。

零件的形状和位置误差除直接影响机器的装配性能和精度外,还会直接影响机器的工作精度、寿命和质量。对于在高速、高压、高温、重载等条件下工作的机器和精密仪器,其影响更甚。所以形状和位置误差是许多机器精度标准的主要内容,也是许多精密机器的关键技术。随着生产的发展,高精度、大功率、高速度的机器越来越多,因而对零件的形状和位置精度要求也越来越高。对于有配合要求和配合质量的表面都应提出形状或位置精度要求。所以在对机器进行设计、测绘时,必须对形状公差和位置公差给予高度重视,

形位公差是零件表面形状公差和相互位置公差的统称。它是指加工成的零件的实际表面形状和相互位置,相对于其理想形状与理想位置的允许变化范围。

形位公差研究的对象就是零件几何要素本身的形状精度和有关要素之间相互的位置精度问题。

零件及部件之间的形状误差和相互之间的位置误差都是由设计给定的形位公差带所控制的,形位公差带必须包含实际的被测要素。被测要素分为单一要素和关联要素两种。

1)单一要素　仅对其本身给出形状公差要求的要素,如图3-1中的轴线即为单一要素。

2)关联要素　对其他要素有功能关系的要素,如图3-2中的轴线即为关联要素。

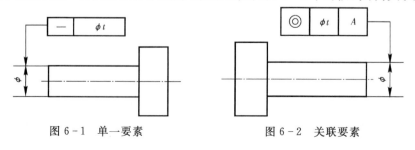

图 6-1　单一要素　　　　　　　　　图 6-2　关联要素

6.1.1 形位公差的分类

形位公差分为形状公差和位置公差两大类。形状公差是对单一要素的要求，它包括直线度、平面度、圆度、圆柱度。位置公差是对关联要素的要求，它包括定向公差、定位公差及跳动公差。定向公差，即平行度、垂直度和倾斜度；定位公差，即位置度、同轴（同心）度和对称度；跳动公差，即圆跳动和全跳动。线轮廓度和面轮廓度，若无基准要求，则属形状公差；若有基准要求，则属位置公差。

6.1.2 形位公差的符号

形位公差的特征符号见表 6－1。

表 6－1 形位公差特征符号

公差		特征	符号	是否需要基准	公差		特征	符号	是否需要基准
形状公差	形状	直线度	—	否	位置公差	定向	平行度	∥	是
		平面度	▱	否			垂直度	⊥	是
		圆度	○	否			倾斜度	∠	是
		圆柱度	⌀	否		定位	位置度	⊕	是
形状或位置公差	轮廓	线轮廓线	⌒				同心度（对中心点）同轴度（对轴线）	◎	是
		面轮廓线	⌓				对称度	═	是
						跳动	圆跳度	↗	是
							全跳度	↗↗	是

6.1.3 形位公差的评定

在测量被测实际要素的形状和位置误差值时，首先应确定理想要素对于被测实际要素的具体方位，因为不同方位的理想要素与被测实际要素上各点的距离是不相同的，因而测量所得形位误差值也不相同。确定理想要素方位的常用方法为最小包容区域法。

最小包容区域法是用两个等距的理想要素包容实际要素，并使两理想要素之间的距离为最小。应用最小包容区域法评定形位误差是完全满足"最小条件"的。所谓"最小条件"，即被测实际要素对其理想要素的最大变动量为最小。

如图 6－3 所示，理想直线（或平面）的方位可取 $l—l$，$l_1—l_1$，$l_2—l_2$ 等，其中 $l—l$

之间的距离(误差)Δ 为最小,即 $\Delta<\Delta_1<\Delta_2$。故理想直线应取 l—l,以此来评定直线度误差。

对于圆形轮廓,用两同心圆去包容被测实际轮廓,半径差为最小的两同心圆,即为符合最小包容区域的理想轮廓。此时圆度误差值为两同心圆的半径差 Δ,如图 6-4 所示。

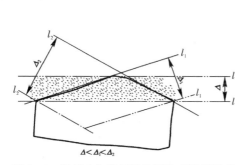

图 6-3　按最小包容区域法评定直线度误差

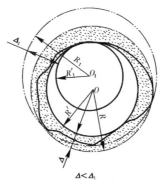

图 6-4　按最小包容区域法评定圆度误差

评定方向误差时,理想要素的方向由基准确定;评定定位误差时,理想要素的位置由基准和理论正确尺寸确定。所谓理论正确尺寸(角度),是指确定被测要素的理想形状、理想方向或理想位置的尺寸(角度)。对于同轴度和对称度,理论正确尺寸为零。如图 6-5 所示,包容被测实际要素的理想要素应与基准成理论正确的角度。

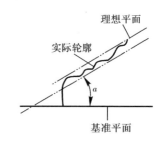

图 6-5　按最小包容区域法评定方向误差

6.2　形位公差的选择

零件的形状和位置误差对机器、仪器的工作精度、寿命、质量等都有直接的影响,同时也会影响到生产效率与制造成本。形位公差的确定主要包括公差项目、公差等级(公差值)和公差原则的确定等。

6.2.1　形位公差项目的选择

1. 零件的几何特征

形位公差项目主要是按要素的几何形状特征制定的,因此,要素的几何形状特征是选择被测要素公差项目的基本依据。例如,圆柱形零件的外圆会出现圆度、圆柱度误差,其轴线会出现直线度误差;平面零件会出现平面度误差;槽类零件会出现对称度误差;阶梯轴(孔)会出现同轴度误差;凸轮类零件会出现轮廓度误差等。因此,对上述零件可分别选择圆度公差或圆柱度公差、直线度公差、平面度公差、对称度公差、同轴度公差和轮廓度公差等。

2. 零件的使用要求

从要素的形位误差对零件在机器中使用性能的影响入手,确定所要控制的形位公差项目。例如圆柱形零件,当仅需要顺利装配,或保证轴、孔之间的相对运动以减少磨损时,可选轴线的直线度公差;如果轴、孔之间既有相对运动,又要求密封性能好,为了保证在整个配合表面有均匀的小间隙,需要标注圆柱度公差,以综合控制圆度、素线直线度和轴线直线度(如柱塞与柱塞套、阀心与阀体等)。又如减速箱上各轴承孔轴线间的平行度误差会影响齿轮的接触精度和齿侧间隙的均匀性,为保证齿轮的正确啮合,需要对其规定轴线之间的平行度公差等。

由于零件种类繁多,功能要求各异,因此测绘者只有在充分明确所测绘零件的功能要求,熟悉零件的加工工艺并具有一定的检测经验的情况下,才能对零件提出合理、恰当的形位公差项目。

在测绘时,如果有原始资料,则可照搬。当没有原始资料时,由于有实物,因此可以通过精确测量来确定形位公差。但要注意两点:其一,选取形位公差应根据零件功用而定,不可只要能通过测量获得实测值的项目都注在图样上;其二,随着科技水平和工艺水平的提高,不少零件从功能上讲,对形位公差并无过高要求,但由于工艺方法的改进,大大提高了产品加工的精确性,使要求不甚高的形位公差提高到很高的精度。因此,测绘中,不要盲目追随实测值,应根据零件要求,结合我国国标所确定的数值,合理确定。

6.2.2 公差值的选用原则

1) 根据零件的功能要求,并考虑加工的经济性和零件的结构、刚性等情况,在满足零件功能要求的前提下,应尽可能选用较低的公差等级。选用时还应考虑下列情况:

① 在同一要素上给出的形状公差值应小于位置公差值。如要求平行的两个表面,其平面度公差值应小于平行度公差值。

② 圆柱形零件的形状公差值(轴线的直线度除外)在一般情况下应小于其尺寸公差值。

③ 平行度公差值应小于其相应的距离公差值。

2) 对于下列情况,在满足零件功能的要求下,可适当降低 1~2 级选用。

① 孔相对于轴;

② 细长轴和孔;

③ 距离较大的轴和孔；

④ 宽度较大（一般大于 1/2 长度）的零件表面；

⑤ 线对线和线对面相对于面对面的平行度、垂直度公差。

3）凡有关标准已对形位公差作出规定的，如与滚动轴承相配的轴和壳体孔的圆柱度公差、机床导轨的直线度公差、齿轮箱体孔的轴线的平行度公差等，都应按相应的标准确定。

6.2.3　形位公差等级

国家标准（GB/T 1184—1996）对形位公差的等级作了如下规定：

1）直线度、平面度、平行度、垂直度、倾斜度、同轴度、对称度、圆跳动、全跳动公差分 1、2、…、12 级，公差等级按顺序由高变低，公差值按顺序递增。

2）圆度、圆柱度公差分 0、1、2、…、12 共 13 级，公差等级按顺序由高变低，公差值按顺序递增。

3）对位置度，国家标准只规定了公差值数系，而未规定公差等级，如表 6-2 所示。

表 6-2　位置度系数（摘自 GB/T 1184—1996）　　　　μm

1	1.2	1.5	2	2.5	3	4	5	6	8
1×10^n	1.2×10^n	1.5×10^n	2×10^n	2.5×10^n	3×10^n	4×10^n	5×10^n	6×10^n	8×10^n

位置度的公差值一般与被测要素的类型、联接方式等有关。

位置度常用于控制螺栓或螺钉联接中孔距的位置精度要求，其公差值取决于螺栓与光孔之间的间隙。位置度公差值 T（公差带的直径或宽度）按下式计算：

螺栓联接：$$T\leqslant KZ \tag{6-1}$$

螺钉联：$$T\leqslant 0.5KZ \tag{6-2}$$

式中：Z 为孔与紧固件之间的间隙，$Z=D_{min}-d_{max}$；D_{min} 为最小孔径（光孔的最小直径）；d_{max} 为最大轴径（螺栓或螺钉的最大直径）；K 为间隙利用系数。推荐值为：不需调整的固定联接，$K=1$；需要调整的固定联接，$K=0.6\sim0.8$。按式（6-1）、式（6-2）算出的公差值，经圆整后应符合国标推荐的位置度系数，如表 6-6 所示。

公差等级具体选用时要考虑各种因素，表 6-3～表 6-6 列出了形位公差常用等级的应用情况。

表 6-3　直线度、平面度公差等级应用

公差等级	应　用　举　例
1,2	用于精密量具、测量仪器以及精度要求高的精密机械零件，如量块、零级样板、平尺、零级宽平尺、工具显微镜等精密量仪的导轨面等

公差等级	应 用 举 例
3	1级宽平尺工作面,1级样板子尺工作面,测量仪器圆弧导轨的直线度,量仪的测杆等
4	零级平板,测量仪器的 V 形导轨,高精度平面磨床的 V 形导轨和滚动导轨等
5	1级平板,2级宽平尺,平面磨床的导轨、工作台,液压龙门刨床导轨面,柴油机进气、排气阀门导杆等
6	普通机床导轨面,柴油机机体结合面等
7	2级平板,机床主轴箱结合面,液压泵盖、减速器壳体结合面等
8	机床传动箱体、挂轮箱体、溜板箱体,柴油机汽缸体,连杆分离面,缸盖结合面,汽车发动机缸盖曲轴箱结合面,液压管件和法兰联接面等
9	自动车床床身底面,摩托车曲轴箱体,汽车变速箱壳体,手动机械的支承面等

表 6 - 4　圆度、圆柱度公差等级的应用

公差等级	应 用 举 例
0,1	高精度量仪主轴,高精度机床主轴,滚动轴承的滚珠和滚柱等
2	精密量仪主轴、外套、阀套、高压油泵柱塞及套,纺锭轴承,高速柴油机进、排气门,精密机床主轴轴颈,针阀圆柱表面,喷油泵柱塞及柱塞套等
3	高精度外圆磨床轴承,磨床砂轮主轴套筒,喷油嘴针,阀体,高精度轴承内、外圈等
4	较精密机床主轴、主轴箱孔,高压阀门,活塞,活塞销,阀体孔,高压油泵柱塞,较高精度滚动轴承配合轴,铣削动力头箱体孔等
5	一般计量仪器主轴,测杆外圆柱面,陀螺仪轴颈,一般机床主轴轴颈及轴承孔,柴油机、汽油机的活塞、活塞销,与 P6 级滚动轴承配合的轴颈等
6	一般机床主轴及前轴承孔,泵、压缩机的活塞、汽缸,汽油发动机凸轮轴,纺机锭子,减速传动轴轴颈,高速船用发动机曲轴,拖拉机曲轴主轴颈,与 P6 级滚动轴承配合的外壳孔,与 P0 级滚动轴承配合的轴颈等
7	大功率低速柴油机曲轴轴颈、活塞、活塞销、连杆、汽缸,高速柴油机箱体轴承孔,千斤顶或压力油缸活塞,机车传动轴,水泵及通用减速器转轴轴颈,与 P0 级滚动轴承配合的外壳孔等
8	低速发动机、大功率曲柄轴轴颈,压气机连杆盖、体,拖拉机汽缸、活塞,炼胶机冷铸轴辊,印刷机传墨辊,内燃机曲轴轴颈,柴油机凸轮轴承孔,凸轮轴,拖拉机、小型船用柴油机汽缸套等
9	空气压缩机缸体,液压传动筒,通用机械杠杆与拉杆用套筒销子,拖拉机活塞环、套筒孔

表 6-5　平行度、垂直度、倾斜度公差等级的应用

公差等级	应 用 举 例
1	高精度机床、测量仪器、量具等主要工作面和基准面等
2,3	精密机床、测量仪器、量具、模具的工作面和基准面,精密机床的导轨,重要箱体主轴孔对基准面的要求,精密机床主轴轴肩端面,滚动轴承座圈端面,普通机床的主要导轨,精密刀具的工作面和基准面等
4,5	普通机床导轨,重要支承面,机床主轴孔对基准的平行度,精密机床重要零件,计量仪器、量具、模具的工作面和基准面,床头箱体重要孔,通用减速器壳体孔,齿轮泵的油孔端面,发动机轴和离合器的凸缘,汽缸支承端面,安装精密滚动轴承壳体孔的凸肩等
6,7,8	一般机床的工作面和基准面,压力机和锻锤的工作面,中等精度钻模的工作面,机床一般轴承孔对基准的平行度,变速器箱体孔,主轴花键对定心直径部位轴线的平行度,重型机械轴承盖端面,卷扬机、手动传动装置中的传动轴,一般导轨、主轴箱体孔,刀架,砂轮架,汽缸配合面对基准轴线,活塞销孔对活塞中心线的垂直度,滚动轴承内、外圈端面对轴线的垂直度等
9,10	低精度零件,重型机械滚动轴承端盖,柴油机、煤气发动机箱体曲轴孔、曲轴颈、花键轴和轴肩端面,皮带运输机法兰盘等端面对轴线的垂直度,手动卷扬机及传动装置中的轴承端面,减速器壳体平面等

表 6-6　同轴度、对称度、跳动公差等级的应用

公差等级	应 用 举 例
1,2	精密测量仪器的主轴和顶尖,柴油机喷油嘴针阀等
3,4	机床主轴轴颈,砂轮轴轴颈,汽轮机主轴,测量仪器的小齿轮轴,安装高精度齿轮的轴颈等
5,	机床轴颈,机床主轴箱孔,套筒,测量仪器的测量杆,轴承座孔,汽轮机主轴,柱塞油泵转子,高精度轴承外圈,一般精度轴承内圈等
6,7	内燃机曲轴,凸轮轴轴颈,柴油机机体主轴承孔,水泵轴,油泵柱塞,汽车后桥输出轴,安装一般精度齿轮的轴颈,涡轮盘,测量仪器杠杆轴,电机转子,普通滚动轴承内圈,印刷机传墨辊的轴颈,键槽等
8,9	内燃机凸轮轴孔,连杆小端铜套,齿轮轴,水泵叶轮,离心泵体,汽缸套外径配合面对内径工作面,运输机械滚筒表面,压缩机十字头,安装低精度齿轮用轴颈,棉花精梳机前、后滚子,自行车中轴等

6.2.4 形位公差值的确定

国家标准(GB/T 1184—1996)对各项形位公差都规定了标准公差值或者计算系数,为直接查表或计算求值提供了条件。

查表 6-7,从尺寸公差估算出形位公差数值。

表 6-7 形状公差与尺寸公差的大致比例关系

尺寸公差等级	孔或轴	形状公差占尺寸公差的百分比
IT5	孔	20%～67%
	轴	33%～67%
IT6	孔	20%～67%
	轴	33%～67%
IT7	孔	20%～67%
	轴	33%～67%
IT8	孔	20%～67%
	轴	33%～67%
IT9	孔、轴	20%～67%
IT10	孔、轴	20%～67%
IT11	孔、轴	20%～67%
IT12	孔、轴	20%～67%
IT13	孔、轴	20%～67%
lT14	孔、轴	20%～50%
IT15	孔、轴	20%～50%
IT16	孔、轴	20%～50%

一般情况下,形状公差值小于位置公差值,而位置公差值小于尺寸公差值(特殊情况如细长轴、薄壁件等可以例外)。

有些零件可以直接查零件设计的有关表格得到其形位公差。例如,与轴承配合的轴颈和外壳孔的圆柱度、端面圆跳动、花键的对称度、齿轮齿坯基准面的径向和端面跳动等,都可直接从机械零件设计手册查表得到。

为了简化图样,对一般机床加工能保证的形位精度,不必在图样上注出形位公差。图样上没有具体注明形位公差值的要素,其形位精度应按下列规定执行:

1)国家标准对未注直线度、平面度、垂直度、对称度和圆跳动各规定了 H、K、L 三个公差等级,其公差值如表 6-8～表 6-11 所示。

2)未注圆度公差值等于直径公差值,但不能大于表 6-11 中的径向圆跳动值。

3）未注圆柱度公差由圆度、直线度和素线平行度的注出公差或未注公差控制。

4）未注平行度公差值等于尺寸公差值或直线度和平面度未注公差值中的较大者。

5）未注同轴度的公差值可以和表 6-11 中规定的圆跳动的未注公差值相等。

表 6-8　直线度和平面度未注公差值　　　　　　mm

公差等级	基本长度范围					
	≤10	>10～30	>30～100	>100～300	>300～1000	>100～3000
H	0.02	0.05	0.1	0.2	0.3	0.4
K	0.05	0.1	0.2	0.4	0.6	0.8
L	0.1	0.2	0.4	0.8	1.2	1.6

表 6-9　垂直度未注公差值　　　　　　mm

公差等级	基本长度范围			
	≤100	>10～300	>300～1000	>1000～3000
H	0.2	0.3	0.4	0.5
K	0.4	0.6	0.8	1
L	0.6	1	1.5	2

表 6-10　对称度未注公差值　　　　　　mm

公差等级	基本长度范围			
	≤100	>100～300	>300～1000	>1000～3000
H	0.5	0.5	0.5	0.5
K	0.6	0.6	0.8	1
L	0.6	1	1.5	2

表 6-11　圆跳动未注公差值　　　　　　mm

公差等级	公 差 值
H	0.1
K	0.2
L	0.5

6.2.5　形位公差的标注

用箭头指向被测要素,用指引线连接框格与箭头,指引线一般与框格左端连接

（见图 6 - 6(a)），但视图形的配置，也可与框格右端连接（见图 6 - 6(b)），或由框格的侧边直接引出（见图 6 - 6(c)）。

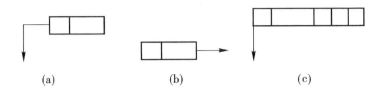

图 6 - 6   被测要素的标注

当被测要素是线或表面等轮廓要素时，指示箭头应指在被测表面的可见轮廓线上（见图 6 - 7(a)），也可指在轮廓线的延长线上，但必须与尺寸错开（见图 6 - 8(a)）。

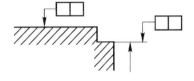

图 6 - 7   被测要素为轮廓要素

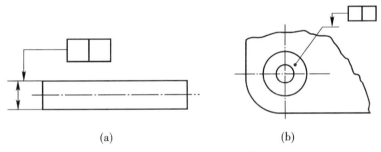

图 6 - 8   受图形限制时被测要素的标注

当由于受图形的限制，需表示图中某个面的形位公差要求时，可在面上画一小黑点，由黑点处引出参考线，箭头可指在参考线上，如图 6 - 8(b)所示。

当被测要素是中心要素时，如中心点、圆心、轴线、中心线、中心平面等，指引线的箭头应对准尺寸线，即与尺寸线的延长线重合（见图 6 - 9）。被测要素指引线的箭头可代替一个尺寸线箭头（见图 6 - 9(b)、图 6 - 9(c)）。

当被测要素是圆锥体的轴线时，指引线箭头应与圆锥体的大端或小端的尺寸线对齐（见图 6 - 10(a)）。必要时箭头也可与圆锥体上任一部位的空白尺寸线对齐（见图 6 - 10(b)）。

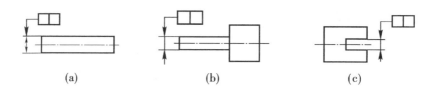

图 6-9   被测要素为中心要素

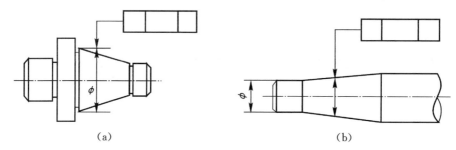

图 6-10   圆锥体被测要素的标注

6.2.6   基准要素的标注

基准符号由粗短横线、细实线和带大写字母的小圆组成(见图 6-11(a))。无论基准符号的方向如何,其字母均应水平填写(见图 6-11b)。

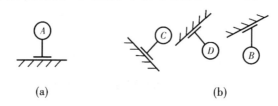

图 6-11   基准要素的标注

1. 基准要素为线、表面等轮廓要素

基准符号的短横线应靠近基准要素的轮廓线或轮廓面,也可靠近轮廓的延长线(见图 6-12(a)),但不能与尺寸线对齐。

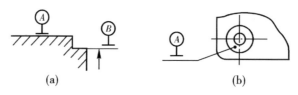

图 6-12   基准要素为轮廓要素

当由于受到图形限制,基准符号必须注在某个面上时,可在面上画出小黑点,由黑点引出参考线,基准符号可置于参考线上,如图 6 - 12(b)所示。

2. 基准要素为中心要素

当基准要素为中心要素,如中心点、轴线、中心线、中心平面等时,基准符号的连线应对准尺寸线(见图 6 - 13(a))。基准符号中的短横线也可代替尺寸线中的一个箭头,如图 6 - 13(b)所示。

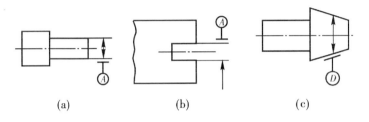

(a)　　　　　　　　(b)　　　　　　　　(c)

图 6 - 13　基准要素的标注

3. 基准要素为圆锥体轴线

基准符号上的连线应与基准要素垂直,而不是垂直于圆锥的素线,而基准短横线应与圆锥母线平行,如图 6 - 13(c)所示。

6.3　形位误差的测量

6.3.1　形位误差的测量原则

为了能正确地测量形位误差,便于选择合理的测量方案,国家标准 GB 1958—1980《形状和位置公差检测规定》中规定了形位误差检测的五条原则。这些测量原则是各种测量方法的概括,检测形位误差时,可以按照这些原则,根据被测对象的特点和有关条件,选择最合理的测量方案。

1. 与理想要素比较原则

将被测实际要素与理想要素相比较,量值由直接法和间接法获得,理想要素用模拟法获得,由这些数据来评定误差。理想要素可以是实物,也可以是一束光线、水平面或运动轨迹。由于检测时要用理想要素作为测量的标准,因此理想要素的形状必须有足够的精度。

理想要素可以用精度较高的实物,如刀口尺的刃口可以作为理想直线;铸铁或大理石平板可以作为理想平面;标准样板可以作为特定曲线等。

图 6 - 14 为用刀口尺测量给定平面内的直线度误差,刀口尺体现理想直线,将

刀口尺与被测要素直接接触,并使两者之间的最大空隙为最小,则此最大空隙即为被测要素的直线度误差。当光隙较小时,可按标准光隙估读间隙大小,如图 6 - 14(a)所示;当光隙较大时,可用厚薄规(塞规)测量。

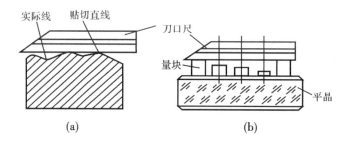

图 6 - 14　用贴切法测量直线度误差
(a) 测量方法;(b) 标准光隙的获得

标准光隙由量块、刀口尺和平晶(或精密平板)组合而成,如图 6 - 14(b)所示。标准光隙的大小借助于光线通过狭缝时呈现各种不同颜色的光来鉴别,见表 6 - 12。

表 6 - 12　标准光隙颜色与间隙的关系

颜色	间隙/μm
不透光	<0.5
蓝色	≈ 0.8
红色	$1.25 \sim 1.75$
白色	>2.5

2. 测量坐标值原则

几何要素的特征可以在坐标系中反映出来,即用坐标测量装置(如三坐标测量机或大型工具显微镜等)测得被测要素上各点的坐标值(如直角坐标值、极坐标值、圆柱坐标值)后,经数据处理可以获得其形位误差值。该原则广泛应用于轮廓度、位置度的测量。

图 6 - 15 是用测量坐标值原则测量位置度误差的示例。由坐标测量机测得各孔实际位置的坐标值 (x_1, y_1)、(x_2, y_2)、(x_3, y_3)、(x_4, y_4),计算出相对理论正确尺寸的偏差:

$$\begin{cases} \Delta x_i = x_i - \boxed{x_i} \\ \Delta y_i = y_i - \boxed{y_i} \end{cases}$$

于是,各孔的位置度误差值可按下式求得:

$$\phi f_i = 2\sqrt{(\Delta x_i)^2 + (\Delta y_i)^2} \quad (i = 1, 2, 3, 4)$$

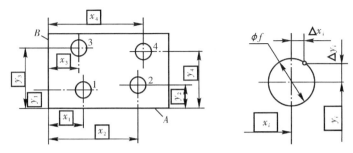

图 6-15　用坐标测量机测量位置度误差示意图

3. 测量特征参数的原则

被测要素上具有代表性的参数即特征参数,它是指能近似反映形位误差的参数。因此,应用测量特征参数原则测得的形位误差,与按定义确定的形位误差相比,只是一个近似值。例如用两点法测量圆度误差,在一个横截面内的几个方向上测量直径,取最大和最小直径之差的 1/2,作为该截面的圆度误差;以平面内任意方向的最大直线度误差来表示平面度误差 。虽然测量特征参数原则得到的形位误差只是一个近似值,存在着测量原理误差,但应用该原则可以简化测量过程和设备,也不需要复杂的数据处理,易在生产中实现,是一种在生产现场应用较为普遍的测量原则。

4. 测量跳动原则

测量跳动原则就是在被测实际要素绕基准轴线回转过程中,沿给定方向测量其对某参考点或线的变动量。该变动量是指指示器最大与最小读数之差。

当图样上标注圆跳动或全跳动公差时,用该原则进行测量。图 6-16 所示为测量跳动的例子。图 6-16(a)为被测工件通过心轴安装在两同轴顶尖之间,两同轴顶尖的中心线体现基准轴线。图 6-16(b)为用 V 形块体现基准轴线,测量时,当被测工件绕基准轴线回转一周中,指示表不作轴向(或径向)移动时,可测得径向圆跳动误差(或端面圆跳动误差);当指示表在测量中作轴向(或径向)移动时,可测得径向全跳动误差(或端面全跳动误差)。

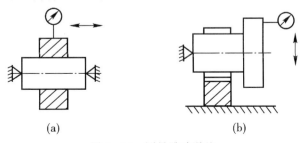

(a)　　　　　　　　　　　(b)

图 6-16　测量跳动误差

6.3.2　形位误差的测量方法

1. 圆度误差的测量

圆度误差最理想的测量方法是用圆度仪测量。通过圆度仪的记录装置将被测表面的实际轮廓形象地描绘在坐标纸上,然后按最小包容区域法求出圆度误差。实际测量中也可采用近似测量方法,如两点法、三点法、两点三点组合法等。

（1）两点法

两点法测量是用游标卡尺、千分尺等通用量具测出同一径向截面中的最大直径差,此差之半$(d_{max}-d_{min})/2$就是该截面的圆度误差。测量多个径向截面,取其中最大值作为被测零件的圆度误差。

（2）三点法

对于奇数棱形截面的圆度误差可用三点法测量,其测量装置如图6-17所示。被测件放在 V 形块上回转一周,指示表的最大与最小读数之差$M_{max}-M_{min}$反映了该测量截面的圆度误差f,其关系式为

$$f=(M_{max}-M_{min})/K$$

式中:K 为反映系数,它是被测件的棱边数及所用 V 形块夹角的函数,其关系比较复杂。在不知棱数的情况下,常以夹角$\alpha=90°$和$120°$或$72°$和$108°$的两个 V 形块分别测量(各测若干个径向截面),取其中读数差最大者作为测量结果,此时可近似地取反映系数$K=2$,计算被测件的圆度误差f。

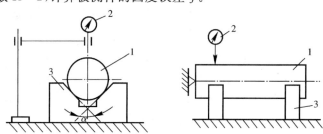

图6-17　三点法测圆度误差

1—被测件;2—指示表;3—V 形块

一般情况下,椭圆(偶数棱形圆)出现在用顶针夹持工件车、磨外圆的加工过程中,奇数棱形圆出现在无心磨削圆的加工过程中,且大多为三棱圆形状。因此在生产中可根据工艺特点进行分析,选取合适的测量方法。

2. 平行度误差的测量

（1）测量面对面的平行度误差

如图6-18所示,测量时以平板体现基准,指示表在整个被测表面上的最大、

最小读数之差即是平行度误差。

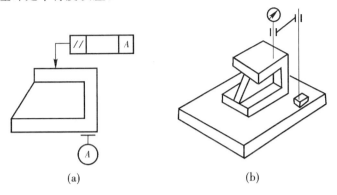

图 6-18　测量面对面的平行度误差
(a) 被测件；(b) 测量方法

(2) 测量线对面的平行度误差

如图 6-19 所示,测量时以心轴模拟被测孔轴线,在长度 L_1 两端用指示表测量。设测得的最大、最小读数之差为 a,则在给定长度 L 内的平行度误差 f 为

$$f=La/L_1$$

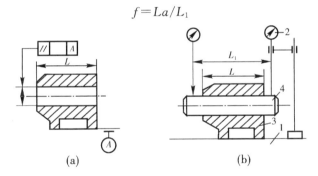

图 6-19　测量线对面的平行度误差
(a) 被测件；(b) 测量方法
1—平板；2—指示表；3—被测件；4—心轴

(3) 测量线对线的平行度误差

测量线对线的平行度误差时以心轴模拟被测轴线与基准轴线。如图 6-20(a)所示,直径 $\phi1$ 孔的轴线对基准轴线 A 的平行度在水平方向和垂直方向均有要求,则在检测时应分别测量。图 6-20(b)为垂直方向平行度误差的测量示例,在直径 $\phi2$ 孔内插入心轴,安置在可调 V 形块上,用测微计调整心轴两端与平板等高,此时心轴的轴线即为与平板平行的基准轴线,然后在被测孔直径 $\phi1$ 内也插入心轴,用测

微计测量孔两端的高度差 Δ，即为垂直方向的平行度误差。水平方向的平行度误差测量如图 6-20(c)所示，测量方法与上述垂直方向平行度误差的测量方法相同。

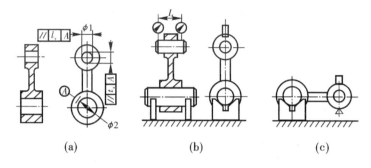

图 6-20　测量线对线的平行度误差

（a）孔的轴线平行度误差测量；（b）垂直方向平行度误差测量；（c）水平方向平行度误差测量

3. 垂直度误差的测量

如图 6-21(a)所示，测量平面对基准轴线的垂直度误差值 t 时，可利用 V 形块等具有相互垂直面的检验工具，将零件夹紧在 V 形部位，然后将 V 形块如图 6-21(b)所示安置在平板上，此时基准轴线 A 位于垂直平板平面内，用测微计测量被测表面相对平板的平行度误差，即测微表在被测表面上移动时最大、最小读数的差值，此值就是被测表面对基准轴线 A 的垂直度误差 t。

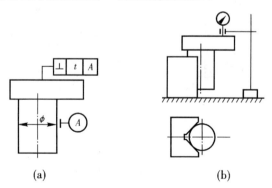

图 6-21　垂直度误差的测量

（a）一般测量；（b）利用 V 形块测量

4. 同轴度误差的测量

（1）测量孔对孔的同轴度误差

如图 6-22 所示，将心轴与两孔成无间隙配合地插入孔内，并调整被测零件使其基准孔心轴与平板平行，在靠近被测孔心轴 A、B 两点测量，求出两点与高度（L

$+d/2$)的差值 f_{Ax}、f_{Bx}；然后将被测件旋转 $90°$，按上述方法再测出 f_{Ay}、f_{By}，则

A 点处的同轴度误差：$f_A = 2\sqrt{f_{Ax}^2 + f_{Ay}^2}$

B 点处的同轴度误差：$f_B = 2\sqrt{f_{Bx}^2 + f_{By}^2}$

取 f_A、f_B 中较大者作为被测要素的同轴度误差。

如测点不能取在孔端处，则同轴度误差可按比例折算。

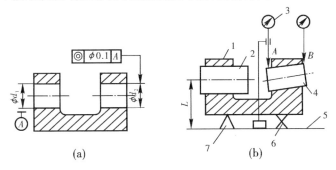

图 6-22　测量孔对孔的同轴度误差

(a) 被测件；(b) 测量方法

1—被测件；2—基准孔心轴；3—指示表；4—被测孔心轴；

5—平板；6—可调支承；7—固定支承

在成批生产中，可用专用测量芯棒测量，若芯棒能自由地推入几个孔中，则表明孔的同轴度误差在规定的范围之内。对精度要求不很高的孔，为减少专用测量芯棒数量，可用几副不同外径的测量套配合测量(见图 6-23)。

若要确定同轴度误差值，如图 6-24 所示，在两孔中装入专用套，将芯棒插入套中，再将百分表固定在芯棒上，转动芯棒即可测出同轴度误差值。

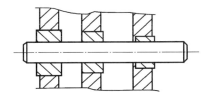

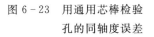

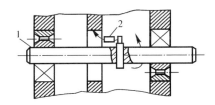

图 6-23　用通用芯棒检验
孔的同轴度误差

图 6-24　用芯棒和百分表检验同轴孔的同轴度误差

1—检验芯棒；2—百分表

(2) 测量轴对轴的同轴度误差。

如图 6-25 所示，公共基准轴线由 V 形架体现。将被测零件基准要素的中截面放置在两个等高的刃口状 V 形架上，选若干垂直基准轴线的径向截面，用两点法或三点法测出各径向截面中的最大直径差，取其中最大值(绝对值)作为被测零

件的同轴度误差。

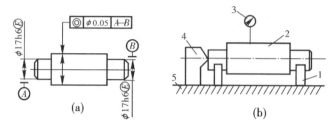

图 6-25　测量轴对轴的同轴度误差

(a) 被测件 ;(b) 测量方法

1—V 形块;2—被测轴;3—指示表;4—定位器;5—平板

5. 对称度误差的测量

对称度误差是定位误差的一种,是指被测实际对称要素对已确定位置的基准要素的变动量,因此在检测时首先应确定基准的位置。图 6-26 所示是将心轴插入基准孔,安装在中心架上固定。实际应用中也可安置在两等高 V 形块或专用装置上,对基准轴线定位,然后进行测量。测量时调整被测量面与平板平行,记下指示表读数。不改变指示表位置,将零件转 180°后重复上述测量,取两次读数之差即为对称度误差。

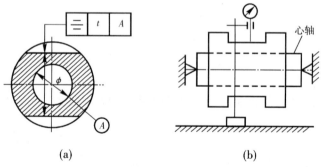

图 6-26　对称度误差的测量

(a) 被测件;(b) 测量方法

轴键槽(见图 6-27(a))的对称度误差的测量如图 6-27(b)所示。测量时基准线由 V 形块模拟,被测中心平面由定位块模拟,调整被测零件使定位块沿径向与平板平行。在键槽长度两端的径向截面内测量定位块到平板的距离,再将零件转 180°后重复上述测量,得到两径向测量截面内的距离之半 Δ_1 和 Δ_2(以绝对值大者为 Δ_1),则对称度误差为

$$f = \frac{2\Delta_2 h + d(\Delta_1 - \Delta_2)}{d - h}$$

式中:d 为轴的直径;h 为键槽深度。

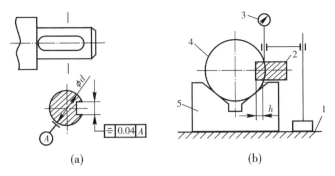

图 6 - 27 测量键槽的对称度误差

（a）被测轴键槽；（b）测量方法

1—平板；2—定位块；3—指示表；4—被测件；5—V 形块

6. 圆跳动误差的测量

被测件绕基准轴线做无轴向移动的旋转，在回转一周的过程中，指示表的最大和最小读数之差即为该测量截面上的径向圆跳动。图 6 - 28（b）所示为最常用的径向圆跳动的测量方法。测量时将被测零件安装在两顶尖之间。在被测零件回转一周的过程中，指示表读数最大差值即为单个测量面的径向圆跳动。按上述方法，测若干个截面，取其中的最大值作为该零件的径向圆跳动。

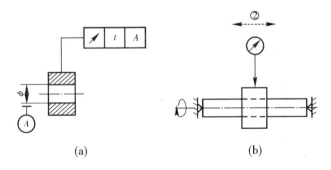

图 6 - 28 圆跳动误差测量（以轴心线为基准）

（a）被测件；（b）测量方法

当以轴为基准时，可将基准轴安置在一个 V 形块上（或两个等高 V 形块上），如图 6 - 29 所示。将基准轴在 V 形块上旋转，即得到模拟的基准轴线，其径向圆跳动的测量方法同上所述。为了保证在同一截面上进行测量，故在端面须有轴向定位装置。这在端面圆跳动测量时更为重要。

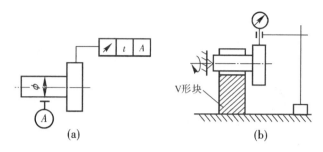

图 6 - 29　圆跳动误差测量(以轴为基准)

(a) 被测件；(b) 测量方法

7. 全跳动误差的测量

被测零件在绕基准轴线做无轴向移动的连续回转过程中,指示表缓慢地沿基准轴线方向平移,测量整个圆柱面,其读数最大差为径向全跳动,如图 6 - 30 所示;当指示表沿着与基准轴线的垂直方向缓慢移动时,测量整个端面,则读数最大差为端面全跳动,如图 6 - 31 所示。

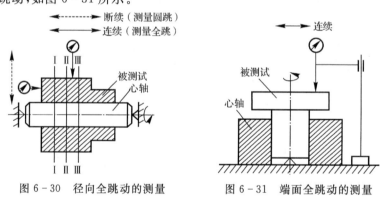

图 6 - 30　径向全跳动的测量　　　　图 6 - 31　端面全跳动的测量

8. 平面度误差的测量

(1) 测量原理

平面度误差的测量原理与直线度误差的测量原理基本相同,仅有的差别是:直线度误差的测量是在一条被测实际直线上,而平面度误差的测量是在被测实际平面上,预先拟定若干条测量线。在测量小平板平面的平面度误差时,如图 6 - 32 所示,将千分表夹于磁力表架上,磁力表架座置于大平板上(即以大平板为模拟测量基准平面)。然后按事先布置好的点,拖动表架依次测量各点的读数值。操作步骤如下:

1) 用可调整支承将被测件顶起,将测量仪先放在被测表表面互相垂直的位置上,调整支承,使被测表面大致呈水平状。

2) 按选定的测量方法在被测表面上布线并做好标记(若测量平板,则四周的布线应离边缘 10 mm)。

3) 按事先布置好的点(本实验是以网格法布点),拖动表架依次测量将各点的读数填在框格的相应位置上,如图 6-33 所示。

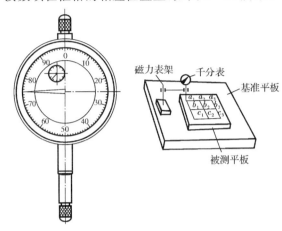

图 6-32　平行度测量示意图　　　　图 6-33　平面度测量坐标规律

(2) 平面度误差值的评定方法

1) 最小区域法。最小区域法就是按最小包容区域的宽度 f 评定平面度误差值(见图 6-34)。

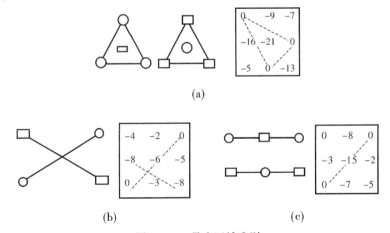

图 6-34　最小区域准则

(a) 三角形准则;(b) 交叉准则;(c) 直线准则

最小区域的判别方法是:当由两平行平面包容被测实际表面时,至少有三点或四点相接触,相接触的高低点分布有如下列三种形式之一者,即属最小区域:

① 三个高点(或三个低点)与一个低点(或高点):低(或高)点投影位于三个高(或低)点组成的三角形之内,如图 6-34(a)所示,称为三角形准则。

② 两个高点与两个低点：两高点投影位于两低点连线两侧，如图 6-34(b)所示，称为交叉准则。

③ 两个高点(或两个低点)与一个低点(或高点)：低(或高)点投影位于两高(或低)点连线之上，如图 6-34(c)所示，称为直线准则。

2) 三点法。三点法是以通过被测实际表面上相距最远且不在一条直线上的三点建立理想平面，各测点对此平面的偏差中最大值与最小值的绝对值之和，作为被测实际表面的平面度误差值。

举例说明：图 6-35 所示为一平面相对检验平板的坐标值，按上述方法评定面度误差。

解 1：如图 6-35 所示，任取三点 $+4$、-9、-10，按图 6-33 的规律列出三点等值方程

$$+4+P=-9+2P+Q, -10+2Q=+4+P$$

由上式解出 $P=+4$、$Q=+9$，按图 6-33 规律和 P、Q 值转换被测平面的坐标值，得到图 6-36 的形式，同时可以按三点法计算测量结果，如图 6-37 所示。所以，平面度误差 $=(+34)\mu m - 0\mu m = 34\mu m$

0	+4	+6
-5	+20	-9
-10	-3	+8

图 6-35 平面度误差测得值

0	+4+P	+6+2P
-5+Q	+20+P+Q	-9+2P+Q
-10+2Q	-3+9+2Q	+8+2P+2Q

图 6-36 平面度误差测量坐标变换

3) 对角线法。对角线法是以通过被测实际表面的一条对角点连线且平行于另一条对角点连线的平面建立理想平面，各测点对此平面的偏差中最大值与最小值的绝对值之和，作为被测实际表面的平面度误差值。

解 2：按图 6-36 规律列出两等值对角点的等值方程

$$0=+8+2P+2Q, +6+2P=-10+2Q$$

解得 $P=-6, Q=+2$。按图 6-33 规律和 P、Q 值转换被测平面的坐标值得到图 6-38 所示的结果。其平面度误差 $=(+16)\mu m - (-19)\mu m = 35\mu m$

0	+8	+14
+4	+33	+8
+8	+9	+34

图 6-37 三点法

0	+2	-6
-3	+16	-19
-6	-5	0

图 6-38 对角线法

上述两种方法计算的结果不一样，这是因为用三点法求平面度误差时，人为因

素太大造成的(因三点任选),所以一般不采用三点法求平面度误差,而通常采用对角线法。若有争议,或误差值在公差值的边缘上不便于评定,则采用最小区域法。

6.3.3 形位公差选择举例

图 6-39 所示为减速器的输出轴,两轴颈 $\phi55j6$ 与 P0 级滚动轴承内圈相配合,为保证配合性质,采用了包容要求。为保证轴承的旋转精度,在遵循包容要求的前提下,又进一步提出了圆柱度公差的要求,其公差值由 GB/T 275—1993 查得为 0.005 mm。该两轴颈上安装滚动轴承后,将分别与减速器箱体的两孔配合,因此需限制两轴颈的同轴度误差,以保证轴承外圈和箱体孔的安装精度。为检测方便,实际给出了两轴颈的径向圆跳动公差为 0.025 mm(跳动公差 7 级)。$\phi62$ mm 处的两轴肩都是止推面,起一定的定位作用。为保证定位精度,提出了两轴肩相对于基准轴线的端面圆跳动公差为 0.015 mm(由 GB/T 275—1993 查得)。

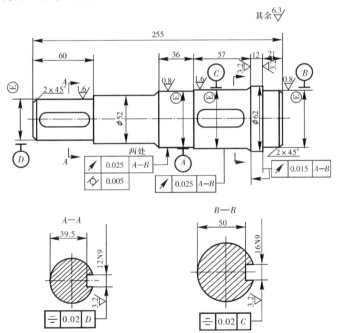

图 6-39 减速器输出轴形位公差标注示例

$\phi56r6$ 和 $\phi45m6$ 分别与齿轮和带轮配合,为保证配合性质,也采用了包容要求,为保证齿轮的运动精度,对与齿轮配合的 $\phi56r6$ 圆柱又进一步提出了对基准轴线的径向圆跳动公差为 0.025 mm(跳动公差 7 级)。对 $\phi56r6$ 和 $\phi45m6$ 轴颈上的键槽 16N9 和 12N9 都提出了对称度公差为 0.02mm(对称度公差 8 级),以保证键槽的安装精度和安装后的受力状态。

思考题与习题

1. 何谓形位公差？为什么要制定形位公差？

2. 在形位公差中,什么叫相关原则？

3. 试述形位公差与尺寸公差的异同点。

4. 什么是形位误差和形位公差,两者有何区别？

5. 在同一个零件表面上的尺寸公差、位置公差、形状公差之间关系如何？

6. 将下列形位公差要求分别标注在图 6 - 40(a)和图 6 - 40(b)上。

(1) 标注在图 6 - 40 (a)上的形位公差的要求：

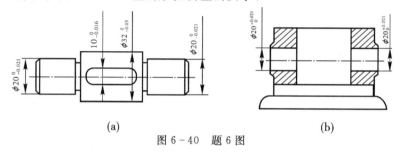

(a)　　　　　　　　　　　　　　　　(b)

图 6 - 40　题 6 图

① $\phi32_{0.03}^{0}$ mm 圆柱面对两 $\phi20_{0.021}^{0}$ mm 公共轴线的圆跳动公差为 0.015 mm。

② 两 $\phi20_{-0.021}^{0}$ mm 轴颈的圆度公差为 0.01 mm。

③ $\phi32_{-0.03}^{0}$ mm 左、右两端面对两 $\phi20_{-0.021}^{0}$ mm 公共轴线的端面圆跳动公差为 0.02 mm。

④ 键槽 $10_{-0.036}^{0}$ mm 中心平面对 $\phi32_{-0.03}^{0}$ mm 轴线的对称度公差为 0.015 mm。

(2) 标注在图 6 - 40(b)上形位公差的要求：

① 底面的平面度公差为 0.012 mm。

② $\phi20_{0}^{+0.021}$ mm 两孔的轴线分别对它们的公共轴线的同轴度公差为 0.015 mm。

③ 两 $\phi20_{0}^{+0.021}$ mm 孔的公共轴线对底面的平行度公差为 0.01 mm。

7. 将下列技术要求标注在图 6 - 41 上。

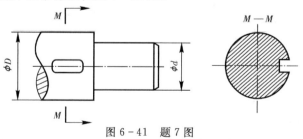

图 6 - 41　题 7 图

(1) ϕd 圆柱面的尺寸为 $30_{-0.025}^{0}$ mm,采用包容原则; ϕD 圆柱面的尺寸为

$50_{-0.039}^{\ 0}$ mm，采用独立原则。

（2）ϕd 表面粗糙度的最大允许值为 $R_a = 1.25\ \mu m$，ϕD 表面粗糙度的最大允许值为 $R_a = 2\ \mu m$。

（3）键槽侧面对 ϕD 轴线的对称度公差为 0.02 mm。

（4）ϕD 圆柱面对 ϕd 轴线的径向圆跳动量不超过 0.03 mm，轴肩端平面对 d 轴线的端面跳动不超过 0.05 mm。

8. 指出图 6 - 42 中形位公差标注上的错误，并加以改正（不变更形位公差项目）。

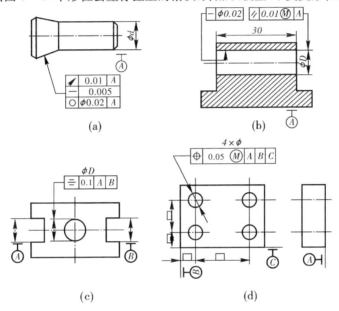

图 6 - 42　题 8 图

9. 说明图 6 - 43 中各项形位公差的意义，要求包括被测要素、基准要素（如有）以及公差带的特征。

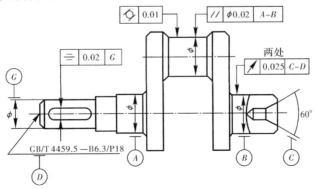

图 6 - 43　题 9 图

10. 试将下列各项形位公差要求标注在如图 6-44 所示的图形上。

(1) $\phi100h8$ 圆柱面对 $\phi40H7$ 孔轴线的径向圆跳动公差为 0.018 mm。

(2) $\phi40H7$ 孔遵守包容要求,圆柱度公差为 0.007 mm。

(3) 左、右两凸台端面对 $\phi40H7$ 孔轴线的圆跳动公差均为 0.012 mm。

(4) 轮毂键槽对称中心面对 $\phi40H7$ 孔轴线的对称度公差为 0.02 mm。

11. 试将下列各项形位公差要求标注在如图 6-45 所示的图形上。

(1) $2\phi d$ 轴线对其公共轴线的同轴度公差均为 0.02 mm。

(2) ϕD 轴线对 $2\phi d$ 公共轴线的垂直度公差为 0.01/100 mm。

(3) ϕD 轴线对 $2\phi d$ 公共轴线的对称度公差为 0.02 mm。

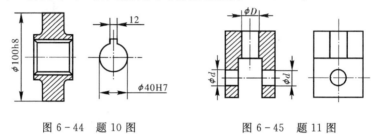

图 6-44　题 10 图　　　　　　图 6-45　题 11 图

第7章　粗糙度的判别与选择

7.1　表面粗糙度的概念

7.1.1　概述

由机床—刀具—工件组成的工艺系统,在切削加工时,由于刀具与被加工表面的摩擦、切屑分离时工件表面层金属的塑性变形以及工艺系统中的高频振动等原因,使零件表面形成具有一定周期性的较小间距的峰谷,其间距和高度介于宏观和微观几何形状误差之间。相邻两波峰或两波谷之间的波距小于 1 mm 的高低起伏的微小峰谷所组成的微观几何形状特征,称为表面粗糙度。

表面粗糙度是反映零件表面微观几何形状误差的一个指标,粗糙度值的大小,对机器零件使用性能和制造成本有很大影响,如影响零件配合性质的稳定性。对于间隙配合,粗糙表面会加快磨损,使工作过程中的间隙逐渐增大而破坏机器使用性能。对于过盈配合,若用加压装配,则装配时将微观凸峰挤平,会减小实际有效过盈,降低联接强度,表面越粗糙,这种影响就越大。

表面粗糙度还影响零件强度。在交变应力作用下的钢质零件,表面越粗糙,对应力集中越敏感,会使零件的疲劳强度下降。

表面粗糙度还对零件的其他使用性能,如摩擦、接触刚度、耐腐蚀性、承载能力等都有影响。

从以上分析来看,似乎表面粗糙度值越小越好,但实际情况并非如此。比如耐摩性能是在某一适当的粗糙度情况下最好(见图 7-1),大于这个值时越粗糙磨损越大,而小于这个值时磨损也会随粗糙度值减小而增加。这是因为过于光整的表面使润滑油膜难于形成,从而使磨损量加大。同时随着粗糙度值的减小,零件加工工时提高,从而造成生产成本大幅度上升。因此,在机器设计或测绘过程中,正确确定被测零件的表面粗糙度是一项重要内容。

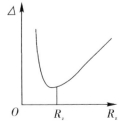

图 7-1　金属磨损量 Δ 与粗糙度的关系

为保证机械零件的使用性能,在对零件进行尺寸、形状和位置精度设计的同时,必须合理地提出表

面粗糙度要求。我国颁布了 GB/T 3505—2000《产品几何技术规范　表面结构
轮廓法　表面结构的术语、定义及参数》、GB/T 1031—1995《表面粗糙度　参数及
其数值》和 GB/T 131—2006《机械制图　表面粗糙度符号、代号及其注法》等国家
标准用于评定表面粗糙度。

7.1.2　表面粗糙度的选择

1) 根据零件的使用要求,在首先满足零件的工作性能和使用要求的前提下,考虑
工艺经济性,尽可能选用表面粗糙度较大的值。这是最主要、最基本的一条原则。

在选择参数值时,应仔细观察被测表面的粗糙度情况,认真分析被测表面的作
用、加工方法、运动状态等,根据经验统计资料来初步选定表面粗糙度参数值,参看
表 7-1、表 7-2,然后再对此工作条件作适当调整。

表 7-1　表面粗糙度的表面特征、经济加工方法及应用举例　　　　　　　μm

表面微观特性		R_a	R_z	加工方法	应用举例
粗糙表面	可见刀痕	>20~40	>80~160	粗车、粗刨、粗铣、钻、毛锉、锯断	半成品粗加工过的表面,非配合的加工表面,如轴端面、倒角、钻孔、齿轮带轮侧面、键槽底面、垫圈接触面等
	微见刀痕	>10~20	>40~80		
半光表面	微见加工痕迹	>5~10	>20—40	车、刨、铣、镗、钻、粗铰	轴上不安装轴承、齿轮处的非配合表面,紧固件的自由装配表面,轴和孔的退刀槽等
	微见加工痕迹	>2.5~5	>10~20	车、刨、铣、镗、磨、拉、粗刮、滚压	半加工表面,箱体、支架、盖面、套筒等和其他零件结合而无配合要求的表面,需要"发蓝"(定义见 8.4.2 节)的表面等
	看不清加工痕迹	>1.25~2.5	>6.3~10	车、刨、铣镗、磨、拉、刮、压、铣齿	接近于精加工表面,箱体上安装轴承的镗孔表面,齿轮的工作面
光表面	可辨加工痕迹方向	>0.63~1.25	>3.2~6.3	车、镗、磨、拉、刮、精铰磨齿、滚压	圆柱销、圆锥销与滚动轴承配合的表面、卧式车床导轨面,内、外花键定心表面等
	微辨加工痕迹方向	>0.32~0.63	>1.6~3.2	精铰、精镗、磨、刮、滚压	要求配合性质稳定的配合表面,工作时受交变应力的重要零件,较高精度车床的导轨面
	不可辨加工痕迹方向	>0.16~0.32	>0.8~1.6	精磨、珩磨、研磨、超精加工	精密机床主轴锥孔、顶尖圆锥面、发动机曲轴,凸轮轴工作表面,高精度齿轮齿面

表面微观特性		R_a	R_z	加工方法	应用举例
极光表面	暗光泽面	$>0.08 \sim 0.16$	$>0.4 \sim 0.8$	精磨、研磨、普通抛光	精密机床主轴颈表面,一般量规工作表面,汽缸套内表面,活塞销表面等
	亮光泽面	$>0.04 \sim 0.08$	$>0.2 \sim 0.4$	超精磨、精抛光、镜面磨削	精密机床主轴颈表面,滚动轴承的滚珠,高压液压泵中柱塞和柱塞配合的表面
	镜状光泽面	$>0.01 \sim 0.04$	$>0.05 \sim 0.2$		
	镜面	$\leqslant 0.01$	$\leqslant 0.05$	镜面磨削、超精研	高精度量仪、量块的工作表面,光学仪器中的金属镜面

表 7 - 2　轴和孔的表面粗糙度参数推荐值

应用场合			$R_a / \mu m$		
			基本尺寸 / mm		
示　例	公差等级	表面	$\leqslant 50$	$>50 \sim 500$	
经常装拆零件的配合表面（如挂轮、滚刀等）	IT5	轴	$\leqslant 0.2$	$\leqslant 0.4$	
		孔	$\leqslant 0.4$	$\leqslant 0.8$	
	IT6	轴	$\leqslant 0.4$	$\leqslant 0.8$	
		孔	$\leqslant 0.8$	$\leqslant 1.6$	
	IT7	轴	$\leqslant 0.8$	$\leqslant 1.6$	
		孔			
	IT8	轴	$\leqslant 0.8$	$\leqslant 1.6$	
		孔	$\leqslant 1.6$	$\leqslant 3.2$	

	公差等级	表面	基　本　尺　寸 / mm		
			$\leqslant 50$	$>50 \sim 120$	$>120 \sim 500$
过盈配合的配合表面,用压力机装配和热孔法装配	IT5	轴	$\leqslant 0.2$	$\leqslant 0.4$	$\leqslant 0.4$
		孔	$\leqslant 0.4$	$\leqslant 0.8$	$\leqslant 0.8$
	IT6	轴	$\leqslant 0.4$	$\leqslant 0.8$	$\leqslant 1.6$
	IT7	孔	$\leqslant 0.8$	$\leqslant 1.6$	$\leqslant 1.6$
	IT8	轴	$\leqslant 0.8$	$\leqslant 1.6$	$\leqslant 3.2$
		孔	$\leqslant 1.6$	$\leqslant 3.2$	$\leqslant 3.2$
	IT9	轴	$\leqslant 1.6$	$\leqslant 1.6$	$\leqslant 1.6$
		孔	$\leqslant 3.2$	$\leqslant 3.2$	$\leqslant 3.2$

应用场合			$R_a/\mu m$	
示　例	公差等级	表面	基本尺寸 / mm	
			≤50	>50～500
滑动轴承的配合表面	IT6～IT9	轴	≤0.8	
		孔	≤1.6	
	IT10～IT12	轴	≤3.2	
		孔	≤3.2	

应用场合	公差等级	表面	径 向 圆 跳 动/μm					
			2.5	4	6	10	16	25
精密定心零件的配合表面	IT5～IT8	轴	≤0.05	≤0.1	≤0.1	≤0.2	≤0.4	≤0.8
		孔	≤0.1	≤0.2	≤0.2	≤0.4	≤0.8	≤L 0

2) 间隙配合的表面粗糙度值,一般要比过盈配合的表面粗糙度值小;摩擦表面的粗糙度值应比非摩擦的表面粗糙度值小;滚动摩擦的表面粗糙度值应比滑动摩擦的表面粗糙度值小;间隙配合中,间隙越小配合的表面粗糙度值应越小;在过盈配合中,配合强度要求越高,则两配合表面粗糙度值应越小。

3) 运动速度高、单位面积压力大的表面以及受交变应力作用的重要零件表面应选用较小的表面粗糙度值;对高精度、高转速、重载荷机械设备的零件,其表面粗糙度数值应比低精度、低转速、低载荷机械设备的零件选的小一些;受交变应力作用的重要钢制零件圆角及沟槽处,比受静载荷时应取较小的粗糙度;铸铁等对应力集中不敏感的材料,其粗糙度的变化对强度影响较小。

4) 粗糙度的选择应与尺寸公差和形位公差相协调。配合性质要求越稳定,其配合表面的粗糙度值应越小;配合性质相同时,小尺寸结合面的粗糙度值应比大尺寸结合面的小:孔与轴配合时,轴表面应比孔表面粗糙度值小;同一零件上,工作面要比非工作面粗糙度值小;尺寸精度高的表面应比尺寸精度低的表面粗糙度值小。如果按尺寸公差与形状公差所决定的表面粗糙度不协调,则应以形状公差所要求的较小的表面粗糙度值为准。

一般来说,尺寸公差和形位公差小的表面,其粗糙度值也应小。表 7 - 3 列出了在正常的工艺条件下,表面粗糙度参数值与尺寸公差及形位公差的对应关系,可供参考。

表7-3 尺寸公差、形状公差与表面粗糙度参数值的关系

形状公差 t 占尺寸公差 T 的百分比 t/T ％	表面粗糙度参数值占尺寸公差百分比	
	$R_a/T/\%$	$R_z/T/\%$
约60	$\leqslant 5$	$\leqslant 20$
约40	$\leqslant 2.5$	$\leqslant 10$
约25	$\leqslant 1.2$	$\leqslant 5$

5）防腐性、密封性要求高，外表美观等的表面粗糙度值应较小，例如医疗器械、机床的操纵用的手轮、手柄，卫生设备及食品用具等，为了造型美观、操作舒适，都要求很光滑。其粗糙度值与尺寸的大小和精度不存在确定的函数关系。

6）凡有关标准中已对表面粗糙度要求作出规定的，如与滚动轴承配合的轴颈和外壳孔、齿坯、键配合的键槽等，则应按标准确定的表面粗糙度参数值选取。表面粗糙度参数值应与尺寸公差及形位公差相协调。

7.1.3 表面粗糙度的符号、参数及其标注方法

确定了表面粗糙度的评定参数及数值以后，应按 GB/T 131—2006《机械制图 表面粗糙度符号、代号及其注法》的规定，把表面粗糙度要求正确地标注在零件图样上。正确确定零件表面粗糙度是测绘过程中的一项重要内容。

1. 表面粗糙度的符号

表面粗糙度符号见表7-4。当零件表面需要加工（采用去除材料的方法或不去除材料的方法），但没有表面粗糙度的其他要求时，允许只标注表面粗糙度符号。

表7-4 表面粗糙度符号

符号	说明
$\sqrt{}$	基本符号，单独标注在图纸上无意义
$\sqrt{}$	表示表面是用去除材料的方法获得的，例如车、铣、刨、磨、钻、抛光、腐蚀、电火花加工、气割等
$\sqrt{}$	表示表面是用不去除材料的方法获得的，例如铸、锻、冲压、热轧、粉末冶金等或者是用于保持原供应状况的表面（包括保持上道工序的状况）
$\sqrt{}\sqrt{}$	在上述符号的长边上均可加一横线，用于标注有关参数和说明
$\sqrt{}\sqrt{}$	在上述符号上均可加一小圈，表示所有表面具有相同的表面粗糙度的要求

2. 表面粗糙度的参数

表面粗糙度评定参数有 R_a、R_z、R_y 三个。实际使用时可选用一个参数，也可同时选用两个。其中，参数 R_a 较能客观地反映表面微观几何形状特征，因此得到

广泛应用,国家标准也推荐优先选用 R_a。

3. 表面粗糙度在图样上的标注方法

在零件图样上,表面粗糙度的符号、代号一般标注在可见轮廓线、尺寸线、尺寸界线或它们的延长线上;符号的尖端必须从实体外指向实体表面,标注示例如图 7-2 所示。在表面粗糙度符号周围各位置,可以标注很多相关内容,但重点应掌握高度参数的标注方法。如果需要标注表面粗糙度轮廓的其他技术要求,则可以按图 7-3 所示的那样,在规定的位置上标注出来。图 7-3(a)中 12.5 表示用去除材料的方法获得的表面的 R_a 的上限值为 $12.5\mu\text{m}$;2.5 表示非标准的取样长度为 2.5 mm。图 7-3(b)中的"磨"表示表面最后一道工序的加工方法是磨削加工。图 7-3(c)中的(5)表示表面的加工余量为 5 mm。

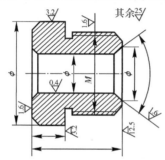

图 7-2 表面粗糙度代号标注示例

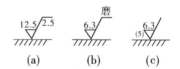

图 7-3 表面粗糙度其他要求的标注

7.2 测定表面粗糙度的方法

表面粗糙度的测定方法主要有比较法、仪器测量法及类比法。比较法和仪器测量法适用于没有磨损或磨损极小的零件表面粗糙度。对于磨损严重的零件表面就不能用这两种方法确定,而只能用类比法确定。

7.2.1 比较法

比较法是将被测表面与已知高度特征参数值的粗糙度样板相比较,通过人的视觉和触觉或者借助放大镜,来判断被测表面的粗糙度。粗糙度样板比较法是表面粗糙度最简单的测量方法。这种方法是用一组粗糙度样块(见图 7-4)

图 7-4 表面粗糙度标准样块

作为比较标准,样块上需标出粗糙度数值,并注明加工方法。

1. 粗糙度样块(板)的结构和相关标准

一套完整的粗糙度样块(板)包括车、磨、镗、铣、刨、插等几种加工方式的样块,每种加工方式的样块又将按粗糙度的几种常用级别排列若干块,一般装在一个专用的盒子里,如图 7 - 4 所示。

机械加工表面粗糙度的 R_a 值及尺寸规格见表 7 - 5。

表 7 - 5 机械加工表面粗糙度的 R_a 值及尺寸规格

粗糙度参数公称值	制造方法			样块表面每边的最小尺寸/mm
	磨	车、镗、铣	插、刨	
$R_a/\mu m$	0.025	—	—	20
	0.05	—	—	
	0.1	—	—	20
	0.2	—	—	
	0.4	0.4	—	
	0.8	0.8	0.8	
	1.6	1.6	1.6	
	3.2	3.2	3.2	
	—	6.3	6.3	30
	—	12.5	12.5	
	—	—	25	50

2. 用比较法测量表面粗糙度

测量的时候把被测零件和样板靠近在一起,用肉眼或借助放大镜、低倍率的显微镜观察比较,或感触抚摸,凭检验者的经验来判断工件的粗糙度。通常当被测表面粗糙度 $R_a > 2.5\ \mu m$ 时,用目测比较;当被测表面较光滑,粗糙度 $R_a = 0.32 \sim 2.5\ \mu m$ 时,可借助 5~10 倍的放大镜比较;当被测表面很光滑,粗糙度 $R_a < 0.32\ \mu m$ 时,则借助于比较仪或显微镜进行比较,以提高检测精度。

比较时,所用的样板在形状、加工方法和所用的材料等方面,都要与被测零件相近,这样才能得到比较正确的结果。同时应注意将样块和被检工件放在同一自然条件下(光线、温度、湿度等),如图 7 - 5 所示。如果是通过手触摸的感觉来判定是否达到了要求,那么触摸时手的移动方向要与加工纹理相垂直。

比较时还应注意,不能将光亮度和粗糙度数值大小混淆,也就是说,光亮度大的工件表面

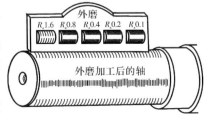

图 7 - 5 用视觉法检验加工件粗糙度

不一定粗糙度数值小。

用比较法评定表面粗糙度虽然不能精确地得出被检表面的粗糙度数值,但由于器具简单,使用方便且能满足一般的生产要求,便于在生产中或测绘现场进行,因此在各国均得到了广泛应用。用标准粗糙度比较样块作为标准,使比较结果更趋统一和准确。这种方法的缺点是不能准确得到粗糙度的各参数值,所比较出的一般是一个范围。

用比法确定粗糙度的适用范围是 $R_a > 0.08~\mu m$。

7.2.2　仪器测量法

仪器测量法是利用表面粗糙度测量仪器来确定被测表面粗糙度数值的。仪器测量法主要有如下几种。

1. 光切法

光切法就是利用"光切原理"来测量零件表面粗糙度的。工厂计量部门使用光切显微镜(又称双管显微镜)进行测量。光切显微镜的结构外形如图 7-6 所示。

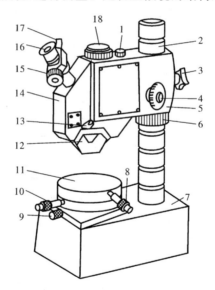

图 7-6　光切显微镜的结构外形

1—光源;2—立柱;3—锁紧螺钉;4—微调手轮;5—横臂;6—升降螺母;

7—底座;8—工作台纵向移动千分尺;9—工作台固定螺钉;

10—工作台横向移动千分尺;11—工作台;12—物镜组;13—手柄;

14—壳体;15—测微鼓轮;16—测微目镜;17—紧固螺钉;18—照相机插座

　　光切法一般用于测量表面粗糙度的 R_z 与 R_y 参数,参数的测量范围依仪器的型号不同而有所差异。光切法的测量范围一般为 $R_z=0.8\sim100\ \mu m$。

　　光切显微镜是一种非接触法测量的光学仪器。光切显微镜的工作原理如图 7-7 所示,从光源 3 发出的光经狭缝 4 以 $\alpha_1=45°$ 射向被测表面后,又以 $\alpha_2=45°$ 的角度反射出来($\alpha_2=\alpha_1$),则在观察管中可看到一条光带,当被测表面有微观不平度时,光带为曲折形状,如图 7-7 中的 A 向视图(b)所示,光带曲折的程度即为被测表面微观不平度的放大。当被测表面的微小峰谷差为 H 时

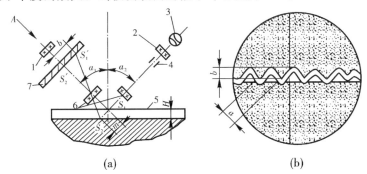

图 7-7　光切显微镜的工作原理
(a) 光路;(b) 光带
1—目镜;2—聚光镜;3—光源;4—狭缝;5—工件表面;6—物镜;7—目镜分划板

$$H=b\cos\alpha/N$$

式中:N 为物镜系统放大倍数。当 $\alpha=45°$,$b=\sqrt{2}\ NH$。

　　如图 7-6 所示,在观察管上装有测微目镜 16 用以读数,测微目镜中目镜分尺的结构原理如图 7-8(a)所示,刻度套筒旋转一圈,活动分划板 2 上的双刻线相对于固定分划板 1 上的刻线移动 1 格;而活动分划板 2 上的双刻线是在十字线的角平分线上,由此可见活动分划板上十字线与测微丝杆轴线成 45°,所以当测量 b 时,转动刻度套筒使十字交叉线之一分别与波峰或波谷对准,双刻线和十字线是沿与光带波形高度 b 成 45°方向移动的,如图 7-8(b)。所以 b 与在目镜分尺中读取的数值 a 之间有如下的关系:

$$a=b/\cos\alpha$$

当 $\alpha=45°$时,$a=\sqrt{2}b$,将 $b=\sqrt{2}NH$,代入得

$$a=\sqrt{2}\times\sqrt{2}NH=2NH$$

则 $H=a\dfrac{1}{2N}$。

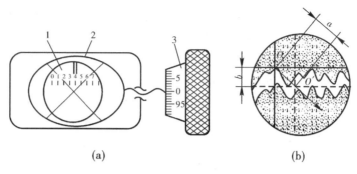

图 7 - 8　读数目镜示意

(a)测微目镜分尺结构;(b)双刻线和十字线移动方向

1—固定分划板;2—活动分划板;3—测微鼓轮

2. 干涉法

干涉法是利用光波干涉原理来测量表面粗糙度的,使用的仪器叫做干涉显微镜(见图 7 - 9)。干涉显微镜具有高放大倍数和高鉴别率,适用于测量很光洁的表面,通常用于测量 R_z 值在 $0.030\sim1\ \mu m$ 范围的较小的参数值。因为粗糙的表面不能形成干涉条纹,所以低精度表面不能用此法测量。

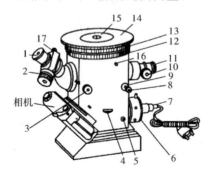

图 7 - 9　6JA 型干涉显微镜的外形结构

1—目镜;2—目镜测微鼓轮;3—手轮;4—光阑调节手轮;5—手柄;

6,17—螺钉;7—光源;8,9,10,11—手轮;12,13,14—滚花轮;

15—工作台;16—遮光板调节手柄(显微镜背面)

3. 针描法

针描法又称感触法,它是用金刚石针尖与被测表面相接触,当针尖以一定速度沿着被测表面移动时,被测表面的微观不平将使触针在垂直于表面轮廓的方向上产生上下移动,再将这种上下移动转换为电量并加以处理,如图 7 - 10 所示。人们可对记录装置记录得到的实际轮廓图进行分析计算,或直接从仪器的指示表中获得参数值。把这种移动信号输入轮廓仪,再经过放大、检波、运算后,即可在指示表上直接显示出 R_a 值。如果接上计录器,还可绘出放大后的表面粗糙度曲线,并由曲线通过计算得到 R_z 等其他参数值。

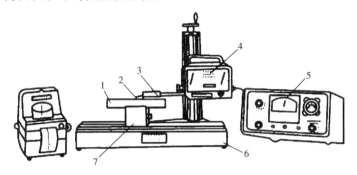

图 7-10　电动轮廓仪

1—工件；2—触针；3—传感器；4—驱动器；5—批示器；6—工作台；7—V 形块

这种方法应用较广,较小型的轮廓仪还可带到工作现场使用。仪器的测量范围约在 R_a 值在 $0.125\sim5.0\ \mu m$ 之间,因为过粗表面指针移动困难,过精表面指针的尖端不能达到谷底而影响测量的准确性。

采用针描法测量表面粗糙度的仪器叫做电动轮廓仪,它可以直接指示出 R_a 值,也可以经放大器记录出图形,作为 R_a、R_z 与 R_y 等多种参数的评定依据。

7.2.3　类比法

类比法是将所测绘或设计的零件图参照一些工作条件相同的、实践证明使用性能良好的机件的表面粗糙度进行选注。这种方法简便易行,所以使用较广。

类比法不是盲目照搬,使用时要按具体条件进行适当修正,以求获得更好的机械性能和经济性能。类比法要求技术人员具有丰富的工作经验,收集积累更多的资料,逐渐提高选择的正确性。表 7-6 中列出了一些表面粗糙度的选用实例,供类比法选用时参考。

表 7 - 6　表面粗糙度值的选用

$R_a/\mu\mathrm{m}$	$R_z/\mu\mathrm{m}$	表面微观特征		应用举例
>50～100	>200～400	粗糙表面	明显可见刀痕	表面粗糙度值很大的加工面，一般很少选用
>25～50	>100～200		可见刀痕	
>12.5～25	>50～100		微见刀痕	粗加工面，如导流表面、滚动表面等
>6.3～12.5	>25～50	半光表面	可见加工痕迹	粗加工面，用于非配合表面，如轴端面、倒角、螺钉、铆钉孔表面，垫圈的接触面等。
>3.2～6.3	>12.5～25		微见加工痕迹	半精加工面，支架、轴、衬套端面，带轮、凸轮侧面等非接触的自由表面，所有轴和孔的退刀槽，不重要的铰接配合表面等
>1.6～3.2	>6.3～12.5		看不清加工痕迹	半精加工面，如箱体、箱盖，如支架、套筒和其他零件结合而无配合要求的表面，定心的轴肩，键和键槽，低速工作的滑动轴承和轴颈的工作面，张紧链轮，导向滚轮壳孔与轴的配合表面
>0.8～1.6	>3.2～6.3	光表面	可辨加工痕迹的方向	衬套、滑动轴承和定位的压入孔表面，花键的定心表面，带轮槽，一般低速传动的颈轴，电镀前金属表面等
>0.4～0.8	>1.6～3.2		微辨加工痕迹的方向	中型机床(普通精度)滑动导轨面、圆柱销、圆锥销和滚动轴承配合的表面，中速转动的轴颈，内、外花键的定心表面等
>0.2～0.4	>0.8～1.6		不可辨加工痕迹的方向	要求配合性质稳定的配合表面，如夹具定位元件和钻套的主要表面，曲轴和凸轮等高速转动的轴颈，工作时受交变应力的重要零件，中型机床(提高精度)滑动导轨面和 P5 级滚动轴承配合的表面

$R_a/\mu m$	$R_z/\mu m$	表面微观特征		应用举例
>0.1～0.2	>0.4～0.8	极光泽表面	暗光泽面	精密机床主轴锥孔,顶尖圆锥面,高精度齿轮工作表面,和 P4 级滚动轴承配合的表面,液压油缸和柱塞的表面,曲轴、凸轮轴的工作表面等
>0.05～0.1	>0.2～0.4		亮光泽面	精密机床主轴箱与套筒配合的孔,仪器中承受摩擦的表面,如导轨、槽面等,液压传动用孔的表面,阀的工作面,汽缸内表面活塞销的表面等
>0.025～0.05	>0.1～0.2		镜状光泽面	特别精密的滚动轴承套圈滚道、钢球及滚子表面,量仪中的中、高精度间隙配合零件的工作表面,工作量规的测量表面,摩擦离合器的摩擦表面等
>0.012～0.025	>0.05～0.1		雾状镜面	特别精密的滚动轴承套圈滚道、钢球及滚子表面,量仪中的中、高精度间隙配合零件的工作表面,高压油泵中柱塞和柱塞套的配合表面,保证高度气密的结合表面等
0.012	0.05		镜面	量块的工作表面,高精度测量仪器的测量面,光学测量仪器中的金属镜面等

7.3　测量表面粗糙度时的注意事项

1. 测量方向

1) 当图样上未规定测量方向时,应在高度参数(R_a、R_z、R_y)最大值的方向上进行测量,即对于一般切削加工表面,应在垂直于加工痕迹的方向上进行测量。

2) 当无法确定表面加工纹理方向时(如经研磨的加工表面),应通过选定的几个不同方向进行测量,然后取其中的最大值作为被测表面的粗糙度参数值。

2. 测量部位

被测工件的实际表面由于各种原因总存在不均匀性问题,为了比较完整地反映被测表面的实际状况,应选定几个部位进行测量。测量结果的确定,可按照国家标准的有关规定进行。

3. 表面缺陷

零件的表面缺陷,例如,气孔、裂纹、砂眼、划痕等,一般比加工痕迹的深度或宽度大得多,不属于表面粗糙度的评定范围,必要时,应单独规定对表面缺陷的要求。

思考题与习题

1. 什么是零件的表面粗糙度?

2. 表面粗糙度值的大小对零件的使用性能有何影响?

3. 表面粗糙度值的大小与尺寸精度的高低有何关系?

4. 确定表面粗糙度值时,应遵照哪些原则?

5. 表面粗糙度的基本评定参数有哪些? 简述其含义。

6. 表面粗糙度参数值是否选得越小越好,选用的原则是什么,如何选用?

7. 在一般情况下,下列每组中两孔表面粗糙度的允许值是否应该有差异? 如果有差异,那么哪个孔的允许值较小,为什么?

① $\phi 60H8$ 与 $\phi 20H8$ 孔;

② $\phi 50H7/h6$ 与 $\phi 50H7/g6$ 中的 H7 孔;

③ 圆柱度公差分别为 0.01 mm 和 0.02 mm 的两个 $\phi 40H7$ 孔。

8. 在表面粗糙度的图样标注中,什么情况注出评定参数的上限值下限值,什么情况要注出最大值、最小值? 上限值和下限值与最大值和最小值如何标注?

9. $\phi 60H7/f6$ 和 $\phi 60H7/h6$ 相比,哪个应选用较小的表面粗糙度 R_a,为什么?

10. 解释图 7-11 中标注的各表面粗糙度要求的含义。

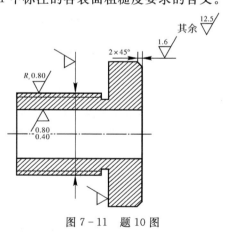

图 7-11　题 10 图

11. 常见的加工纹理方向符号有哪些,各代表什么意义?

12. 改正如图 7 – 12(a)所示表面粗糙度代号标注中的错误。

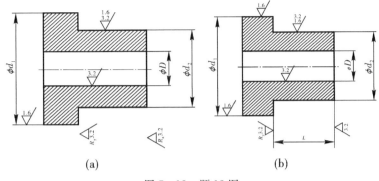

(a)　　　　　　　　　　　　　　　　(b)

图 7 – 12　题 12 图

13. 在机床上加工零件,要求零件某表面的轮廓算术平均偏差的上限值为 3.2 μm,应标注的表面粗糙度代号为(　　　)。

A. 　　　　　　　　　B.

C. 　　　　　　　　　D. R 73.2

14. 表面粗糙度与尺寸公差有何关系?

15. 表面粗糙度的检测方法有哪些?

16. 光切显微镜能测量哪些材料的表面粗糙度参数,其测量范围为多少?

17. 试述用光切显微镜测量表面粗糙度的步骤和方法。

18. 试述电动量仪的主要组成部分和工作原理。

19. 三坐标测量机由哪几个主要组成部分? 试述三坐标测量机的工作原理。

20. 三坐标测量机的电动测头组件由哪几部分组成? 选择探针时,应考虑哪些问题?

21. 如何用平板、顶尖架、带指示器的测量架测量圆柱体轴线的直线度误差?

22. 如何用平板、V 形块、带指示器的测量架测量圆柱体度误差?

第8章 材料的处理鉴别与选择

测绘机器的目的,就是在理解原产品设计思想的基础上,仿制出所测绘的产品。因此,对被测零件除了正确地绘出其图形和完整、正确、清晰、合理地标注出尺寸外,还应确定原机中各零件所采用的材料,并考虑怎样将这些零件制造出来。在机器测绘中,对原机零件材料的确定往往比较困难。通常情况下,确定的方法是首先对零件材料进行鉴定,了解零件材料的性能,以此作为选择和确定零件材料的依据,然后根据选择材料的原则确定零件材料。

本章将介绍一般机器中零件的常用材料、材料的鉴别方法、材料的处理方法以及如何选择代用材料等方面的知识。

8.1 材料的分类及性能

8.1.1 金属材料的分类

金属材料的种类繁多,一般将它们归纳为黑色金属和有色金属。

黑色金属指铁、锰、铬及它们的合金,如铁碳合金(即钢和铁)、金属锰以及金属铬等;除黑色金属以外的金属及它们的合金属于有色金属,如铝合金、铝镁合金以及铜合金等。

1. 黑色金属材料的分类

国家标准分类法是依据材料的化学成分和工艺方法,把钢分成碳素钢、合金钢和铸钢三大类。在碳素钢中,又以其质量和用途的不同分为普通碳素钢、优质碳素结构钢、碳素工具钢和易切削钢。在合金钢中,根据加入元素的不同以及不同的用途分为普通低合金钢、合金结构钢、合金弹簧钢、合金工具钢、高速工具钢、轴承钢和特殊合金钢等。

铸铁与钢的区别在于含碳量的不同,通常含碳量大于 2% 的铁碳合金称为铸铁。

2. 有色金属材料的分类

国家标准 GB/T 340—1970 将有色金属材料分为纯金属冶炼产品（如铝锭、铜锭）、纯金属加工产品（如铝材、铜材）、合金加工产品和专用合金（如轴承合金、铸造合金）等四类。

8.1.2　金属及其合金的性能

1. 使用性能

使用性能反映材料在使用过程中所表现出来的特点，主要包括以下几方面。

（1）物理性能

物理性能主要指材料的比重、熔点、膨胀系数、导电性、导热性和磁性等。

（2）化学性能

化学性能表示材料在常温和高温下抵抗各种活泼介质化学作用的能力，亦称化学稳定性。如材料的耐酸、耐氧化、耐热等方面的能力。这些能力也叫材料的抗腐性。

（3）机械性能

零件在机械工作时绝大部分都承受外力的作用，此时材料所表现出的性能称为机械性能，或称力学性能。具体内容如下：

1）强度　指材料抵抗外力作用的能力。零件在工作中，按照外力方向的不同可分为拉伸、压缩、扭转、弯曲、剪切等几种受力情况，同一种材料在不同受力情况下的强度是不同的，但各种强度之间又有一定联系。所以工程上常以拉伸受力状态下的强度作为最基本的强度值。该强度以材料被拉伸至破坏瞬间，材料的单位面积上所承受的力（应力）的大小来度量。根据材料受外力作用的情况不同，强度又可分为如下几种：

① 静强度：表示当外力缓和地作用于材料时所测得的强度。

② 冲击强度（又称冲击韧性）：表示材料抵抗冲击作用力的能力，以材料受冲击力作用被破坏时，材料的单位面积上所吸收的功来表示。

③ 疲劳强度：表示材料承受反复作用外力的能力，以材料在多次的交变外力作用下，不致引起破坏时所承受的最大应力来表示。

2）弹性　当材料受外力而变形，而一旦外力取消后，仍可恢复原状态的能力。它以材料试样在最大弹性变形时，材料所承受的应力来表示。

3）刚度　指材料在受力时抵抗弹性变形的能力。刚度的大小由材料试样在弹性变形范围内，应力与应变的比值-弹性模数 E 来代表。弹性模数愈大，材料的刚度愈大,即不易产生弹性变形。

4) 塑性 指材料受力作用时,在完整性不被破坏的条件下而产生永久变形的能力。塑性的大小以材料试件在拉伸试验中的伸长率和断面收缩率来表示。

5) 硬度 指材料表面局部体积内抵抗外来物体压入而引起的塑性变形的能力。通常测试材料的硬度时用硬钢球或金刚石圆锥体压入材料的表面,由压痕的大小与深度来表示硬度的大小。工程上常用布氏硬度(HB)和洛氏硬度(HBC)两种硬度值,此外还有维氏硬度(HV)等。

2. 工艺性能

(1) 铸造性能

铸造是将熔化的金属充填入型腔凝固后获得所需零件毛坯(或零件)的加工方法。金属熔液的流动性越好,凝固过程中体积收缩越小,则铸件的形状越准确,铸件的缩孔、变形和裂纹等缺陷越小。

(2) 锻造性能

锻造是金属或合金在常温或高温下承受外加压力而改变形状来获得所需的形状。通常将材料试件在拉伸试验时,所测得的不产生永久变形最大应力(屈服限),作为判别材料锻造性能的标准。

(3) 焊接性能

金属材料是否易于按常规方法进行焊接称为材料的焊接性能。易于进行焊接,且焊时不易形成裂纹、气孔、夹渣等缺陷,焊接后接头强度与母材(基体)相近的材料,其焊接性能好。例如,低碳钢焊接性能较好,高碳钢和铸铁则较差。

(4) 切削加工性能

用车、磨、刨、铣等机床、工具对零件进行切削加工是机械加工的常用方式。切削加工性能好的材料,切削时消耗的动力小,刀具寿命长,切屑易于折断和脱落,切削后零件的表面粗糙度小。例如灰铸铁切削加工性能好。太软的钢则切屑不易折断,刀具易磨损,切削速度提不高,因此切削加工性能则较差。

8.2 金属材料的鉴定方法

1. 类比法

类比法是在不允许破坏零件的情况下,根据观察零件表面的色别、光泽,敲击零件听其声音,秤其重量或通过考察零件的用途、加工方法等,并与相近似的机器上的零件材料进行类比,来确定零件的材料。

1）从颜色可区分出有色金属和黑色金属。例如，钢、铁成黑色，青铜成暗灰色，铝合金、镁合金呈银白色，灰铸铁、球墨铸铁的断口呈灰色，钢有金属光泽，而铁则没有。

2）从声音可区分出铸铁与钢。轻轻敲击零件，声音清脆有余音者为钢，声音闷实者为铸铁。

3）从零件未加工表面可区分出铸铁与铸钢。铸钢表面光滑，铸铁表面粗糙。从加工表面也可区分出脆性材料（铸铁）和塑性材料。脆性材料的加工表面刀痕清晰，有脆性断裂痕迹，塑性材料刀痕不清，无脆性断裂痕迹。

4）秤其重量，用不同比重来鉴别。

上述确定零件材料的方法简单，只能粗略地判别出材料的大致类型，无法判明材料的化学成分和组织结构。

2. 化学分析法

化学分析法是一种最可靠的材料鉴定方法。它是对零件进行取样或切片，并用化学分析的手段，对零件材料的组成、含量进行鉴别的方法。所以在可能的条件下，主要零件应该用此种方法进行材料鉴定。这种鉴定方法的缺点是对零件要进行局部破坏或损伤。实际测绘中，多是用刀在非重要表面上，刮下少许（称为取样）进行化验分析。

3. 光谱分析法

光谱分析法是采用光谱分析仪，依靠组成材料各元素的光谱不同，分辨原材料中各组成元素。它主要是用来对材料中各组成元素进行定性的分析，而不能对其进行确切的定量分析。由于这种方法灵敏度高，分析速度快，成本低，因此得到了广泛应用。

4. 硬度鉴定法

（1）布氏硬度法

布氏硬度法是对直径为 10 mm 的淬火钢球，施加 3000 kg 的载荷，压入被测金属表面，经过规定的时间卸掉载荷以后，测量出压痕直径 d，载荷除以被压痕面积即为硬度，符号用 HBS 表示，其计算式为

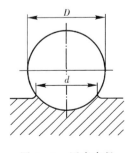

$$HBS = \frac{P}{F} = \frac{2P}{\pi D(D - \sqrt{D^2 - d^2})} \ (kg/mm^2)$$

式中符号的含义如图 8-1 所示。若采用硬质合金压球，则硬度值符号用 HBW 表示。

图 8-1　压痕直径

在实际测定时,布氏硬度不需要计算,可从所测压痕直径 d 经查表得出硬度值。"压痕直径与布氏硬度对照表"可查有关手册。

布氏硬度测定法的测量数据稳定,测量误差小,主要用于测定 HBS<450 的金属半成品,退火、正火、调质的钢材、灰铸铁、有色金属等。但用布氏硬度测定时,压力较大,压痕较大,所以不适用于加工件和太薄的零件,而多用于原材料表面硬度的测定。

(2) 洛氏硬度法

洛氏硬度法是对 120°金刚石角锥,施加 150 kg 的载荷,以压痕的深度确定材料硬度。压痕越深,被测表面硬度越低;压痕越浅,被测表面硬度越高。洛氏硬度符号用 HR 表示,又分为 A、B、C 三种。其中 HRA 用于测量高硬度薄件及较薄硬化层零件;HRB 用于测量软钢、有色金属等 ;HRC 常用于测量高、中硬度的零件,如各种钢制工具、齿轮、弹簧等,有时也用于硬度偏低(HRC>20)的小尺寸材料或成品件的测量。三种硬度适用范围为 HRA>67;HRB<25;25<HRC<67。

洛氏硬度适用于测定经过淬火、回火及表面渗碳、渗氮等处理的零件的硬度。

5. 火花鉴别法

因为钢的种类繁多,它们的外观又无明显区别,所以人们用肉眼直接观察是分辨不清的,但利用火花鉴别法便可以鉴别出钢种和相近似的钢号。

火花鉴别法是利用零件在沙轮上磨削时形成的火花束特征,初步查出钢的成分。这种方法对钢渗碳后表面含碳量能够作定性或半定量分析,是一种最简单的鉴别钢种的方法。

钢中含碳量及合金元素对火花的影响如下。

1) 碳对火花的影响。随着钢中含碳量的增加,火束变短,流线变细,流线数量增多,由一次爆花转向多次爆花。

2) 合金元素对火花的影响。合金元素对火花的影响比较复杂,有的合金元素助长火花发生,有的合金元素抑制火花发生,其根本原因取决于合金元素氧化反应的速度,氧化速度快,使流线、亮点、爆花等均增加,反之则减少。

爆花的形式随含碳量和其他元素的含量、温度、氧化性及钢的组织结构等因素而变化,因此爆花形式在钢的火花鉴别中占有相当重要的地位。

表 8-1 所列的是利用零件在砂轮上磨削时,几种零件材料的火花特征。

表 8-1　几种零件材料的火花特征

火花特征	材料种类					
	熟铁	灰铸铁	白口铁	可锻铸铁	高速工具钢	铬不锈钢
火花形状						
火束粗细	粗大	细小	极小	中等	较小	中等
流线长度	极长	短	短	较短	长	较长
火束颜色　根部	稻草色	红色	红色	红色	红色	稻草色
火束颜色　尾部	明亮	稻草色	稻草色	稻草色	稻草色	明亮
火花数量	极少	多	少	多	极少	中等
火花形状特征	分叉	星形、迸开	小枝多	芒线细	分叉有狐尾	分叉、星形

8.3　机械零件常用的材料

8.3.1　铸铁

　　铸铁是含碳量大于 2% 的铁碳合金。它是脆性材料,不能进行轧制和锻压,但具有良好的液态流动性,可铸出形状复杂的铸件。另外其减震性、可加工性、耐磨性均良好且价格低廉,因此应用非常广泛。常用的灰铸铁(GB/T 9439—1988)、球墨铸铁(GB/T 1348—1988)、可锻铸铁(GB/T 9440—1988)的牌号及应用举例如表 8-2 所示。

表 8 - 2　铸铁的牌号及应用举例

名称	牌号	应用举例(参考)	说明
灰铸铁	HT100	用于低强度铸件,如盖、手轮、支架等	"HT"为"灰铁"的汉语拼音的首位字母,后面的数字表示抗拉强度(MPa),如 HT200表示抗拉强度为200N/mm 的灰铸铁
	HT150	用于中强度铸件,如底座、刀架、轴承座、胶带轮、端盖等	
	HT200 HT250	用于高强度铸件,如机床立柱、刀架、齿轮箱体、床身、油缸、泵体、阀体等	
	HT300 HT350	用于高强度耐磨铸件,如齿轮、凸轮、重载荷床身、高压泵、阀壳体、锻模、冷冲压模等	
球墨铸铁	QT800 - 2 QT700 - 2 QT600 - 2	具有较高的强度,但塑性低,用于曲轴、凸轮轴、齿轮、汽缸、缸套、轧辊、水泵轴活塞环、摩擦片等零件	"QT"表示球墨铸铁,其后第一组数字表示抗拉强度(MPa),第二组数字表示延伸率(‰)
	QT500 - 5 QT420 - 10 QT400 - 17	具有较高的塑性和适当的强度,用于承受冲击负荷的零件	
可锻铸铁	KTH300 - 06 KTH330 - 08 KTH350 - 10 KTH370 - 12	黑心可锻铸铁,用于承受冲击振动的零件,如汽车、拖拉机、农机铸件等	"KT"表示可锻铸铁,"H"表示黑心,"B"表示白心,第一组数字表示抗拉强度(MPa),第二组数字表示延伸率(‰)
	KTB350 - 04 KTB380 - 12 KTB400 - 05 KTB450 - 07	白心可锻铸铁,韧性较低,但强度高,耐磨性、加工性好,可代替低、中碳钢及合金钢的重要零件,如曲轴、连杆、机床附件等	

8.3.2　碳钢与合金钢

　　钢是含碳量小于 2% 的铁碳合金。一般来说,钢的强度高、塑性好,可以锻造,而且通过不同的热处理和化学处理可改善和提高钢的机械性能以满足使用要求。钢的种类很多,有不同的分类方法:按含碳量可分为低碳钢($w_C \leqslant 0.25\%$)、中碳钢($0.25\% < w_C \leqslant 0.60\%$)、高碳钢($w_C > 0.60\%$);按化学成分可分为碳素钢、合金钢;按质量可分为普通钢、优质钢;按用途可分为结构钢、工具钢、特殊钢等。常用的普通碳素结构钢(GB/T 700—1988)、优质碳素结构钢(GB/T 699—1999)、合金结构钢(GB/T

3077—1999)、铸造碳钢(GB/T 11352—1989)的牌号及应用举例如表 8-3 所示。

表 8-3　钢的牌号及应用举例

分类名称	牌号	应用举例	说明
碳素结构钢	Q215A 级	金属结构件、拉杆、套圈、铆钉、螺栓、短轴、心轴、凸轮(载荷不大)、垫圈	"Q"为碳素结构钢屈服点"屈"字的汉语拼音首位字母,后面数字表示屈服点数值。如 Q235 表示碳素结构钢屈服点为 235 MPa
	Q215B 级	渗碳零件及焊接件	
	Q235A 级 Q235B 级 Q235C 级 Q235D 级	金属结构件、心部强度要求的渗碳或氰化零件,吊钩、拉杆、套圈、汽缸、齿轮、螺栓、螺母、连杆、轮轴、锲、盖及焊接件	
	Q275	轴、轴销、刹车杆、螺栓、螺母、连杆、齿轮以及其他强度较高的零件	
优质碳素结构钢	08F	可塑性好的零件,如管子、垫片、渗碳件、氰化件	牌号中的两位数字表示平均含碳量,称为碳的质量分数,45 号钢即表示碳的质量分数为 0.45‰,表示平均含碳量为 0.45‰;碳的质量分数小于等于 0.25‰的碳钢属低碳钢(渗碳钢);碳的质量分数为在 0.25‰～0.6‰之间的碳钢属中碳钢(调质钢);碳的质量分数为大于等于 0.6‰的碳钢属高碳钢。在牌号后加符号"F"示沸腾钢
	10	拉杆、卡头、垫片、焊接	
	15	渗碳件、紧固件、冲模锻件、化工储存器	
	20	杠杆、轴套、钩、螺钉、渗碳件与氰化件	
	25	轴、辊子、连接器、紧固件中的螺栓、螺母	
	30	曲轴、转轴、轴销、连杆、横梁、星轮	
	35	曲轴、摇杆、拉杆、键、销、螺栓	
	40	齿轮、齿条、链轮、凸轮、扎辊、曲柄轴	
	45	齿轮、轴、联轴器、衬套、活塞销、链轮	
	50	活塞杆、轮轴、齿轮、不重要的弹簧	
	55	齿轮、连杆、轧辊、偏心轮、轮圈、轮缘	
	60	叶片、弹簧	
	30Mn	螺栓、杠杆、制动板	锰的质量分数较高的钢,须加注化学元素符号"Mn"
	40Mn	用于承受疲劳载荷零件,如轴、曲轴、万向联轴器	
	50Mn	用于高负荷下耐磨的热处理零件,如齿轮、凸轮	
	60Mn	弹簧、发条	

分类名称		牌号	应用举例	说明
合金结构钢	铬钢	15Cr	渗碳齿轮、凸轮、活塞销、离合器	钢中加入一定量的合金元素,提高了钢的力学性能和耐磨性,也提高了钢在热处理时的淬透性,保证金属在较大截面上获得好的力学性能
		20Cr	较重要的渗碳件	
		30Cr	重要的调质零件,如轮轴、齿轮、摇杆、螺栓	
		40Cr	较重要的调质零件,如齿轮、进气阀、辊子、轴	
		45Cr	强度及耐磨性高的轴、齿轮、螺栓	
	铬锰钛钢	18CrMnTi	汽车上重要的渗碳件,如齿轮	
		30 CrMnTi	汽车、拖拉机上强度特高的渗碳齿轮	
		40 CrMnTi	强度高、耐磨性高的大齿轮、主轴	
铸造碳钢		ZG230 - 450	铸造平坦的零件,如机座、机盖、箱体以及工作温度在 450℃ 以下的管路附件等。其焊接性良好	ZG230 - 450 表示工程用铸钢、屈服强度为 230 MPa,抗拉强度 450 MPa
		ZG310 - 570	各种形状的机件,如齿轮、齿圈、重负荷机架等	

8.3.3　有色金属合金

通常将钢、铁称为黑色金属,而将其他金属统称为有色金属。纯有色金属应用较少,一般使用的是有色金属合金。常用的有色金属合金是铜合金和铝合金等。有色金属比黑色金属价格昂贵,因此仅用于要求减摩、耐磨、抗腐蚀等特殊情况。

常用的铸造铜合金(GB/T 1176－1987)、铸造铝合金(GB/T 1173－1995)、硬铝、工业纯铝(GB/T 3190—1996)的名称、牌号及应用举例如表 8 - 4 所示。

表 8 - 4　常用有色金属及其合金的名称、牌号及应用举例

名称	牌号	主要用途	说明
5 - 5 - 5 锡青铜	ZcuSn5Pb5Zn5	耐磨性和耐蚀性均好,易加工,铸造性和气密性较好。用于较高负荷、中等滑动速度下工作的耐磨、耐腐蚀零件,如轴瓦、衬套、缸套、活塞、离合器、蜗轮等	"Z"为铸造汉语拼音的首写字母、各化学元素后面的数字表示该元素含量的百分数,如 $ZcuAl_{10}Fe_3$ 表示含 $w_{Al} = 8.1\% \sim 11\%$, $w_{Fe} = 2\% \sim 4\%$,其余为 Cu 的铸造铝青铜
10 - 3 铝青铜	ZcuAl10Fe3	力学性能好,耐磨性、耐蚀性、抗氧化性好,可以焊接,不易钎焊。可用于制造强度高、耐磨、耐蚀的零件,如蜗轮、轴承、衬套、管嘴、耐热管配件等	
25 - 6 - 3 - 3 铝黄铜	ZcuZn25Al6 Fe3Mn3	有很高的力学性能,铸造性良好、耐蚀性较好,可以焊接。适用于高强耐磨零件,如桥梁支承板、螺母、螺杆、耐磨板、滑块、蜗轮等	
38 - 2 - 2 锰黄铜	ZcuZn38 Mn2Pb2	有较高的力学性能和耐蚀性,耐磨性较好,切削性较好。可用于一般用途的构件,船舶仪表等使用的外形简单的铸件,如套筒、衬套、轴瓦、滑块等	
铸造铝合金	ZAISi12 代号(ZL102)	用于制造形状复杂、负荷小、耐腐蚀的薄壁零件和工作温度小于等于200℃的高气密性零件	$w_{Si} = 10\% \sim 13\%$ 的铝硅合金
硬铝	2A12 (原 LY12)	焊接性能好,适用于制作高载荷的零件及构件(不包括冲压件和锻件)	2A12 表示 $w_{Cu} = 3.8\% \sim 4.9\%$、$w_{mg} = 1.2\% \sim 1.8\%$、$w_{ms} = 0.3\% \sim 0.9\%$ 的硬铝
工业纯铝	1060 (代 L2)	塑性、耐腐蚀性高,焊接性好,强度低。适用于制作储存槽、热交换器、防污染及深冷设备等	1060 表示含杂质小于等于 0.4% 的工业纯铝

8.3.4　非金属材料

常用的非金属材料有橡胶和工程塑料。橡胶有耐油石棉橡胶板（GB/T 359—1995）、耐酸碱橡胶板、耐油橡胶板、耐热橡胶板（GB/T 5574—1994）等，其牌号及应用举例如表 8-5 所示。工程塑料有硬聚氯乙烯（GB/T 4454—1984）、低压氯乙烯、改性有机玻璃、聚丙烯、ABS、聚四氟乙烯等，其应用举例如表 8-6 所示。

表 8-5　橡胶的牌号及应用举例

名称	牌号	应用举例	说明
耐油石棉橡胶板	NY250 HNY300	供航空发动机用的煤油、润滑油及冷气系统结合处的密封衬垫材料	有十种规格厚度，0.4～3.0 mm
耐酸碱橡胶板	2707 2807 2709	具有耐酸碱性能，在温度 -30～60℃ 的 20% 浓度的酸碱液体中工作，用作冲制密封性能较好的垫圈	较高硬度中等硬度
耐油橡胶板	3707 3807 3709 3809	可在一定温度的变压器油、汽油等介质中工作，适用于冲制各种形状的垫圈	较高硬度
耐热橡胶板	4708 4808 4710	可在 -30～100℃ 且压力不大的条件下，于热空气、蒸汽介质中工作，用于冲制各种形状的垫圈及隔热垫板	较高硬度中等硬度

表 8-6　工程塑料应用举例

名称	应用举例
硬聚氯乙烯	可代替金属材料制造成耐腐蚀设备与零件，可作灯座、插头、开关等
低压氯乙烯	可作一般结构件和减摩自润滑零件，并可作耐腐蚀零件和电器绝缘材料
改性有机玻璃	用作要求有一定强度的透明结构零件，如汽车用各种灯罩、电器零件等
聚冰烯	最轻的塑料之一，用作一般结构件、耐腐蚀零件和电工零件
ABS	用作一般结构或耐磨受力传动零件，如齿轮、轴承等
聚四氟乙烯	有极好的化学稳定性和润滑性，耐热，可作耐腐蚀的化工设备与零件、减摩自润滑零件和电绝缘零件

8.4　材料热处理的作用及类型

金属材料的热处理就是在固态范围内将材料(或工件)放在一定的介质中,通过加热—保温—冷却,人为地改变材料表面或内部的组织结构,从而获得所需的工艺或使用性能的一种工艺方法。

热处理在机械制造业中的应用日益广泛。据统计,在机床制造中要进行热处理的零件占 60%～70%;在汽车、拖拉机制造中占 70%～80%;在各类工具(刃具、模具、量具等)和滚动轴承制造中,几乎所有的零件都需要进行热处理。

热处理的工艺方法很多,根据作用机理的不同,分类如下:

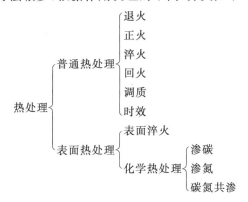

1. 普通热处理

普通热处理主要通过热的作用改变金属材料的内部(或表面)组织、结构和性能。这种工艺方式对材料的化学成分、零件的形状和尺寸影响不大。以钢的普通热处理为例,其工艺过程是,将钢在固态下加热到一定温度,保温一定时间,再在介质中以一定的速度冷却。钢经过热处理后,可以改变其内部的金相组织,改善其机械性能、力学性能及工艺性能,提高零件的使用寿命。

(1) 退火与正火

退火与正火的目的是调整钢件硬度,以利于切削加工。如高碳钢和一些合金钢经轧制或锻造后,常因硬度较高难以切削加工;而低碳钢坯料往往因硬度太低,切削时易"粘刀",而影响加工效率和零件表面粗糙度。经适当退火与正火处理后,钢件硬度可控制在 HRS170～230 之间,最适宜于切削加工,也可消除钢中残余内应力,以防止变形及开裂并改善钢的力学性能。

1) 退火　将钢加热到临界温度以上(不同钢号的临界温度不同,一般是 710～750℃,个别合金钢到 800～900℃),在此温度停留一定时间(保温),然后在炉内或埋入导热性差的介质中缓慢冷却的热处理工艺。退火的目的是得到球状渗碳体，降低硬度，改善高碳钢的切性能。

2）正火　把钢件加热到临界温度以上，保温一定时间，然后放在空气中冷却的热处理工艺。

正火的作用和退火基本相同，不同的是正火的加热温度稍高，而且冷却速度较退火快。正火后的钢件强度、硬度比退火时高，塑性较退火时低。

对于低碳钢工件，正火可以细化晶粒，均匀组织，改善切削加工性能，而且工艺过程比退火短；对于中碳钢工件，正火与退火后的性质有较显著的差别，而且正火后工件的强度和硬度都有所提高，因此，不能用正火代替退火；对于高碳钢工件，正火可以消除原始组织中的缺陷。因此，正火常用于较重要的工件在淬火前的预备热处理。

（2）淬火

将钢加热到临界点温度以上，保温一定时间，然后放在水、盐水或油中，急速冷却的过程叫淬火。它的主要目的是提高工件的强度和硬度，增加工件的耐磨性，延长工件的使用寿命。

对工具来说，淬火的主要目的是提高它的硬度，以此来保证用它制造刀具的切削性能。对中碳钢制造的零件，淬火是为以后的回火做好结构和性能上的准备。因为经过淬火后，强度、硬度增加，韧性降低，通过回火，适当降低部分强度，增强零件的韧性。

（3）回火

回火是紧接着淬火之后进行的一种热处理工艺。将淬硬的工件加热到临界点温度以下的温度，保温一定时间，然后在油、水或空气中冷却的过程称为回火。它的主要目的是消除淬火后的内应力，增加韧性。回火后零件的强度、硬度下降，塑性、韧性提高。

（4）调质

工件淬火后再进行高温回火的工艺过程叫调质处理，简称调质。它的目的是使钢件获得高韧性和足够的强度，使其具有良好的综合机械性能。

（5）时效

铸件在铸造冷却过程中，由于铸件厚薄不匀、形状复杂，各部位的冷却速度不同，容易产生较大的内应力。因此，对于机床床身等大型铸件，在进行切削加工之前进行的消除内应力的退火处理，也称为时效。时效又分为人工时效和自然时效两种。

普通热处理通常有退火、正火、淬火、回火、调质、时效等多种操作方式。为简单起见，将金属材料的这些基本热处理方式、操作特点和应用范围列表说明，见表8-7和表8-8。同时通过各种处理的使用范围，也可判别推断材料进行了哪些处理。

表 8－7　钢的常用热处理方法及应用

名称		说明	应用
退火	完全退火	将钢件加热到临界温度以上30～50℃,保温一段时间,然后随炉缓慢地冷却下来	用于结构钢、合金钢,可改善锻件、铸件和焊接件焊缝的组织不均匀性,或者降低硬度,提高加工性能
	不完全退火	将钢件加热到临界温度以上30～50℃,保温一段时间,然后随炉缓慢地冷却下来	用于改善热加工后不均匀组织,降低硬度,提高切削性,并消除应力
	等温退火（球化退火）	将钢件加热到临界温度以上保温一段时间,然后较快地冷至稍低于 Ar 的温度,保持一定时间,取出在空气中慢慢冷却	用于高碳钢、高碳合金钢,可改善切削加工性、减小热处理变形和开裂,用于结构钢可均匀内部组织和机械性能
正火（正常化）		将钢件加热到临界温度以上30～50℃,保温一段时间然后以比退火冷却速度稍快的速度在空气中冷却	用于低碳和中碳结构钢及渗碳零件,可使用组织均匀、细化,增强韧性与强度,减少内应力,改善切削加工性
淬火		将钢件加热到临界点以上温度,保温一段时间,然后在水、盐水或油中（个别材料在空气中）急冷下来	用来提高钢的硬度和强度极限,但淬火时会引起内应力使钢变脆所以淬火后必须回火
回火	高温回火	将钢件加热到 500～650℃,保温后在空气中冷却（有些合金钢要求油冷或水冷）	可较彻底消除淬火后的内应力,进一步提高韧性,具有比较好的综合机械性能,广泛用于结构零件（轴、连杆、螺栓）
	中温回火	将钢件加热到 350～450℃,保温后空冷	内应力基本消除,提高钢的弹性极限和屈服极限,且具有一定韧性,常用于弹簧钢制造的弹性零件
	低温回火	将钢件加热到 150～250℃,保温后空冷	降低内应力,在保持高硬度、高耐磨性的同时,韧性有所改善,用于高强度钢、工具钢制造的工具、模具、量具及表面渗碳的零件

续表 8-7

名称	说明	应用
调质	淬火后高温回火	用来使钢获得高的韧性和足够的强度,很多重要零件都经调质处理
表面淬火	将零件的表面迅速加热到临界温度以上,随即进行淬火冷却,再进行低温回温回火	可使零件表层有高耐磨性,而心(内)部保持原有的强度和韧性,常用于吃力齿轮等零件
时效	将钢加热到 120~150℃ 或更低温度(80~120℃),长时间保温后,随炉或取出在空气中冷却	用于消除或减小淬火后钢内组织的微观应力、机械加工残余应力,防止变形及开裂,稳定零件形状及尺寸

表 8-8　铸铁的常用基本热处理方法及应用

名称		说明	应用
退火	消除内应力的退火(时效)	当铸件完全凝固后,立即放入 100~200℃ 的炉中,然后随炉一起缓慢加热至 500~600℃,保温较长时间,冷却到 150~200℃,然后取出空冷	用于消除铸造内应力,稳定尺寸
	消除铸件白口,改善切削加工性的退火	将铸件随炉加热至 800~900℃,保温一段时间,随炉冷却到 400~500℃,然后空冷	可降低铸件脆性和硬度,改善铸件的切削加工件
正火		将铸件加热到 850~900℃,保温时间为每 25 mm 壁厚保温 20 分钟,空冷	适用于中、小型铸件,可提高铸件的硬度、强度及抗磨性
淬火		淬火时加温温度和保温时间与正火相同,但一般采用油冷或在盐水中冷却	主要用于可锻造及球墨铸铁,铸件经淬火和回火,可提高强度、硬度及塑性和韧性
回火		根据回火温度可分低温回火(140~250℃)、中温加火(350~500℃)、高温回火(500~600℃,又称调质),采用空冷	
表面淬火		它的方法与钢件相同	主要应用大型铸件表面的耐磨性

2. 表面热处理

（1）表面淬火

表面淬火是将钢件的表面层淬透到一定的深度，而心部仍保持未淬火状态的一种局部淬火方法。表面淬火时通过快速加热，使钢件表面层很快达到淬火温度，在热量来不及传到工件心部就立即冷却，实现局部淬火。

（2）化学热处理

化学热处理是将工件置于一定的化学介质中加热和保温，使介质中的活性原子渗入工件表层，以改变工件表层的化学成分和组织，从而提高零件表面的硬度、耐磨性、耐腐蚀性和美观程度等，而心部仍保持原来的机械性能，以满足零件的特殊要求。例如，采用表面渗碳这种化学热处理工艺，可使碳钢表面层含碳量增加，使得材料在保持零件的中心部分有足够强度和韧性的同时，又提高了表面的硬度和耐磨性及抗蚀性、耐热性等。

根据渗入的元素不同，常用的钢的化学热处理方法有渗碳、氮化和氰化等几种，它们的工艺特点和应用范围列于表 8-9 中。

表 8-9　钢的常用化学热处理方法及使用

名称	按介质剂分类	表面层特征	应用
渗碳	固体渗碳 液体渗碳 气体渗碳	使表面层增碳，渗碳层深度为 $0.4 \sim 6$ mm 或大于 6 mm，硬度在 HRC56～65	可增加钢件表面硬度、耐磨性、抗拉强度，适用于低碳、中碳（含碳量小于 0.4‰）结构钢的中、小型零件和大型重负荷、受冲击、耐磨零件。渗碳后必须进行淬火和低温回火
氮化	气体氮化 液体氮化	使表面增氮，氮化层为 $0.25 \sim 0.8$ mm，硬很高，可达 HV1200	可增加钢件表面硬度、耐磨性、疲劳极限和抗蚀能力，适用于各种高速传动齿轮，高精度机床主轴，在变向载荷工作条件下要求很高疲劳强度的零件及要求变形很小和在一定耐热工作条件下耐蚀抗磨的零件

名称	按介质剂分类	表面层特征	应用
碳氮共渗	中温气体碳、氮共渗	碳、氮共渗层为 0.7 mm 左右	耐磨性比渗碳高,且有一定的耐蚀性、较高的疲劳强度和抗压强度,主要用于合金结构钢制成的重负荷和中等负荷齿轮
	低温气体碳、氮共渗	氮化层 0.01～0.01 mm 表面硬度可达 HV750～1200	不受钢种限制,可增加钢件表面的硬度、耐磨性和抗疲劳强度,提高刀具切削性能和使用寿命,适用于量具、模具和耐磨的中小型及薄片的零件和刀具

8.5　选择材料及热处理方法

8.5.1　选择材料的基本原则

选择材料时,主要考虑使用要求、工艺性能要求和经济要求。

1) 满足使用要求是选择材料的最基本原则。使用要求一般是指零件的受载情况和工作环境,零件的尺寸与重量的限制,零件的重要性程度等;受载情况是指载荷大小和应力种类;工作环境是指工作温度、周围介质及摩擦性质;重要性程度是指零件失效对人身、机械和环境的影响程度。

2) 材料的工艺性能随环境而有所变化,材料工艺性能的好坏,对决定加工的难易程度、生产效率和生产成本等方面起着重要的作用。这是选择材料时必须同时考虑的另一个重要因素。

3) 在机械零件的成本中,材料费用约占 30% 以上,有的甚至达到 50%,可见选用廉价材料有重大的意义。为了使零件最经济地制造出来,不仅要考虑原材料的价格,还要考虑零件的制造费用。

8.5.2　典型零件常用材料及热处理方法

1. 轴类零件

轴类零件通常通过键、销等来传递力或运动,工作时可能承受弯矩和扭矩。根据轴的受力特点,一般选择碳素钢或合金钢类材料。轴的毛坯多用轧制圆钢或锻件。

碳素钢较合金钢价格低,对应力集中的敏感性较低,还可以用热处理或化学热处理的办法提高其耐磨性和抗疲劳强度,因此广泛用于制造尺寸较小的轴。最常用的是 45 号钢。

合金钢比碳素钢具有更高的机械性能和更好的淬火性能,常用于要求尺寸小、重量轻、处于高温或低温条件下工作的轴。

一般机床主轴采用中碳钢及中碳合金钢,如 45、40Cr、50Mn2 等,经调质、淬火等热处理,可获得较高的综合性能。

在高转速、重载荷条件下工作的机床主轴采用低碳合金钢,如 20Cr、20MnVB、20CrMnTi 等材料。它们经渗碳、淬火后具有很高的表面硬度,冲击韧性和强度高,但变形较大。

对于要求更高精密的主轴常采用氮化钢,最典型的是 38CrMoAl。其经调质和表面氮化处理后,表面硬度更高,并有优良的耐磨性和抗疲劳性。氮化处理的钢变形很小。

对于精度在 7 级以下的丝杠常选用 45 钢、Y40Mn 易切削结构钢等,一般采用调质热处理;对于精度在 7 级以上的丝杠常采用优质碳素工具钢,如 T10A、T12A 等材料,其经球化退火可获得较好的切削性能、耐磨性及组织稳定性;对于精度在 6 级以上的高硬度精密丝杠常采用合金钢,如 9Mn2V、GCr15、CrWMn 等,这类合金钢淬火变形小,磨削时内部组织稳定,淬硬性也好,硬度可达 HRC 58~62;滚珠丝杠常采用 GCr15、GCr15SiMn 等滚动轴承钢材料。

有的轴采用可锻铸铁或球墨铸铁,这类材料的抗振性和耐磨牲好,对应力集中的敏撼性较低,且价廉,又容易铸成复杂形状,常用于制造外形复杂的轴,如曲轴等。常用的铸铁牌号有 KTZ650—02、QT600—3、QT700—2 等。

2. 套类零件

套类零件主要指的是轴套、轴瓦、衬套等零件。工作时它们都要与其他零件(主要是轴类)产生相对运动,因此要求所用材料磨擦系数小和磨损少,减磨耐磨。根据这些特点,套类零件常用的材料主要有钢、铸铁、青铜或黄铜等。有些滑动轴承采用双金属结构,即用离心力铸造法在钢制外套内壁上浇注锡青铜、铅青铜等轴承合金材料。

粉末冶金是一种以铁粉或铜粉为基体,加人少量石墨或锡等,可以大量生产制成尺寸比较准确的整体轴套。用粉末冶金的方法制成的轴承材料,已部分代替滚动轴承套圈和青铜轴套。此外,非金属材料中用于制造轴套、轴瓦的还有石墨、橡胶、酚醛胶布、尼龙等。

3. 轮盘类零件

轮盘类零件主要有齿轮、皮带轮、飞轮、手轮等。这里主要介绍齿轮的材料。

齿轮是用来传递动力和改变运动速度或方向的,它的轮齿部分主要受弯曲、疲劳和磨损。对于中、轻载荷的低速齿轮,常采用中碳素合金钢,如 45 钢。其经正火或调质,可获得较好的综合性能,经高频淬火后硬度可达 HRC45～50。

对于中速、中载且要求较高的齿轮,常采用优质碳素结构钢,如 40Cr、40MnVB、40MnB 等。其经调质及表面淬火后硬度可达 HRC52～56,综合性能优于优质碳素结构钢。

对于高速、重载、冲击大的齿轮,常用渗碳、渗氮钢,如 20Cr、20CrMnTi、20Mn2B、38CrMoAl 等。渗碳钢经渗碳、淬火后硬度可达 HRC58～64,氮化钢经氮化后硬度可达硬度 HV1000～2000。

低速、轻载、无冲击的齿轮可采用铸铁,如 HT200、HT300 等。

冶金、矿山机械的重型齿轮常采用 Si-Mn 钢制造,如 35SiMn、42SiMn、37SiMn2MoV 等。一般经正火或调质制成软质齿面齿轮,与硬齿面的小齿轮配对,可获得较长的使用寿命。

4. 箱体类零件

箱体类零件包括泵体、阀体,机座和减速箱体等。这类零件一般多用于支承或装置其他零件。固定式机器(如机床等)的机座及箱体的结构较复杂,刚度要求也较高,因而通常都是铸造的。常用的便于加工且价廉的铸铁有 HT150、HT200、HT250 等;当需要强度高、刚度大时,则采用铸钢;对运行式机器(如飞机、汽车等)的机座、箱体及泵体,不仅要求强度高、刚度大,还需要重量轻,则可用铝合金等轻合金。

在综合零件的结构特点、工作情况、使用要求,以及对其材料、硬度的鉴定结果,并参考典型零件常用材料的选择和热处理方法的基础上,确定被测零件的材料及热处理规范。

思考题与习题

1. 鉴定材料常用哪几种方法?
2. 在车间条件下常用什么方法鉴定各种钢材?
3. 金属材料强度指标 δ_b 与其硬度之间存在什么关系?
4. 在机床齿轮中,根据载荷和转速不同而对材料及其硬度要求有何不同?
5. 钢的铸造性能随钢中碳的质量分数的增加而降低,但铸铁中碳的含量远高于钢,为什么铸铁的铸造性却比钢好?
6. 退火与正火的主要区别是什么? 生产中如何选用退火与正火?
7. 去应力退火和回火都可消除钢中的应力,试问两者在生产中能否通用,为什么?

8. 渗碳的目的是什么? 为什么渗碳后要进行淬火和低温回火?

9. 某厂用 20 钢制造齿轮,其加工路线为:下料→锻造→正火→切削加工→渗碳→淬火和回火→磨削。试回答:

(1) 各热处理的作用是什么?

(2) 说明最终热处理后表层和心部的组织与性能。

10. 根据碳在铸铁中的存在形式不同,铸铁分为哪几种?

第 9 章　典型零件的测绘

9.1　箱体类零件的测绘

箱体类零件形状复杂,视图数量较多,因此测绘周期长,工作量较大。本章着重介绍箱体类零件的测绘特点、常用测绘方法和步骤,以及测绘中的注意事项等内容。

9.1.1　箱体类零件的测绘基础

箱体类零件包括各种减速箱、泵体、阀体、机床的主轴箱、变速箱、动力箱、机座等。箱体类零件是机器或部件的基础件,它将机器或部件中的有关零件联接成一个整体,并保持正确的相互位置,按照一定的传动关系协调地运动。因此,箱体类零件的精度和刚度,直接影响到机器或部件的性能、寿命和可靠性等。

1. 箱体类零件的结构特点
箱体类零件以铸造件为主,其结构特点是:体积较大,形状较复杂,内部呈空腔形,壁薄且不均匀;体壁上常设有轴孔、凸台、凹坑、凸缘、肋板、铸造圆角、斜面、沟槽、油孔、窗口等各种结构;测绘繁锁,又必不可少。因此,测绘中必须了解这些结构的工艺特点以及对它们的要求,正确进行测绘。

图 9 – 1 所示为机械设备中几种常见箱体类的结构。

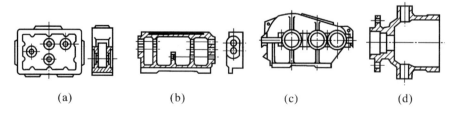

| (a) | (b) | (c) | (d) |

图 9 – 1　几种箱体类的结构简图

(a)组合机床主轴箱体类;(b)车床进给箱体类;(c)剖分式减速箱体类;(d)泵壳

箱体类的主要加工表面为平面和孔,不但尺寸精度和表面粗糙度要求较高,而且还有较高的形位精度。

2. 箱体类零件的工艺性

（1）箱体类零件的毛坯及材料分析

箱体类零件由于形状较复杂,其毛坯绝大多数都采用铸件,少数采用锻件和焊接件。由于铸铁的尺寸稳定性好,易切削,价格低廉,吸振性和耐磨性也较好,故在箱体类零件中应用最广。根据需要,箱体类材料可选用 HT100～HT400 各种牌号的灰铸铁,常用牌号为 HT200。

为了避免加工变形,提高尺寸稳定性,改善切削性能,箱体类毛坯均应进行时效处理。

（2）箱体类零件的铸造工艺性

对于铸造箱体类,为了保证具有足够的刚度和强度,以及造型、拔模和浇注的方便,对其形状和尺寸都作出了相应要求,如铸造圆角、拔模斜度、最小壁厚的要求,隔板、加强肋、凸台、凹坑、工艺孔的设置以及壁厚的过渡和连接等。

（3）箱体类零件的机械加工工艺性

箱体类零件构形复杂,主要加工表面为孔和平面。箱体类零件的孔大致可分通孔、阶梯孔、盲孔以及交叉孔等几类。通孔的工艺性最好,阶梯孔和交叉孔的工艺性次之,盲孔的工艺性最差。

箱体类装配基面的尺寸应尽可能大些,形状力求简单,以便于加工、装配和检验。箱体类零件上的紧固孔和螺孔尺寸规格应尽量一致,以减少刀具数量和换刀次数。为便于加工或装配,必要时可增设工艺凸台、工艺孔等。

综上所述,一般箱体类零件的结构都比较复杂,不但尺寸精度和表面粗糙度要求较高,而且还有较高的形位公差,工艺流程长,工序种类多,可能涉及到车、铣、刨、磨、拉、镗、铰等,所以测绘时除了要分析和了解箱体类零件的结构特点外,还必须掌握其工艺性,这样才能对箱体类零件的几何形体做到全面、正确地分析和表达,从而画出合乎要求的零件工作图。

9.1.2　箱体类零件的视图表达

由于箱体类零件的形状较复杂,因此一般都需要较多视图才能表达清楚,通常要用三个以上的基本视图来表达。

箱体类零件的内部形状通常采用剖视图和剖面图来表达。在画剖视图时,多采用全剖视图、局部剖视图、斜剖视图,局部放大图等。而剖视图中再取剖视的表达方法,也比其他类型的零件应用得要多一些。

　　箱体类零件一般按工作位置放置,并以最能反映各部分形状特征和相对位置关系的一面作为主视图。

　　主视图的安放位置,应尽量与箱体类零件在机器或部件上的工作位置一致。按工作位置来选择主视图,还有助于绘制装配图。

　　选择其他视图时,应围绕主视图来进行。主视图确定后,根据形体分析法,对箱体类零件各组成部分逐一进行分析,考虑还需要几个视图,以及采用什么方法才能把它们的形状和相对位置关系表达出来。

　　为了将内、外部的结构形状表达清楚,常采用单独的局部视图、局部剖视图、斜视图、断面图及局部放大图等进行补充表达。

　　例 9-1　液压泵泵体(见图 9-2)的视图选择。

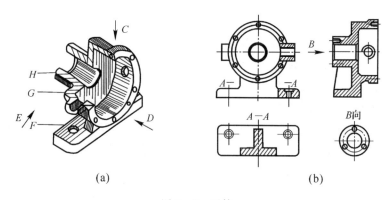

(a)　　　　　　　　　　　　　　　　　　(b)

图 9-2　泵体

　　解　(1) 分析零件形体

　　图 9-2(a)所示泵体的主体部分有底板 F、圆筒体 G 和 H。圆筒体 G 和 H 的轴线重合,圆孔相通;G 和 H 叠加在 F 之上;G 和 H 的端面都有螺孔;圆筒 G 的左右两边各有一个凸台,凸台上有螺孔与圆筒的孔相通;底板 F 上有两个通孔,通孔上部锪平,另外还有支承板和加强肋(在轴测图中被遮盖住了)。

　　(2) 选择主视图

　　通过对泵体的各个方向,特别是 C、D、E 三个方向进行观察和比较,同时考虑到零件的形状特征和工作位置,所以选择 D 向作为主视图,如图 9-2(b)所示。在主视图中,采用局部剖视来表达圆筒体 G 凸台上的螺孔和底板 F 上的安装螺栓孔。

　　(3) 选择其他视图

　　通过分析,画一个左视图并采用全剖视图来表达,是比较合理的,因为这样既能显示圆筒体 G 和 H 的内部形状及其相对位置,又能表示圆筒体 G 和 H 与底板

F、支承板和加强肋等的相对位置。俯视图上显示的内容与左视图类似,可以不画,但为了表达支承板和加强肋的联接关系,需要画出 $A-A$ 剖视图。画出 E 向局部视图,圆筒体 H 端面上的螺孔分布位置就表达清楚了。选用这三个视图与主视图配合,泵体的整体表达效果较好。

9.1.3　箱体类零件的测绘步骤、测量方法及尺寸标注

1. 箱体类零件的测绘步骤

1）对测绘的箱体类零件进行结构和工艺分析,确定零件的基准。

2）确定箱体类零件的表达方案,并画出零件草图,然后按照形体分析法和工艺分析法,画出零件全部几何形体的定形和定位尺寸界线及尺寸线。

3）根据画好的每一条尺寸线仔细进行测量,把尺寸标注在零件草图上。

4）根据配合部位的配合性质,用类比法或查资料确定尺寸公差和形位公差。

5）用粗糙度量块对比或根据各部分的配合性质确定表面粗糙度。

6）用类比法或检测法确定箱体类零件的材料和热处理方法。

7）与相关零件的结构尺寸核对无误后,完成草图绘制,待装配图完成后,再依据草图绘制零件工作图。

2. 箱体类零件的测量方法

箱体类零件的测量方法应根据各部位的形状和精度要求来选择,对于一般要求的线性尺寸,可用钢直尺或钢卷尺直接量取,如箱体类零件的长、宽、高等外形尺寸;对于箱体类零件孔、槽的深度,可用游标卡尺上的深度尺、深度游标卡尺或深度千分尺进行测量。

孔径尺寸可用游标卡尺或内径千分尺进行测量,精度要求高时要采用多点测量法,即在三、四个不同直径位置上进行测量。对于孔径产生磨损的情况,要选取测量中的最小值,以保证测绘较准确、可靠。

在测绘中如果遇到不能直接测量的尺寸,可利用工具进行间接测量。箱体类零件的大直径、非整圆半径、内外圆锥、内环形槽、内外螺纹、孔距的测量见本章9.5节相关内容。

3. 箱体类零件的尺寸标注

（1）合理选择尺寸基准

为便于箱体的加工和测量,保证其各部分的加工精度,宜选择工艺基准作为标注尺寸的基准。箱座和箱盖高度方向尺寸以箱座底平面或箱体结合面为主要基准;宽度方向尺寸应以箱体宽度的对称中心线为主要基准;长度方向尺寸则应以轴承座孔的中心线为主要基准。

　　箱体类零件的底面一般都是设计基准、工艺基准、检测基准和装配基准,符合基准统一的原则,这样既可减少基准不重合产生的误差,又可简化工具、夹具、量具的设计、制造和检测的过程。选择的基准应明确指定,标出代号。如图 9-3 所示,箱体类零件的长、宽、高尺寸基准分别为 A、B、C。

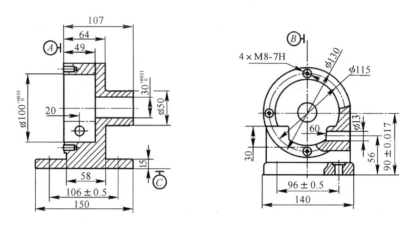

图 9-3　箱体零件的尺寸标注

　　(2) 定形尺寸和定位尺寸

　　对于箱体上各部分的结构尺寸,可按结构形状和相对位置分为定形尺寸和定位尺寸。

　　1) 定形尺寸　是确定箱体各部分形状大小的尺寸,如壁厚、圆弧和圆角半径,光孔、螺孔的直径和深度,槽的宽度和深度以及箱体的长、宽、高等。定形尺寸应直接标出,以避免加工时作任何计算。图 9-3 中箱体的长、宽、高尺寸分别为 150 mm、140 mm、155 mm(90 mm+65 mm)。当影响图面清晰或不便标注时,可在技术要求中加以说明。

　　2) 定位尺寸　是确定箱体各部分相对于基准的位置尺寸,如孔的中心线、关键平面等到基准的距离。定位尺寸应从主要基准或辅助基准直接标出。对于影响机器工作性能的尺寸,一定要直接标注出来,如支承齿轮传动、蜗杆传动轴的两孔中心线间的距离尺寸,输入、输出轴的位置尺寸等,如图 9-3 中孔的中心线与基准的距离尺寸 90±0.017 等。所有的配合尺寸都应根据配合要求,直接标出其极限偏差值。

　　对于铸造箱体上的附件结构,如窥视孔、油标尺座孔、放油孔等,在其基本形体的定位尺寸注出后,其定形尺寸应从自身的基准注出,以便于制作由基本几何体拼合而成的木模。

　　(3) 标准化结构和尺寸系列

　　在箱体类零件中,有许多已有标准化结构和尺寸系列,如机床的主轴箱、动力箱,各种传动机构的减速箱,各种泵体、阀体等。在测绘这些零件时,应参照有关标准,向标准化结构和尺寸系列靠近。

9.1.4　箱体类零件的主要技术要求

　　箱体类零件的技术要求,主要包括对孔和平面的尺寸精度、形位精度及表面粗糙度要求,热处理、表面处理和有关装配、试验等方面的要求。这些技术要求在测绘时必须全面、正确地反映在零件图上。

　　箱体类零件的重要孔,如轴承孔等,要求有较高的尺寸公差、形状公差及较小的表面粗糙度值;有齿轮啮合关系的相邻孔之间,应有一定的孔距尺寸公差和平行度要求;同一轴线上的孔应有一定的同轴度要求。

　　箱体类零件的装配基准面和加工中的定位基准面都要求有较高的平面度和较小的表面粗糙度值。

　　各轴承孔与装配基准面应有一定的尺寸公差和平行度要求,与端面应有一定的垂直度要求;各平面与装配基准面也应有一定的平行度与垂直度要求;对于圆锥齿轮和蜗杆、蜗轮啮合的两轴线,应有垂直度要求;如果箱体类零件上孔的位置精确度较高,应有位置度要求等。

1. 箱体类零件的尺寸公差

　　在测绘中,应根据箱体类零件的具体情况来确定尺寸公差与配合。通常,对于各种重要的主轴箱体,主轴孔的尺寸精度为 IT6,箱体上其他轴承孔的尺寸精度一般为 IT7;各轴承孔中心距精度允差为 $\pm(0.05\sim0.07)$mm;剖分式减速器箱孔,其上轴承孔的尺寸精度为 IT7;各轴承孔孔距精度允差为 $\pm(0.03\sim0.05)$mm。

　　在实际测绘中,也可采用类比法参照同类零件的尺寸公差综合考虑后确定。

2. 箱体类零件的形位公差

　　在实际测绘中,可采用测量法测出箱体类零件各有关部位的形状和位置公差,并参照同类零件进行确定,同时注意与尺寸公差和表面粗糙度等级相适应。

　　1)箱体类零件上孔的圆度或圆柱度误差,可采用内径百分表或内径千分尺等进行测量。

　　2)箱体类零件上孔的位置度误差,可采用坐标测量装置或专用测量装置等进行测量。

　　3)箱体类零件上孔与孔的同轴度误差,可采用千分表并配合检验心轴进行测量。

　　4)箱体类零件上孔与孔的平行度误差,可分别用两检验心轴两端尺寸的差值再除以轴线长度来表示,即测量时,先用游标卡尺(或量块、百分表)测出两检验心轴两端尺寸,然后通过计算求得。

5) 测量箱体类零件上孔的中心线与孔端面的垂直度误差,可采用塞尺和心轴配合,也可采用千分表配合检验心轴进行测量。

例如,图 9-4 上被测箱体共有七项形状及位置公差,各项公差要求及相应误差的测量原理分述如下。

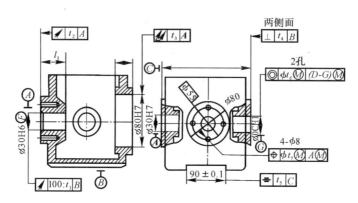

图 9-4　被测箱体

(1) 平行度误差的测量

$\boxed{// \quad 100:t_1 \quad B}$　表示 $\phi30H6$ 的轴线对箱体底平面 B 的平行度公差,在轴线长度 100 mm 内,其平行度公差为 t_1,在孔壁长度 L 内,公差为 $t_1 L/100$。测量时,用平板模拟基准平面 B,用孔的上、下素线的对应轴心线代表孔的轴线。因孔较短,孔的轴线弯曲很小,故其形状误差可忽略不计,可测孔的上、下壁到基准面 B 的高度,取孔壁两端的中心高度差作为平行度误差。

1) 如图 9-5 所示,将箱体 2 放在平板 1上,使底面与平板接触。

2) 测量孔的轴剖面内下素线 a_1、b_1 两点(离边缘约 2 mm 处)至平板的高度。其方法是将杠杆千分表的换向手柄朝上拨,推动表座,使测头伸进孔内,调整杠杆表使测杆大致与被测孔平行,并使测头与孔接触在下素线 a_1 点处,旋动表座的微调螺钉,使表针预压半圈,再横向来回推动表座,找到测头在孔壁的最低点,取表针在转折点时的读数 M_{a1}(表针逆时针方向读数为大)。将表座拉

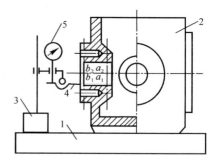

图 9-5　平行度测量
1—平板;2—箱体;3—表座;
4—测杆;5—杠杆千分表

出,用同样的方法测量出 b_1 点处,得读数 M_{b1}。退出时,不使表及其测杆碰到孔壁,以保证两次读数时的测量状态相同。

3) 测量孔的轴剖面内上素线的 a_2、b_2 两点至平板的高度。此时需要将表的换向手柄朝下拨,用同样方法分别测量 a_2、b_2 两点,找到测头在孔壁的最高点,取表针在转折点时的读数 M_{a2} 和 M_{b2}(表针顺时针方向读数为小)。其平行度误差按下式计算:

$$f_{/\!/} = \left| \frac{M_{a1} + M_{a2}}{2} - \frac{M_{b1} + M_{b2}}{2} \right| = \frac{1}{2} \left| (M_{a1} - M_{b1}) + (M_{a2} - M_{b2}) \right|$$

若 $f_{/\!/} \leqslant \dfrac{L}{100} t_1$,则该项合格。

(2) 端面圆跳动误差的测量

| ⟋ | t_2 | A | 表示端面对孔 $\phi30\mathrm{H}6$ 轴线的端面圆跳动误差不大于其公差 t_2,以孔 $\phi30\mathrm{H}6$ 的轴线 A 为基准。

测量时,用心轴模拟基准轴线 A,测量该端面任一圆周上的各点与垂直于基准轴线平面距离的最大差作为端面圆跳动误差。

1) 如图 9-6 所示,将带有轴套的心轴 3 插入孔 $\phi30\mathrm{H}6$ 内,使心轴右端顶针孔中的钢球 6 顶在角铁 7 上。

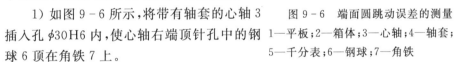

图 9-6　端面圆跳动误差的测量
1—平板;2—箱体;3—心轴;4—轴套;
5—千分表;6—钢球;7—角铁

2) 调节千分表 5,使测头与被测孔端面的最大直径处接触,并将表针顶压半圈。

3) 将心轴向角铁推紧并回转一周,记取指示表上的最大读数和最小读数,取两读数差作为端面圆跳动误差 $f_{\nearrow}$。若 $f_{\nearrow} \leqslant t_2$,则该项合格。

(3) 径向全跳动误差的测量

| ⌯⌯ | t_3 | A | 表示 $\phi80\mathrm{H}8$ 孔壁对孔 $\phi30\mathrm{H}6$ 轴线的径向全跳动误差不大于其公差 t_3,以孔 $\phi30\mathrm{H}6$ 的线轴 A 作为基准。

测量时,用心轴模拟基准轴线 A,测量 $\phi80$ 孔壁的圆柱面上各点到基准轴线的距离,以各点距离中的最大差作为径向全跳动误差。

1) 如图 9-7 所示,将心轴 3 插入 $\phi30\mathrm{H}6$ 孔内,使定位面紧靠孔口,并用套 6 从里面将心轴定住。在心轴的另一端装上轴套 4,调

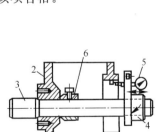

图 9-7　径向全跳动测量
1—平板;2—箱体;3—心轴;4—轴套;
5—千分表;6—挡套

整千分表 5,使其测头与孔壁接触,并将表针预压半圈。

2) 将轴套绕心轴回转,并沿轴线方向左、右移动,使测头在孔的表面上走过,取表上指针的最大读数与最小读数之差作为径向全跳动误差 f,若 $f \leqslant t_3$,则该项合格。

(4) 垂直度误差的测量

| ⊥ | t_4 | B | 表示箱体类两侧面对箱体类底平面 B 的垂直度公差

均为 t_4。用被测面和底面之间的角度与直角尺比较来确定垂直度误差。

1) 如图 9-8(a)所示,将表座 3 上的支承点 4 和千分表 5 的测头同时靠上标准直角尺 6 的侧面,并将表针预压半圈,转动表盘使零刻度表针对齐,此时读数取零。

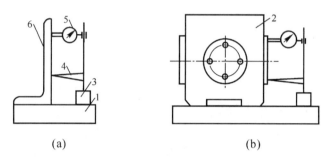

(a)　　　　　　　　　　　　(b)

图 9-8　垂直度测量

1—平板;2—箱体;3—表座;4—支承点;5—杠杆千分表;6—直角尺

2) 将表座上支承点和千分表的测头靠向箱体类侧面,如图 9-8(b)所示,记住表上读数。移动表座,测量整个测面,取各次读数的绝对值中最大值作为垂直度误差 $f_\perp$,若 $f_\perp \leqslant t_4$,则该项合格。要分别测量左、右两侧面。

测量箱体类零件上两孔轴线的垂直度误差,对于同一平面内垂直相交的两孔可按图 9-9(a)所示方法进行:在检验心轴 1 上安装定位套和千分表,使千分表指

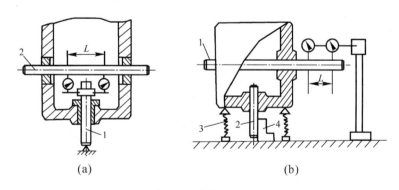

(a)　　　　　　　　　　　　(b)

图 9-9　同一平面内两孔轴线垂直度误差的测量

1,2—心轴;3—千斤顶　4—直角尺

针触及检验心轴 2 的表面;将心轴 1 旋转 $180°$,分别读出千分表上的读数,其差值即为两孔在 L 长度上的垂直度误差。

不在同一水平面内的中心线垂直度误差的测量方法如图 9 - 9(b)所示。用千斤顶 3 将箱体类零件支承在检验平板上,用直角尺 4 将检验心轴 2 找正,使其与平板垂直。用千分表测量检验心轴 1 对平板的平行度误差,即可得出两孔轴线的垂直度误差。

测量箱体类零件上孔中心线与基面的平行度误差的方法如图 9 - 10 所示。在检验平板上用等高垫铁支承好箱体类零件基面,插入检验心轴,量出心轴两端距平板的尺寸 h_1 和 h_2,则平行度误差为 $f=\dfrac{L_1}{L_2}\mid h_1-h_2\mid$。

(5) 对称度误差的测量

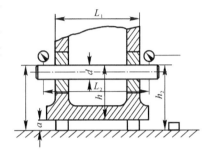

$\boxed{=\mid t_5\mid C}$ 表示宽度为 90 ± 0.1 mm 的槽面之中心平面对箱体类左、右两侧面的中心平面之对称度公差为 t_5。

图 9 - 10 测量孔中心线与基面的平行度误差

分别测量左槽面到箱体类左侧面和右槽面到右侧面的距离,并取对应的两个距离之差中绝对值最大的数值,作为对称度误差。

1) 如图 9 - 11 所示,将箱体 2 的左侧面置于平板 1 上,将杠杆千分表 4 的换向手柄朝上拨,调整千分表 4 的位置使测杆平行于槽面,并将表针预压半圈。

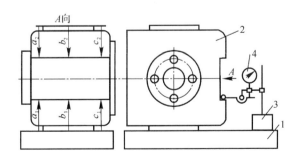

图 9 - 11 对称度测量

1—平板;2—箱体;3—表座;4—杠杆千分表

2) 分别测量槽面上三处高度 a_1、b_1、c_1,记取读数 M_{a1}、M_{b1}、M_{c1};将箱体右侧面置于平板上,保持千分表 4 的原有高度,再分别测量另一槽面上三处高度 a_2、b_2、

c_2，记取读数 M_{a2}、M_{b2}、M_{c2}，则各对应点的对称度误差为

$$f_a = \mid M_{a1} - M_{a2} \mid , \quad f_b = \mid M_{b1} - M_{b2} \mid , \quad f_c = \mid M_{c1} - M_{c2} \mid$$

取其中的最大值作为槽面对两侧面的对称度误差 f，若 $f \leqslant t_5$，则该项合格。

| ◎ | ϕt_6 Ⓜ | $D - G$ Ⓜ | 表示两个孔 $\phi30H7$ 的实际轴线对其公共轴

线的同轴度公差为 ϕt_6，Ⓜ表示 ϕt_6 是在两孔均处于最大实体状态之下给定的。这项要求最适宜用同轴度功能量规检验。

| ⊕ | ϕt_7 Ⓜ | A Ⓜ | 表示四个孔 $\phi8$ 的轴线之位置度公差为 ϕt_7，以孔

$\phi30H6$ 的轴线 A 作为基准。Ⓜ表示 t_7 是在四个孔径和基准孔均处于最大实体状态之下给定的。这项要求最适宜用位置度功能量规检验。

在实际测绘中，可采用测量法测出箱体类上各有关部位的形状和位置公差，并参照同类零件进行确定，同时必须注意与尺寸公差和表面粗糙度等级相适应。

表 9-1 所示为剖分式减速器箱体类零件的形位公差项目及公差等级，可供测绘时参考。

表 9-1　剖分式减速器箱体类零件的形位公差及等级

形 位 公 差		等 级	说 明
形状公差	轴承孔的圆度或圆柱度	6～7	影响箱体类与轴承的配合性能
	剖分面的平面度	7～8	影响剖分面的密合性及防渗滑性能
位置公差	轴承孔中心线间的平行度	6～7	影响齿面接触磨点及传动的平稳性
	两轴承孔中心线的同轴度	6～8	影响轴系安装及齿面负荷分布的均匀性
	轴承孔端面对中心线的垂直度	7～8	影响轴承固定及轴向受载的均匀性
	轴承孔中心线对剖分面的位置度	<0.3 mm	影响孔系精度及轴系装配
	两轴承孔中心线间的垂直度	7～8	影响传动精度及负荷分布的均匀性

3. 箱体类零件的表面粗糙度

箱体类零件的加工表面应注表面粗糙度值。确定箱体类零件的表面粗糙度的方法、箱体类零件的表面粗糙度在零件图上的标注方法及形式，详见本书第 7 章有关内容。对于非加工面如铸造毛坯面等，则用"∀"符号表示。

表 9-2 所示为剖分式减速器箱体类零件的表面粗糙度的参数值，可供测绘时参考。

表 9-2　剖分式减速器箱体类零件的表面粗糙度　　　μm

加 工 表 面	R_a	加 工 表 面	R_a
减速器剖分面	3.2~1.6	减速器底面	12.5~6.3
轴承座孔面	3.2~1.6	轴承座孔外端面	6.3~3.2
圆锥销孔面	3.2~1.6	螺栓孔座面	12.5~6.3
嵌入盖凸缘槽面	6.3~3.2	油塞孔座面	12.5~6.3
视孔盖接触面	12.5	其他表面	>12.5

4. 确定箱体类零件的材料及热处理

确定箱体类零件的材料及热处理包括:材料及其牌号,箱体类表面有无镀层,有无化学处理,箱体类的表面硬度及热处理方法等内容。其确定方法见本书第 8 章的有关内容。

9.2　轴类零件的测绘

9.2.1　轴类零件的功用与结构

轴类零件是组成机器的重要零件之一,因而是机器测绘中经常碰到的典型零件。轴类零件的主要功用是安装、支承回转零件并传递运动和动力,同时又通过轴承与机器的机架联接,保证装在轴上的零件具有一定的位置精度和运动精度。

轴类零件的主体多为几段直径不同、长度大于直径的回转体。它通常由外圆柱面、圆锥面、内孔、螺纹及相应端面所组成,轴上往往还有花键、键槽、横向孔、沟槽等。根据功用和结构形状,轴类有多种型式,如光轴、空心轴、半轴、阶梯轴、花键轴、曲轴、凸轮轴等。

9.2.2　轴类零件的视图表达及尺寸标注

1. 视图表达

轴类零件(包括转轴、齿轮轴和蜗杆轴)一般用棒料主要经车削或磨削加工而成,故其主视图按加工状态将轴线水平放置,只需采用一个基本视图(主视图)就能表示其主要形状。实心轴不必采用剖视图,对空心轴,则用全剖视图或局部剖视图表示。对轴上的键槽及花键等结构,要绘出相应的移出横剖面图,以便清晰表达结构形状外,还能方便地标注有关结构的尺寸和技术要求,如图 9-12 所示。为清楚起见,必要时对螺纹退刀槽、砂轮越程槽等可绘出局部放大视图。较长的轴用折断画法。

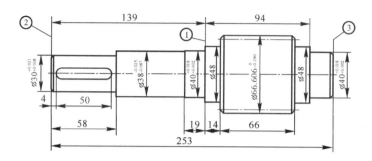

图 9-12 轴的尺寸标注示例(齿轮轴)

1—主要基准；2,3—辅助基准

2. 尺寸标注

轴类零件的尺寸主要是直径和长度。直径尺寸可直接标注在相应的各段直径处,必要时可标注在引出线上。

工艺基准面作为标注轴向尺寸的主要基准面。如图 9-12 的齿轮轴所示,其主要基准面选择在轴肩①处,它是齿轮的轴向定位面,同时也影响其他零件在轴上的装配位置,只要正确地定出轴肩①的位置,各零件在轴上的位置就能得到保证。

基准面通常有轴孔配合端面基准面及轴端基准面。应使尺寸标注反映加工工艺的要求,又满足装配尺寸链精度的要求,不允许出现封闭尺寸。

1) 径向尺寸以轴线为基准,轴的各段直径尺寸都应注出。所有配合处的直径尺寸或精度要求较高的重要尺寸应注出尺寸偏差。

2) 轴向尺寸的基准面通常选择轴孔配合端面或轴的端面。尽可能做到设计基准和工艺基准一致,并尽量考虑加工过程来标注各段尺寸,以便于加工和测量。通常功能尺寸及尺寸精度要求较高的轴段尺寸直接注出。

如图 9-12 所示,该齿轮轴的轴向尺寸以左侧轴承的定位面①为主要基准面,并考虑加工情况,以轴的两端面②、③为辅助基准面。尺寸 139 确定主要基准面①的位置；尺寸 94 保证两轴承的相对位置；$\phi40$ 段尺寸 19 与左侧轴承安装面有关；$\phi48$ 段尺寸 14 确定齿轮位置,都从主要基准面①直接注出；$\phi30$ 段尺寸 58 和 4 从辅助基准面②注出,以便测量；加工时,轴的全长 253 以辅助基准面③为基准测量。工序图中未标出的尺寸为工序过程中自然形成的尺寸,因此零件图上不标注,如 $\phi38$ 段轴长为不重要尺寸,其累积误差不影响装配精度。

3) 键槽尺寸及其偏差的标注。在轴的零件工作图上,齿轮轴 $\phi30$ 轴段上键槽尺寸除注出定位尺寸 4 和键槽长 50 外,还应在移出断面图上按键联接国家标准规定注法,注出槽宽和槽深的尺寸及其极限偏差值,标注方法如图 9-13 所示。

键联接的结构尺寸可按轴径 d 由机械设计手册查出。平键长度应比键所在

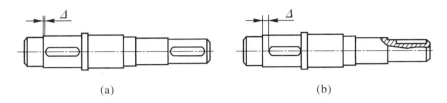

图 9 - 13　轴上键槽的位置
(a)正确；(b)不正确

轴段的长度短些，并使轴上的键槽靠近传动件装入一侧，以便于装配时轮毂上的键槽易与轴上的键对准，如图 9 - 13(a)所示，$\Delta=1\sim 4$ mm。图 9 - 13(b)的结构不正确，因 Δ 值过大而对准困难，同时，键槽开在过渡圆角处会加重应力集中。

　　当轴沿键长方向有多个键槽时，为便于一次装夹加工，各键槽应布置在同一直线上。若轴径径向尺寸相差较小，则各键槽断面可按直径较小的轴段取同一尺寸，以减少键槽加工时的换刀次数。

　　4）所有细部结构的尺寸，如倒棱、倒角、退刀槽、砂轮越程槽、键槽、中心孔等结构，应查阅有关技术资料的尺寸后再进行标注，或在技术要求中说明。

9.2.3　轴类零件的形位公差

　　在轴类零件图上应对重要表面注出形状及位置公差，以保证加工精度和装配质量。轴类零件形位公差推荐标注项目见表 9 - 3。

表 9 - 3　轴类零件形位公差推荐标注项目

标注项目		符号	精度等级	对工作性能的影响
与传动零件配合的圆柱表面	圆柱度	⌭	7～8	影响传动零件及轴承与轴配合的松紧程度、对中性及几何回转精度
与轴承配合的圆柱表面			6	
与传动零件配合的圆柱表面	径向圆跳动	↗	6～8	影响传动零件及轴承的运转同心度
与轴承配合的圆柱表面			5～6	
轴承定位端面	端面圆跳动	↗	6	影响轴承、传动零件及联轴器的定位及受载均匀性
传动零件、联轴器等定位端面			6～8	
平键键槽两侧面	对称度	⌖	7～9	影响键与键槽的受载均匀性及装拆松紧程度

　　根据表 9 - 3 推荐项目，减速器的齿轮轴形位公差的确定及标注如图 9 - 14 所

示。两轴颈 $\phi 40^{+0.018}_{-0.002}$ 与滚动轴承内圈相配合,为保证配合性质和轴承的旋转精度,要提出圆柱度公差的要求,其公差值由 GB/T 275—1993 查得为 0.004 mm。该两轴颈上安装滚动轴承后,将分别与减速器箱体的两孔配合,因此需限制两轴颈的同轴度误差,以保证轴承外圈和箱体孔的安装精度。为检测方便,实际给出了两轴颈的径向圆跳动公差为 0.012 mm。$\phi 47$ mm 处的两轴肩都是止推面,起一定的定位作用。为保证定位精度,提出了两轴肩相对于基准轴线的端面圆跳动公差为0.012 mm(由 GB/T 275—1993 查得)。

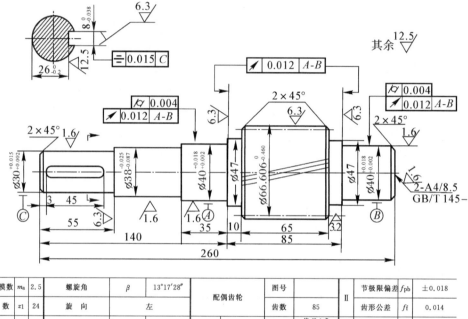

法向模数	m_a	2.5	螺旋角	β	13°17′28″	配偶齿轮		图号		II	节极限偏差	f_{pb}	±0.018
齿　数	z_1	24	旋　向		左			齿数	85		齿形公差	f_i	0.014
齿形角	α	20°	变位系数	x	0	公差值	检验项目	代号	代差(或极限偏差)	III	齿向公差	F_β	0.016
线顶高系数	h_a^*	1	精度等级		887JLGB/T10095—1988	1	齿 径向跳动公差	F_q	0.045		公法线平均长度及其偏差		$19.325^{-0.434}_{-0.525}$
顶隙系数	c^*	0.25	齿轮副中心距及其偏差	$a*f_a$	140±0.032		公法线长度变动公差	F_w	0.040		跨测齿数	K	3

图 9-14　小圆柱齿轮轴

为保证齿轮的运动精度,对与齿轮轴齿圈对基准轴线的径向圆跳动公差为0.045 mm。对 $\phi 30^{0.015}_{0.002}$ 轴颈上的键槽 $8^0_{-0.038}$ 提出了对称度公差为 0.015 mm,以保证键槽的安装精度和安装后的受力状态。

9.2.4　轴类零件的表面粗糙度

轴类零件所有表面都应注明表面粗糙度。轴的表面粗糙度参数 R_a 可查阅《机械设计手册》中的数值,也可参考表 9-4 选取。

表 9 - 4　轴的表面粗糙度 R_a 荐用值

加工表面		$R_a/\mu m$	加工表面		$R_a/\mu m$		
与传动零件及联轴器配合表面		3.2～0.8	与普通级轴承配合表面		1.6～0.8		
传动零件、联轴器等定位端面		6.3～1.6	普通级轴承定位端面		1.6		
平键键槽	侧面	3.2～1.6	密封处表面	密封型式			
	底面	6.3		毡封油圈	橡胶油封		隙缝迷宫
中心孔锥孔		0.8～1.6		密封处圆周速度/(m/s)			
自由端面、倒角及其他表面		6.3～12.5		≤3	>3～5	>5～10	3.2～1.6
				3.2～1.6	1.6～0.8	0.8～0.4	

9.2.5　轴类零件的材料选择

1) 轴类零件常用材料有 35、45、50 优质碳素结构钢,其中以 45 钢应用最为广泛,一般进行调质处理后硬度达到 HBS 230～260。

2) 不太重要或受载较小的轴可用 Q255、Q275 等碳素结构钢。

3) 受力较大,强度要求高的轴,可以用 40Cr 钢调质处理,硬度达到 HBS 230～240 或淬硬到 HRC 35～42。

4) 若是高速、重载条件下工作的轴类零件,选用 20Cr、20CrMnTi、20Mn2B 等合金结构钢或 38CrMoAlA 高级优质合金结构钢。这些钢经渗碳淬火或渗氮处理后,不仅表面硬度高,而且其心部强度也大大提高,具有较好的耐磨性、抗冲击韧性和耐疲劳强度。

5) 球墨铸铁、高强度铸铁由于铸造性能好,又具有减振性能,故常用于制造外形结构复杂的轴。特别是我国的稀土-镁球墨铸铁,抗冲击韧性好,同时还具有减摩吸振,对应力集中敏感性小等优点,已被应用于汽车、拖拉机、机床上的重要轴类零件。

9.2.6　轴类零件的技术要求

1. 尺寸精度

在有配合要求的部位,应给出尺寸公差,根据轴的使用要求,可用类比法确定。主要轴颈径向尺寸精度一般为 IT6～IT9 级,精密的为 IT5 级。阶梯轴的各台阶长度按使用要求给定公差,或者按装配尺寸链要求分配公差。一般情况下与联轴器、轴承、齿轮等配合的轴段，其测量的直径尺寸公差应分别与配合内孔标准尺寸公差相匹配，轴上与皮带轮配合处可选择公差带为 k7，与齿轮配合处可选择公差带为 r6，与轴承配合处公差带可选为 k6，键槽处的公差带可选为 N9。

2. 几何精度

轴类零件通常是用两个轴颈支承在轴承上，这两个支承轴颈是轴的装配基准。对支承轴颈的几何精度（圆度、圆柱度）一般应有要求。对精度要求一般的轴颈，其几何形状公差应限制在直径公差范围内，即按包容要求在直径公差后标注；若要求较高，则可直接标注其允许的公差值，并根据轴承的精度选择，一般为 6～7 级。轴颈处的端面圆跳动和花键的径向圆跳动，一般选 7 级，对轴上的键槽等结构应标注对称度。

3. 相互位置精度

轴类零件中的配合轴径（装配传动件的轴径）相对于支承轴颈的同轴度是相互位置精度的普遍要求，常用径向圆跳动来表示。普通配合精度轴对支承轴颈的径向圆跳动一般为 0.01～0.03 mm，高精度的轴为 0.001～0.005 mm。此外，还应注出轴向定位端面与轴心线的垂直度要求等。

4. 表面粗糙度

一般情况下，支承轴颈的表面粗糙度为 $R_a 1.6 \sim 0.8$ μm，其他配合轴径的表面粗糙度为 $R_a 6.3 \sim 3.2$ μm。

5. 热处理

轴类零件的材料、工作条件和使用要求不同，所选用的热处理方法也有所不同。钢轴常用的热处理方法有调质、正火和淬火等，以获得一定的强度、韧性和耐磨性。对于 7 级精度，表面粗糙度为 $R_a 0.8 \sim 0.4$ μm 的传动轴，应进行整体正火和调质处理，以消除内应力，改善切削性能，增加强度和韧性。轴颈及花键联接部位应进行表面淬火，以增加耐磨性。

9.3　齿轮类零件的测绘

9.3.1　齿轮类零件的测绘基础

1. 齿轮的功用与结构

齿轮是组成机器的重要传动零件，其结构特点是直径一般大于长度，通常由外圆柱面(圆锥面)、内孔、键槽(花键槽)、轮齿、齿槽及阶梯端面等组成,根据结构形式的不同,齿轮上常常还有轮缘、轮毂、腹板、孔板、轮辐等结构。常用的标准齿轮可分为直齿圆柱齿轮、斜齿圆柱齿轮、圆锥齿轮等。

　　本节主要介绍我国最常用的标准直齿圆柱齿轮、标准斜齿圆柱齿轮、标准直齿圆锥齿轮以及蜗轮、蜗杆的功用、结构、测绘步骤、几何参数的测量和基本参数的确定等内容。

2. 齿轮传动的类型

齿轮传动的类型如下:

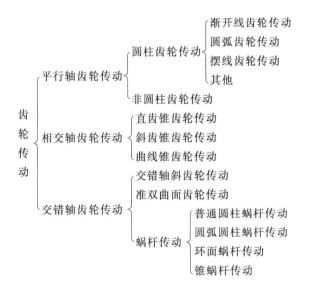

3. 齿轮传动应用的精度要求

按照应用特点齿轮传动可分为以下三种类型:

　　1) 高速动力齿轮　其特点是传动功率大,转速高,传递转矩适中。各种机动车辆及机床减速箱中的齿轮均属此类。

　　2) 低速动力齿轮　其特点是传动功率大,圆周速度低,因此传递的转矩也大。各种冶金机械、矿山机械及起重机械等均属此类。

　　3) 分度齿轮　分度齿轮主要用来传递运动,所传递的功率、转速与转矩相对都比较低,但要求传递运动准确。这类齿轮一般应用于各种测量仪器、机床分度机构以及要求准确传递同步运动关系的场合。

4. 精度等级及选择

GB/T 10095—1988 国家标准中规定齿轮及齿轮副有 12 个精度,其中 1 级精度最高,其余各级精度依次递降,12级精度最低。齿轮副中两个齿轮一般取成相同的精度等级,但也可以取成不同的精度等级。目前,1级、2级精度的加工工艺水平和测量手段尚难达到,属于待开发级的精度等级;3~5级属高精度等级;6~8级属中等精度等级,常用于机床中;9~12级为低精度等级。标准以6级精度为基础级,规定了每个精度等级的公差和极限偏差。

齿轮的传动精度,按照要限制的各项公差和极限偏差,分为三个公差组。

第Ⅰ公差组为运动精度,影响传递运动的准确性,用限制齿圈径向圆跳动公差、公法线长度变动公差等来保证;第Ⅱ公差组为工作平稳性精度,影响传递运动的平稳性、噪声和振动,一般用限制齿距和基节极限偏差以及切向和径向综合公差等来保证;第Ⅲ公差组为接触精度,影响齿面载荷分布的均匀性,一般用限制齿向公差、接触线公差等来保证。这三个组的精度指标,按使用要求的不同,允许采用相同的精度等级,也允许采用不同的精度等级。

齿轮精度等级的确定,首先要根据齿轮的用途、使用要求及工作条件等选择主要的精度指标。不同用途齿轮的精度等级范围列于表9-5中。

表9-5 某些机器的齿轮传动所应用的精度等级

应用范围	精度等级	应用范围	精度等级	应用范围	精度等级
测量齿轮	2~5	电气机车	6~7	轧钢机	6~10
蜗轮减速器	3~6	轻型汽车	5~8	起重机构	7~10
金属切削机床	3~8	重型汽车	6~9	矿用绞车	8~10
航空发动机	4~7	通用减速器	6~9	农业机械	8~11
内燃机床	6~7	拖拉机	6~10		

5. 齿轮精度等级的标注

在齿轮零件工作图上应标注齿轮精度等级和尺厚极限偏差的字母代号,示例如下。

(1) 齿轮的3个公差组精度等级相同

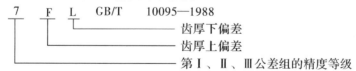

（2）齿轮的 3 个公差组精度等级不同

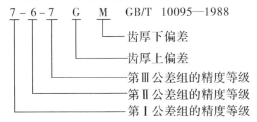

（3）齿厚极限偏差自行确定

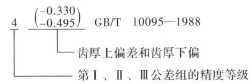

9.3.2　齿轮类零件的视图表达及尺寸标注

1．视图

齿（蜗）轮类零件工作图一般需要两个主要视图（一个主视图，一个左视图）。主视图通常采用通过齿轮轴线的全剖和半剖视图，主要表达轮毂、轮缘、轴孔、键槽等结构。左视图可画出完整视图，也可采用以表达毂孔和键槽结构及尺寸为主的局部视图；若为轮辐结构，则应详细画出左视图，并附加必要的局部视图，如轮辐断面图等。

对组装的蜗轮，应分别绘出组装前的零件图（齿圈和轮心）和组装后的蜗轮图。切齿工作是在组装后进行的，因此组装前，零件的相关尺寸应该留出必要的加工余量，待组装后再加工到最后需要的尺寸。

2．尺寸标注

齿（蜗）轮类零件的尺寸应按回转体零件进行标注。在标注时，齿轮的各径向尺寸以轴线为基准，宽度方向（轴向）尺寸以端面为基准。齿轮的分度圆直径是设计计算的基本尺寸，齿顶圆直径、轴孔直径、轮毂直径和宽度、齿宽、轮辐（或腹板）、键槽等是齿轮加工中不可缺少的尺寸，都必须标注。其他细部结构如圆角、倒角、锥度等尺寸，标注时应做到既不遗漏又不重复。齿根圆直径是根据齿轮参数加工的结果，在图中不必标注。

3．啮合参数及精度

（1）啮合参数

　　齿轮是一类特殊零件,在齿轮零件工作图的右上角位置列出了啮合特性表(见图 9-15)。表中包括齿轮的基本参数和精度等级、齿厚偏差(或公法线长度)、检验项目及其偏差或公差。

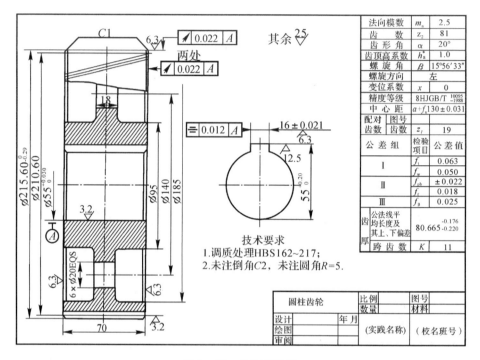

法向模数	m_n	2.5
齿　　数	z_2	81
齿 形 角	α	20°
齿顶高系数	h_a^*	1.0
螺 旋 角	β	15°56′33″
螺旋方向		左
变位系数	x	0
精度等级		8HJGB/T $^{10095}_{-1988}$
中 心 距		$a+f_a130\pm0.031$
配对 图号		
齿数 齿数	z_1	19

公差组	检验项目	公差值
I	f_r	0.063
	f_w	0.050
II	f_{pb}	±0.022
	f_f	0.018
III	f_β	0.025
齿厚	公法线平均长度及其上、下偏差	$80.665^{-0.176}_{-0.220}$
	跨 齿 数 K	11

圆柱齿轮	比例		图号	
	数量		材料	
设计		年月		
绘图			(实践名称)	(校名班号)
审阅				

技术要求
1. 调质处理HBS162~217;
2. 未注倒角C2,未注圆角R=5.

图 9-15　齿轮零件图

(2) 精度控制

　　普通减速器的齿轮和蜗杆传动精度多选用7~9级。按对传动性能的要求,每个精度等级的公差分别按 I、II 和 III 三个公差组进行选择。

　　齿轮、蜗轮及蜗杆零件工作图上应标明的各项精度及公差项目见表 9-6。

表 9-6　齿轮类零件工作图上标注的精度及公差项目

精度等级公差组	7	8	9
I II III	圆柱齿轮 齿圈径向跳动公差 F_r 和公法线长度变形公差 F_w 基节极限偏差 f_{pb} 和齿形公差 f_f 齿向公差 F_β		

续表 9 - 7

精度等级公差组	7	8	9
I II III	圆锥齿轮 齿距累积公差 F_p 齿距极限偏差 f_{pt} 接触斑点		
I II III	蜗轮 蜗轮齿距累积公差 f_p 蜗轮齿距极限偏差 f_{pt} 蜗轮齿形公差 f_{f1}		
II III	蜗杆 蜗杆轴向齿距极限偏差 f_{pt} 蜗杆型公差 f_{f1}		

4. 表面粗糙度

齿(蜗)轮类零件工作图上,各主要加工表面的粗糙度要求,在相应的传动精度规范中已有规定。普通减速器中齿(蜗)轮表面的粗糙度列于表 9 - 7。

表 9 - 7　齿(蜗)轮类零件表面粗糙度的选择

加工表面		表面粗糙度		
	零件名称	精度等级		
		7	8	9
齿轮工作表面	圆柱齿轮、蜗轮	0.8▽	1.6▽	3.2▽
	圆锥齿轮、蜗杆	0.8▽	1.6▽	3.2▽
齿顶圆		1.6▽	3.2▽	3.2▽
轮毂孔		0.8▽	1.6▽	3.2▽
定位端面		1.6▽	3.2▽	3.2▽
平键键槽		工作表面 3.2▽ 或 6.3▽,非工作表面 6.3▽ 或 12.5▽		
轮圈与轮心的配合表面		0.8▽	1.6▽	1.6▽
自由端面、倒角表面		12.5▽ 或 6.3▽		

5. 技术要求

减速器的齿(蜗)轮图上应提出的技术要求,一般包括以下几项内容:

1)材料的热处理和硬度要求。对齿轮表面作硬化处理时,还应根据设计要求说明硬化方法(如渗碳、氮化等)和硬化层的深度。

2)对图上未注明的倒角和圆角的说明。

3)其他必要的说明。

9.3.3　直齿圆柱齿轮的测绘

1. 齿轮的标准制度

齿轮作为重要的基础件,各个国家在生产中,对它的基本参数都进行了标准化,形成了各自的标准制度。目前,世界上多数国家采用米制,我国是以模数 m(单位为 mm)作为计算依据的国家之一,英、美等少数国家仍采用英制,以径节 DP(单位为 in^{-1})作为计算依据。

我国渐开线圆柱齿轮基本齿廓见表 9-8,渐开线圆柱齿轮模数见表 9-9。

表 9-8　渐开线圆柱齿轮基本齿廓(GB/T 1356—1987)

基本齿廓	齿廓参数名称	代号	数值
	齿顶高	h_a	1 m
	工作高度	h'	2 m
	顶隙	c	0.25 m
	全齿高	h	2.25 m
	齿距	p	πm
	齿根圆角半径	p_f	≈ 0.38 m

表 9-9　渐开线圆柱齿轮模数 m(GB/T 1357—1987)　　　　　　　mm

第一系列	0.1	0.12	0.15	0.2	0.25	0.3		0.4	0.5
第二系列						0.35			
第一系列	0.6		0.8		1	1.25	1.5		2
第二系列		0.7		0.9				1.75	
第一系列		2.5		3				4	
第二系列	2.25		2.75		(3.25)	3.5	(3.75)		4.5

第一系列	5		6			8		10	
第二系列		5.5		(6.5)	7		9		(11)
第一系列	12		16		20		25		32
第二系列		14		18		22		28	
第一系列		40		50					
第二系列	36		45						

注:1. 对于斜齿圆柱齿轮是指法向模数 m。

2. 优先选用第一系列,括号内的数值尽可能不用。

2. 几何参数的测量

(1) 齿数 z 的测定

通常情况下,见到的齿轮多为完整齿轮,即整个圆周都布满了轮齿。只要数一下有多少个齿就可以确定其齿数 z。对于不完整的齿轮,如扇形齿轮或残缺的齿轮,因为只有部分圆周,无法直接确定一周应有的齿数,所以为了确定这类齿轮的齿数,则应根据其结构测出齿顶圆直径后,用图解法或计算法等测算出齿数 z。

1) 图解法　如图 9 – 16(a) 所示,以齿顶圆直径 d_a 画一个圆,根据扇形齿轮实有齿数量取跨周节的弦长 A,见图 9 – 16(b),再以此弦长 A 截取圆 d_a,对小于 A 的剩余部分 DF,再以一个周节的弦长 B 去截取,直到截完为止,然后算出齿数 z。图中,以 A 依次截取 d_a 为三份,即 CD、CE 和 EF,剩余部分 DF 正好被 B 一次截取。设弦长 A 包含 n 个齿,则

$$z = 3n + 1$$

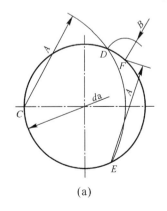

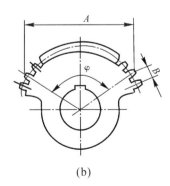

(a)　　　　　　　　　　　　　　(b)

图 9 – 16　不完整齿轮齿数 z 的测量

2）计算法　量出跨 n 个齿的齿顶圆弦长 A，如图 9-16(b)所示，求出 N 个齿所含的圆心角，再求出一周的齿数 z。

$$\varphi = 2\arcsin\frac{A}{d_a}, \quad Z = 360° \frac{n}{\varphi}$$

（2）齿顶圆直径 d_a 和齿根圆直径 d_f 的测量

如图 9-17 所示，对于偶数齿齿轮，可用游标卡尺直接测量得到 d_a 和 d_f；而对奇数齿齿轮，则不能直接测量得到，可按下述方法进行：

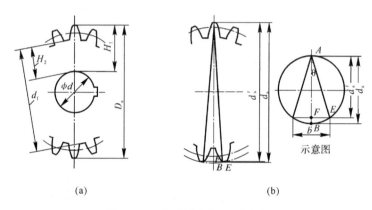

图 9-17　齿顶圆直径 d_a 的测量

(a)偶数齿；(b)奇数齿

1）用游标卡尺直接测量，但此时卡尺的一侧在齿顶，另一侧在齿间，测得的不是 d_a，而是 d'_a，需通过几何关系推算获得，从图 9-17(b)可看出在 ABE 中

$$\cos\theta = \frac{AE}{AB} = \frac{AE}{d_a}$$

在 $\triangle AEF$ 中

$$\cos\theta = \frac{AF}{AE} = \frac{d'_a}{AE}$$

将两式相乘得

$$\cos^2\theta = \frac{AE}{d_a}\frac{d'_a}{AE} = \frac{d'_a}{d_a}$$

$$d_a = d'_a/\cos 2\theta$$

取 $k = 1/\cos^2\theta$，则

$$d_a = k d'_a$$

式中，k 称为校正系数，可由表 9-10 查得。

表 9 - 10 奇数齿齿轮齿数 z 与齿顶圆直径校正系数 k 的对应关系

z	7	9	11	13	15	17	19
k	1.02	1.0154	1.0103	1.0073	1.0055	1.0043	1.0034
z	21	23	25	27	29	31	33
k	1.0028	1.0023	1.0020	1.0017	1.0015	1.0013	1.0011
z	35	37	39	41.43	45	47~51	53~57
k	1.0010	1.0009	1.0008	1.0007	1.0006	1.0005	1.0004

2）对于中间有孔的齿轮，也可用间接测量的方法，即测量内孔直径 ϕd，内孔壁到齿顶的距离 H_1 或内孔壁到齿根的距离 H_2 见图 9 - 17(a)，计算得到

$$d_a = d + 2H_1$$
$$d_f = d + 2H_2$$

（3）全齿高 h 的测量

全齿高 h 可采用游标深度尺直接测量，如图 9 - 18 所示。这种方法不够精确，测得的数值只能作参考。

全齿高 h 也可以用间接测量齿顶圆直径 d_a 和齿根圆直径 d_f，或测量内孔壁到齿顶的距离 H_1 和内孔壁到齿根的距离 H_2 的方法，如图 9 - 17 所示，按下式计算：

$$h = \frac{d_a - d_f}{2}$$

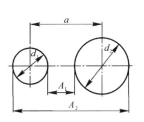

图 9 - 18 全齿高 h 的测量

或

$$h = H_1 - H_2$$

（4）中心距 a 的测量

中心距的测量精度将直接影响齿轮副测绘结果，所以测量时要力求准确。测量中心距时，可直接测量两齿轮轴或对应的两箱体孔间的距离，再测出轴或孔的直径，通过换算得到中心距。如图 9 - 19 所示，即用游标卡尺测量 A_1、A_2，孔径 d_1 和 d_2，然后按下式计算：

$$a = A_1 + \frac{d_1 + d_2}{2} \text{ 或 } a = A_2 - \frac{d_1 + d_2}{2}$$

图 9 - 19 中心距 a 的测量

（5）公法线长度 W_k 的测量

对于直齿和斜齿圆柱齿轮，可用公法线指示卡规（如图 9 - 20 所示）、公法线千分尺（如图 9 - 21 所示）测出两相邻齿公法线长度 W_k（k 为跨测齿数，见图 9 - 22）。

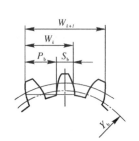

图 9-20 用公法线指示卡规测量公
法线长度

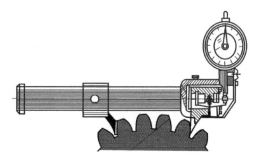

图 9-21 用公法线千分尺量测公法线长度

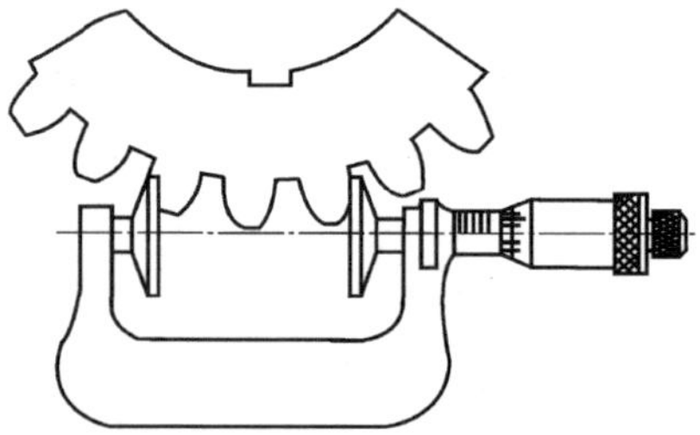

依据渐开线性质，理论上卡尺在任何位置测得的公法线长度均相等，但实际测量时，以分度圆附近测得的尺寸精度最高。因此，测量时应尽可能使卡尺切于分度圆附近，避免卡尺接触齿尖或齿根圆角。测量时，如切点偏高，可减少跨测齿数 k；如切点偏低，可增加跨测齿数。

跨测齿数 k 值可按公式计算或直接查表 9-11 得到。如测量一标准直齿圆柱齿轮，其齿形角 $\alpha = 20°$，齿数 $z = 30$，则公法线的跨测齿数 k 为

图 9-22 公法线长度 W_k 的测量

$$k = \frac{z\alpha}{180°} + 0.5 \text{（四舍五入圆整）}$$

表 9-11 测量公法线长度时的跨测齿数 k

齿形角 α	跨 测 齿 数 k							
	2	3	4	5	6	7	8	9
	被 测 齿 轮 齿 数 z							
14.5°	9～23	24～35	36～47	48～59	60～70	71～82	83～95	96～100
15°	9～23	24～35	36～47	48～59	60～71	72～83	84～95	96～107
20°	9～18	19～27	28～36	37～45	46～54	55～63	64～72	73～81
22.5°	9～16	17～24	25～32	33～40	41～48	49～56	57～64	65～72
25°	9～14	15～21	22～29	30～36	37～43	44～5l	52～58	59～65

$$k = 30 \times \frac{20°}{180°} + 0.5 = 4$$

在测量公法线长度时,需注意选择适当的跨齿数,一般要在相邻齿上多测几组数据,以便比较选择。

(6) 基圆齿距 p_b 的测量

用公法线长度测量　从图 9-22 中可见,公法线长度每增加一个跨齿,即增加一个基圆齿距,所以,基圆齿距 p_b 可通过公法线长度 W_k 和 W_{k+1} 的测量,计算获得

$$p_b = W_{k+1} - W_k$$

式中,W_{k+1} 和 W_k 分别为跨 $k+1$ 和 k 个齿时的公法线长度。

考虑到公法线长度的变动误差,每次测量时,必须在同一位置,即取同一起始位置,同一方向进行测量。

(7) 分度圆弦齿厚及固定弦齿厚的测量

控制相配齿轮的齿厚是十分重要的,它可以保证齿轮在规定的侧隙下运行。齿轮的齿厚偏差可以通过齿轮游标尺测量。

测量齿厚偏差的齿轮游标尺如图 9-23 所示,它由两套相互垂直的游标尺组成。测量时将垂直尺调整到相应弦齿高的位置,即分度圆弦齿高或固定弦齿高,再用水平尺测量分度圆弦齿厚或固定弦齿厚。其中垂直游标尺用于控制测量部位(分度圆至齿顶圆)的弦齿高 h_f,水平游标尺用于量测所测部位(分度圆)的弦齿厚 s_f(实际)。齿轮游标尺的分度值为 0.02 mm,其原理和读数方法与普通游标尺相同。

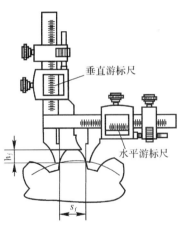

图 9-23　量测齿厚偏差的齿轮游标尺

(8) 齿圈径向跳动量的测量

齿圈径向跳动用以评定由齿轮几何偏心所引起的径向误差,是评定传动准确性的重要参数。径向跳动通常用齿圈径向跳动检查仪、万能测齿仪等仪器进行测量。如果一个适当的测头(球、圆柱体、圆锥体、卡爪等)在齿轮一转范围内,在齿槽内或在轮齿上与齿高中部双面接触,则测头相对于齿轮轴线的最大变动量称为齿圈径向跳动量,如图 9-24 所示。齿轮径向跳动误差可用齿圈径向跳动测量仪测量,图 9-25 所示的是测量圆柱齿轮时的径向跳动测量仪的外形图。齿圈径向跳动测量仪主要由底座、立柱、顶尖座、千分表架、手柄和千分表等组成,千分表的分度值为 0.001 mm。该仪器可测量模数为 0.3~5 mm 的齿轮。

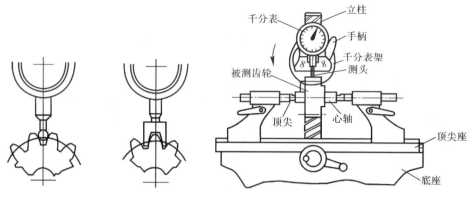

图 9-24　齿圈径向跳动误差　　　　　　图 9-25　齿圈径向跳动测量仪

为了测量各种不同模数的齿轮,仪器备有不同直径的球形测量头,在测量前根据被测齿轮模数的大小选择测头,并确保测头在齿高中部附近与齿面两边接触。被测齿轮借助心轴安装在顶尖座的顶尖上。用心轴固定好被测齿轮,通过升降调整使测量头位于齿槽内。调整指示表零位,并使其指针压缩 1~2 圈。将测量头相继置于每个齿槽内,逐齿测量一圈,并记下指示表的读数。求出测头到齿轮轴线的最大和最小径向距离之差,即为被测齿轮的径向跳动量。

（9）齿轮齿距误差与齿距累积误差的量测

齿距误差与齿距累积误差的测量方法有相对测量法和绝对测量法。下面以相对测量法为例说明其测量方法:

1）齿距误差的测量。用相对法测量时,公称齿距是指所有实际齿距的平均值。测量时,首先以被测齿轮任意两相邻齿之间的实际齿距作为基准齿距调整仪器,然后按顺序测量各相邻的实际齿距相对于基准齿距之差,该差值称为相对齿距差。各相对齿距差与相对齿距差平均值之代数差,即为齿距误差,如图 9-26 所示。

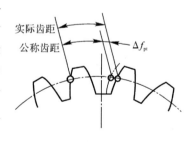

图 9-26　齿距偏差

2）齿距累积误差的测量。如图 9-27 所示,齿距累积误差是指在分度圆上任意两个同侧面间的实际弧长与公称弧长之差的最大绝对值,符号为 ΔF_p。

齿距误差与齿距累积误差可用图 9-28 所示的齿距检测仪(周节仪)进行相对测量,它以齿顶圆作为测量基准,指示表的分度值为 0.005 mm,测量范围为模数 3~15 mm。测量时,两个定位支脚紧靠齿顶圆定位。活动测量头的位移通过杠杆传给指示表。

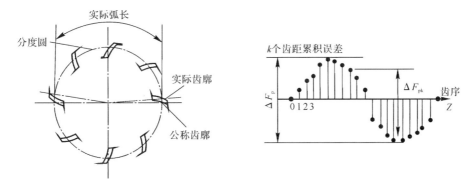

图 9-27　齿距累积误差

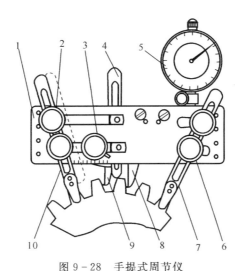

图 9-28　手提式周节仪

1—主体;2,3,6—固定螺钉;4—辅助支持爪;5—指示表;

7,10—支持爪;8—活动测量头;9—固定测量头

　　根据被测齿轮模数,调整齿距仪的固定测量头 9 并用螺钉锁紧。调节定位支脚,使活动测量头 8、9 位于齿高中部的同一圆周上,并与两同侧齿面相接触且指示表 5 的指针预压约一圈,锁紧螺钉。旋转表壳使指针对零,以此实际齿距作为基准齿距。然后,逐齿测量其余的齿距,指示表读数即为这些齿距与基准齿距之差。

3. 基本参数的确定

(1)模数的确定

　　模数在测量时无法直接确定,必须经过计算才能确定。为使计算尽可能准确,常采用以下几种方法计算。

1）用测定的齿顶圆直径 d_a 或齿根圆直径 d_f 计算确定模数：

$$m = \frac{d_a}{z + 2h_a^*} \quad \text{或} \quad m = \frac{d_f}{z - 2h_a^* - 2c^*}$$

式中：h_a^* 为齿顶高系数，标准齿形 $h_a^* = 1$，短齿形，$h_a^* = 0.8$；c^* 为顶隙系数，国产齿轮 $h_a^* = 1$，$c^* = 0.25$。

2）用测定的全齿高计算确定模数：

$$m = \frac{h}{2h_a^* + c^*}$$

3）用测定的中心距计算确定模数：

$$m = \frac{2a}{z_1 + z_2}$$

例 9-2 一直齿圆柱齿轮，其齿数 $z = 24$，测得齿顶圆直径 $d_a = 64.82$ mm，齿根圆直径 $d_f = 53.90$ mm，试确定其模数 m。

解 $m = \dfrac{d_a}{z - 2h_a^*}$；$m = \dfrac{d_f}{z - 2h_a^* - 2c^*}$

以 $h_a^* = 1$ 和 $c^* = 0.25$ 代入，则

$$m = 64.82/(24 + 2 \times 1) = 2.493 \text{ mm}$$
$$m = 53.90/(24 - 2 \times 1 - 2 \times 0.25) = 2.507 \text{ mm}$$

两数均与标准模数 2.5 非常接近，故确定该齿轮模数 $m = 2.5$ mm。

（2）齿形角 α 的确定

1）用齿形样板对比确定。按标准齿条的形状制造出一系列齿形样板，每一块样板对应一个固定的模数 m 和齿形角 α，如图 9-29 所示。将样板放在齿轮上，对光观察齿侧间隙和径向间隙，可同时确定齿轮的模数 m 和齿形角 α。

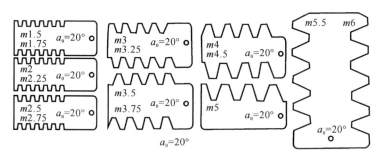

图 9-29 齿形样板

2）用公法线长度法计算确定。按测得的公法线长度 W_k、W_{k-1} 或 W_{k+1} 推算出基圆齿距 p_b，按下式计算齿形角：

$$\alpha = \arccos \frac{p_b}{\pi m} = \arccos \frac{W_k - W_{k-1}}{\pi m}$$

9.3.4 斜齿圆柱齿轮的测绘

1. 斜齿圆柱齿轮的测绘特点

斜齿圆柱齿轮的测绘步骤与直齿圆柱齿轮的大致相同,主要是增加了齿顶圆螺旋角 β_a 的测量和分度圆螺旋角 β 的计算。另外还须指出如下几点:

1) 由于轮齿的倾斜,造成了法面参数与端面参数的不一,因此在测绘中要注意两者间的换算,如法面模数 m_n 和端面模数 m_t 的关系,即

$$m_t = \frac{m_n}{\cos\beta}$$

2) 通常将斜齿轮主要参数的标准值规定在法面上,如用滚刀、片铣刀切制的经过磨齿的斜齿轮,它们的法面模数 m_n 和法面齿形角 α_n 为标准值;也有将主要参数的标准值规定在端面上的,如用插齿刀切制的斜齿轮。

3) 在测量分度圆弦齿厚 s_n 和固定弦齿厚 s_{cn} 时,采用的是当量齿数 z_v:

$$z_v = \frac{z}{\cos^3 \beta}$$

4) 在测量法面公法线长度 W_{kn},确定跨测齿数 k 时,采用的是假想齿数 z':

$$z' = z \frac{\mathrm{inv}\alpha_t}{\mathrm{inv}\alpha_n}$$

式中,$\mathrm{inv}\alpha_t / \mathrm{inv}\alpha_n$ 值可从附表中查得,$\mathrm{inv}\alpha_t$ 和 $\mathrm{inv}\alpha_n$ 分别为端面齿形角 α_t 和法面齿形角 α_n 的渐开线函数。

2. 螺旋角的测定

(1) 滚印法测定

在齿轮的齿顶圆上薄薄地涂上一层红印油,将齿轮端面紧贴直尺,顺一个方向在白纸上作纯滚动,这时在白纸上就留下了齿顶的展开痕迹,如图 9-30 所示。利用量角器即可量出齿印的斜角。应该注意,用这种方法量得的是齿顶圆螺旋角 β_a,而不是分度圆螺旋角 β。分度圆螺旋角 β 可按下式计算:

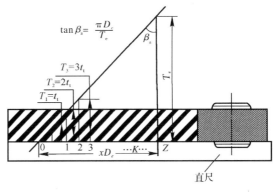

图 9-30 滚印法

$$\tan\beta = \frac{d_a - 2h_n^* m_n}{d_a}\tan\beta_a$$

这种方法求得的螺旋角 β,只能是一个近似值。对于成对更换的齿轮,这种方法可以基本满足要求,但对只更换一个齿轮时,这种方法就不能满足要求了。

(2) 正弦棒法测量

如图 9-31 所示,在齿向仪上,固定斜齿轮 1,将齿条状测量头 2 插入斜齿轮的齿间,正弦棒也就随之倾斜一个角度。测量尺寸 B 和 C,即可按下式计算:

$$\sin\beta = \frac{B - C}{A}$$

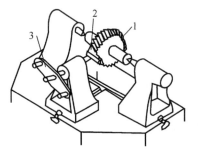 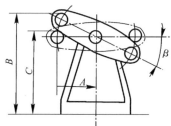

图 9-31　正弦棒法

1—斜齿轮;2—齿条状测头;3—正弦棒

(3) 轴向齿距法测量

如图 9-32 所示,将两个直径相同的钢球放在斜齿轮的齿间,使两钢球的球心连线平行于齿轮轴线 O—O,这时可用游标卡尺或千分尺直接量出尺寸 L,则轴向齿距 p_x 和螺旋角 β 可按下式计算:

$$p_x = \frac{L - d_p}{N}$$

$$\sin\beta = \frac{\pi m_n}{p_x}$$

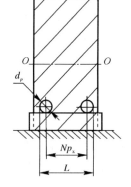

式中:N 为两钢球间的齿数;d_p 为钢球直径,一般可按 $d_p = 1.68\, m_n$ 选取。

3. 基本参数的确定

1) 依据法面基节 p_{bn},查表确定法面齿形角 α_n 和法面模数 m_n。

图 9-32　轴向齿距法

测量法面公法线长度 W'_{kn} 和 $W'_{(k+1)n}$ 的测量方法与直齿圆柱齿轮的相似,不同的是,此时在确定跨测齿数时,采用的是假想齿数 z',而不是实际齿数 z。

计算法面基节 p_{bn}

$$p_{bn} = W'_{(k+1)n} - W'_{kn}$$

2) 依据计算的 p_{bn} 值,查表,确定法面齿形角 α_n 和法面模数 m_n。

9.4　常用测量技巧简介

1. 直径尺寸的测量

直径尺寸常用游标卡尺测量。对精密零件的内外径则用千分尺测量。

测量阶梯孔的直径时,如果外面孔小,里面孔大,用游标卡尺和内径千分尺均无法测量大孔的直径时,则可采用内卡钳测量,如图 9 - 33(a)所示。

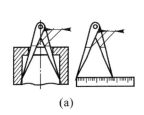

(a)　　　　　　　　　　(b)

图 9 - 33　卡钳测量阶梯孔

(a)内卡钳测量;(b)特殊量具测量

当壳体上的大直径尺寸无法直接测量时,可采用弓高弦长法进行。

如图 9 - 34 所示,先测量出尺寸 H,再用游标卡尺测量出弦长 L,则通过下式计算可得直径尺寸:

$$D = \frac{L^2}{4H} + H$$

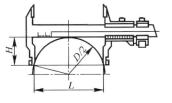

图 9 - 34　弓高弦长法

2. 半径尺寸的测量

测绘过程中,还经常碰到如图 9 - 35 所示的一些圆弧形的零件。对于圆弧形零件半径的测定,除了用半径样板测量半径之外,测绘中还常采用如下一些方法。

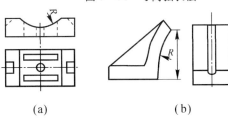

(a)　　　　　　　　　(b)

图 9 - 35　带圆弧的零件

(a)底座;(b)支架

（1）作图法

如图 9-36 所示，把非整圆部分拓印在纸上，然后选取图上任意三点 A、B、C，连接 AB、BC。求出 AB、BC 中垂线的交点 O，即圆弧的中心；连接 OA（或 OB、OC）并进行测量，可得所测圆弧曲线半径。

测绘中，也可直接用 45°三角板，快速测定大圆弧圆心，方法如图 9-37 所示。借助直尺和分规脚，在标准的 45°三角板上，找出斜边的中点，画出 90°角的平分线，然后用此三角板，在圆弧上任意两个位置（三角板的斜边作为弦长），确定出 A、B 与 C、D 各点，直线 AB 和 CD 的交点，即为该圆弧的圆心。

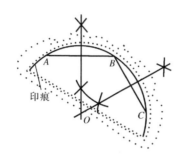

图 9-36　作图法求圆弧半径

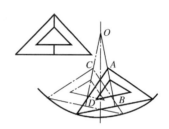

图 9-37　借助 45°三角板快速定圆

（2）利用 V 形块测量圆弧半径

将圆弧零件放置于 V 形块上，如图 9-38 所示。V 形块槽底至 V 形交点 B 之间距离 H 为一常数，可事先测知。因此，只需要测量出圆弧底点至槽底距离 F，即可得出 h，进而求得 R。

（3）用量块和圆棒测量

当测量精度要求较高时，可在检验平台上放一个高度为 H 的量块，如图 9-39 所示。工件轻放在量块上，两侧夹入两根标准圆棒，注意相互间保持良好接触。用百分尺测出标准圆棒外侧尺寸 M，便可求得两圆棒中心距尺寸 $L＝M－d$，则

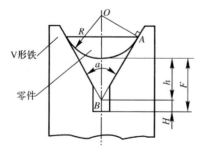

图 9-38　利用 V 形块测定非整圆半径

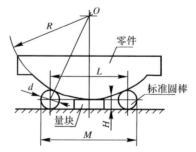

图 9-39　用量块和圆棒测量非整圆半径

$$R = \frac{L^2}{8(d-H)} - 2H$$

（4）内圆弧半径的测量

内圆弧半径的测量与外圆弧相同，仅计算公式不同，如图 9-40 所示。

$$R = \frac{L^2}{8(d-H)} + \frac{H}{2}$$

另外，也可以用三个直径相等的圆棒测量内圆弧半径，如图 9-41 所示。

$$R = \frac{d}{2}(\frac{d}{H} + 1)$$

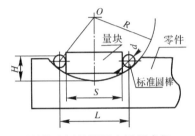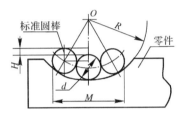

图 9-40　用量块和圆棒测量内圆弧半径　　　　图 9-41　用三个等径标准圆
　　　　　　　　　　　　　　　　　　　　　　　　棒测量内圆弧半径

3. 内锥孔锥度的测量

（1）钢球法测量内锥孔锥度

图 9-42(a)所示为用钢球测内锥孔锥度，计算公式为

$$\alpha = \arcsin \frac{\dfrac{D}{2} - \dfrac{d}{2}}{h_2 - h_1 - (\dfrac{D}{2} - \dfrac{d}{2})}$$

式中：α 为圆锥角；D 和 d 分别为大小钢球的直径（mm）；h_2、h_1 为用其他计量器

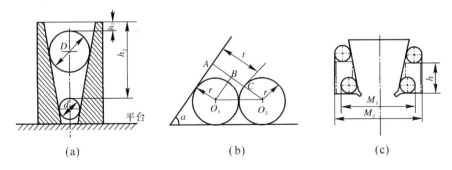

(a)　　　　　　　　　　(b)　　　　　　　　　　(c)

图 9-42　钢球圆柱法测锥度和角度

具测出的钢球位置参数(mm)。

（2）圆柱法测量内锥孔锥度

图 9 - 42(b)为用圆柱测量内角的示意图，计算公式为

$$\alpha = \frac{\arcsin t}{2r}$$

式中：t 为用量块测出的尺寸(mm)；r 为圆柱的半径(mm)。

（3）圆柱法测量燕尾角

图 9 - 42(c)为用圆柱测量燕尾角的示意图，计算公式为

$$\alpha = \arctan \frac{2h}{M_2 - M_1}$$

式中：h 为量块组合尺寸(mm)；M_1、M_2 为用其他计量器具测出的外廓尺寸(mm)。

4. 箱体上各轴孔中心距的测量

箱体各轴孔的中心距尺寸是壳体上的功能尺寸，应根据传动链关系进行测量，如图 9 - 43 所示，以轴孔 I 中心线为测量起点，根据传动链关系用千分尺依次测量各中心距。对于非功能尺寸，可用坐标法测量，如图 9 - 44 所示，用芯轴作为测量的辅助工具，配合高度尺测出孔距坐标尺寸。

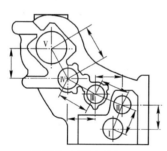 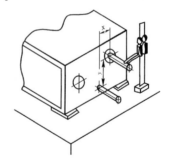

图 9 - 43　根据传动链测量孔距　　　　　图 9 - 44　用芯轴和高度尺测量孔距坐标

端面不在同一平面上的孔距用一般通用量具不便测量时，可借助芯轴作为辅助工具进行测量，如图 9 - 45 所示。当轴线相交孔坐标尺寸测量时，如果孔径尺寸较大，可在检验平台上测量出孔的下沿(或上沿)与平板的距离 B_1 和 B_2，如图 9 - 46 所示，则中心距为

$$A_1 = B_1 + \frac{D_1}{2}$$

$$A_2 = \left(B_2 + \frac{D_2}{2}\right) - A_1$$

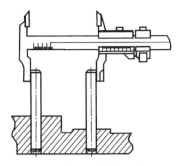

图 9-45　端面不在同一平面上
孔距的测量

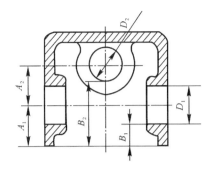

图 9-46　轴线相交孔坐标尺寸的测量

5. 孔中心高度的测量

孔中心高度可以使用高度游标卡尺来测量,参照图 9-44 所示。另外还可用游标、卡尺、直尺和卡钳等测出一些相关数据,再用几何运算方法求出,如图 9-47 所示。

6. 深度的测量

深度可以用带深度尺的游标卡尺、深度千分尺直接量得,还可以用钢直尺测量,如图 9-48 所示。

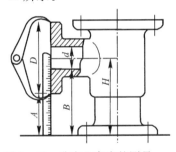

图 9-47　孔中心高度的测量

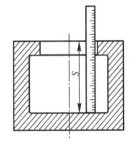

图 9-48　测深度

7. 壁厚的测量

壁厚可用钢直尺或钢直尺和外卡钳结合进行测量,也可用游标卡尺和量块(或垫块)结合进行测量,如图 9-49 所示。

8. 斜孔尺寸的测量

箱体类上的油孔、油槽、油标孔等,通常表现为各式各样的斜孔,测绘时要对这些斜孔的位置尺寸进行测量。如图 9-50 所示,标注时大多是以孔的轴线与端面的交点来确定斜孔位置。

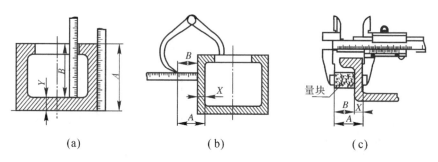

图 9 - 49　测量零件壁厚

(a)用钢直尺测量;(b)刚直尺和外卡钳结合测量;

(c)游标卡尺和量块(或垫块)结合测量

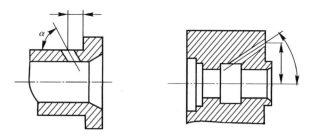

图 9 - 50　斜孔尺寸的标注

　　测绘时,斜孔的位置尺寸除了可在工具显微镜上进行测量外,还可用检验心轴进行间接测量。如图 9 - 51 所示,先在斜孔中配上检验心轴,量出检验心轴直径,测出角度 α 和尺寸 M,则通过计算求得尺寸 L

$$L=M-\frac{D}{2}-\frac{D+d}{2\cos\alpha}-\frac{D}{2}\tan\alpha$$

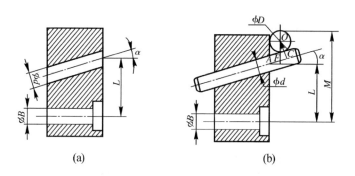

图 9 - 51　斜孔尺寸的测量

思考题与习题

1. 轴类零件的视图表达有什么特点,其尺寸标注应特别注意什么?

2. 一般轴类零件选用什么材料,其技术要求有哪些内容?

3. 轴类零件尤其是长轴零件一般应如何放置?

4. 壳体零件一般有哪几个基本组成部分?

5. 壳体零件的机械加工工艺性主要指什么?

6. 说出各种铸造工艺的铸造圆角半径与壳体相邻壁厚的关系?

7. 铸件上的起模斜度一般规定范围是多少? 是否一定都要在图中画出?

8. 铸造壳体的外壁厚度、内壁厚度、肋的厚度之间有什么关系?

9. 壳体零件一般有哪几类技术要求?

10. 壳体上重要孔一般有哪几项形位公差要求?

11. 齿轮传动的使用要求有哪些? 根据齿轮传动传递动力的大小以及转速的高低,说明齿轮传动使用要求的侧重点各是什么?

12. 第 I、II、III 公差组有何区别,各包括哪些项目?

13. 在齿轮减速器中,为什么低速轴的直径要比高速轴的直径大得多?

14. 用什么方法检验齿轮工作面的接触斑点? 所谓涂色法检查是怎样进行的?

15. 如何测量啮合齿轮的中心距? 中心距的测量要注意什么?

16. 怎样选择齿轮精度? 该要求在图样上怎样标注?

17. 奇数齿齿轮的齿顶圆直径为什么不能直接测量,用什么方法可得到?

18. 测量直齿圆柱齿轮公法线时,怎样确定跨测齿数?

19. 怎样确定圆柱齿轮的精度等级及偏差检验项目?

20. 怎样确定圆柱齿轮的尺寸公差和形位公差?

21. 齿轮传动有哪些使用要求?

22. 影响齿轮传动精度的因素有哪些?

23. 如何选择齿轮的精度等级?

24. 国家标准对单个齿轮规定了几个公差等级? 其中几级为最低级,什么级别范围视为高精度等级,什么级别范围视为中等级,什么级别范围视为低精度等级?

25. 在零件图上,齿轮的公差要求怎样标注?

26. 测量齿轮公法线长度时,应注意哪些问题?

27. 轴上键槽有什么形位公差要求,为什么?

第 10 章　装配基础知识

10.1　装配工艺概述

10.1.1　装配工作的重要性

装配工作是产品制造工艺过程中的后期工作,按照规定的技术要求,将若干零件组合起来成为组件,并进一步结合成为部件以至整台机器的过程,分别叫做组装、部装和总装。装配工作包括各种装配准备工作、部装、总装、调整、检验和试车等。

装配过程是保证机器达到各项技术要求的关键,是一项非常重要而细致的工作,必须认真按照产品装配图,制定出科学的装配工艺规程。

10.1.2　装配工艺过程及组织形式

1. 产品装配工艺过程

（1）装配前的准备工作

1）熟悉产品装配图、工艺文件和技术要求,了解产品的结构、零件的作用以及相互的联接关系。

2）确定装配方法、程序和准备好所需要的工具,熟悉装配工艺规程。

3）对装配的零件进行清洗,去掉零件上的毛刺、铁锈、切屑、油污及其他脏物,以获得所需的清洁度。去毛刺时,应注意不要损伤零件表面的精度和粗糙度。

4）对于机床导轨、滑动轴承的接触面、工具量具的接触面及密封表面等,在装配时通常要进行刮削等修配工作。对于某些密封的零件,如液压元件、油缸、阀体、泵体等,要求在一定压力下不允许发生漏油、漏水或漏气的现象。因此,要求在装配前,在一定压力下进行渗漏试验和气密性试验。机械运转时,构件将产生惯性力或惯性力偶矩,由于它们的大小和方向随着机械运转的循环而产生周期性变化,因此,当它们不平衡时,将使整个机械发生振动。如该振动频率接近系统的固有频率时,有可能引起共振而使机械破坏,所以,在装配时还要对一些零件进行平衡试验,以消除因零件重心与旋转中心不一致而引起的振动。

（2）装配分类

装配比较复杂的产品，其装配工作常分为部件装配和总装配。

1）部件装配　指产品在进入总装以前的装配工作。凡是将两个以上的零件组合在一起或将零件与几个组件结合在一起，成为一个装配单元的工作，均称为部件装配。部件装配后，应根据工作要求进行调整和试验，合格后，才可进入总装配。

2）总装配　指将零件和部件结合成一台完整产品的过程。

（3）调整、检验和试车

调整工作包括机构间隙的调整和工作压力的调整等，主要是指对零件或机构的相互位置、配合间隙、结合程度等的调节，目的是使机构或机器工作协调。

检验包括几何精度检验和工作精度检验等，如车床总装后要检查主轴中心线和床身导轨的平行度、中滑板导轨和主轴中心线的垂直度，以及前后两顶尖的等高。

试车包括机构或机器运转的灵活性、平稳性、振动、工作温升、噪声、转速、功率、效率等方面的性能参数的试验，检验这些参数是否符合要求。

2. 装配方法

（1）完全互换装配法

完全互换装配法是指在同类零件中，任取一个装配零件，不经修配即可装入部件中，并能达到规定的装配要求。

完全互换装配法适用于批量大的零件和流水线生产，如汽车、拖拉机和中小柴油机等零部件。

（2）分组选配法

分组选配法是将一批零件逐一测量后，按实际尺寸的大小分成若干组，然后将尺寸的包容件（如孔）与尺寸大的被包容件（如轴）相配，以达到要求的装配精度。这种装配方法的特点如下：

1）配合精度很高，零件加工公差放大数倍，加工成本降低；

2）增加了对零件的测量分组工作，对零件的组织管理工作要求严格；

3）各组配合零件数不可能相同，加工时应采取适当的调整措施。

分组选配法适用于大批量生产或装配精度要求高的场合，如滚动轴承的内外圈与滚动体、中小型柴油机的活塞与活塞销。

（3）调整装配法

调整装配法是指装配时调整一个或几个零件的位置或尺寸，以消除零件间的累积误差，从而达到规定的装配精度。这种装配方法通常采用斜面、锥面、螺纹等移动可调整件的位置，或采用调换垫片、垫圈、套筒等控制调整件的尺寸。这种装配方法的特点如下：

1）零件可按经济精度确定加工公差，装配时通过调整达到规定的装配精度；

2）采用定尺寸调整件（如垫片）调整时，操作较方便，可在流水作业中应用；

3）产品使用中可进行定期调整，以保证配合精度，便于维护和修理；

4）增加调整件或机构，以影响配合副的刚性。

调整装配法适用于零件较多、装配精度要求高且不宜采用分组选配法的场合，如滚动轴承调整间隔的隔圈、锥齿轮调整啮合间隙的垫片、机床导轨的镶条等。

（4）修配装配法

修配装配法是指装配时修去指定零件上预留修配量，以达到规定精度的装配方法。通常当精度要求较高，采用完全互换装配法不够经济时，常采用这种方法，其特点如下：

1）不需要采用高精度的设备来保证零件的加工精度，节约机器加工时间，从而降低了产品成本；

2）使装配工作复杂化，增加了装配时间，同时提高了对操作工人的技能要求。

修配装配法一般用于单件小批量生产、装配精度高、不便于组织流水作业的场合，如主轴箱底面用加工或刮研除去一层金属 、更换加大尺寸的新键等。

10.1.3 装配工艺规程的制定

装配工艺规程是指导装配施工的主要技术文件之一。它的制定是生产技术准备工作中的一项很重要的工作。装配工艺规程规定了产品及部件的装配顺序、装配方法、装配技术要求和检验方法以及装配所需设备、工具、时间定额等，是保证装配质量的必要措施，也是组织生产的重要依据。

10.2 装配工艺规程

1. 对产品进行分析

对产品的分析包括研究产品装配图及装配技术要求；对产品进行结构尺寸分析，并根据装配精度进行尺寸链分析计算，明确达到装配精度的方法；对产品结构进行工艺性分析，将产品分解成可独立装配的组件和分组件。

2. 确定装配组织形式

根据产品结构特点和生产批量，选择适当的装配组织形式，进而确定总装及部装的划分，如装配工序是集中还是分散，产品装配运输方式及工作场地准备等。

3. 划分装配单元，确定装配顺序

将产品划分为可进行独立装配的单元（见图 10 - 1），是制定装配工艺规程中

最重要的一个步骤,这对于大批量生产结构复杂的产品尤为重要。只有划分好装配单元,才能合理安排装配顺序和划分装配工序,组织流水作业。

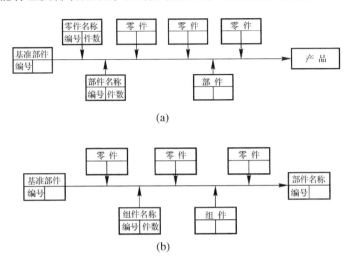

图 10-1　装配单元系统图

(a)产品装配单元系统图;(b)部分装配单元系统图

图中各部分说明如下:

零件——构成机器的最小单元,如一根轴、一个齿轮等。

部件——两个或两个以上零件结合形成机器的某部分,如车床主轴箱、进给箱、滚动轴承等。部件直接进入产品总装。

组件——部件的一种。部件是个通称,进入部件装配的为组件。

装配单元——可以直接进行装配的部件。任何一个产品都能分成若干个装配单元。

基准部件——最先进入装配的零件或部件。

装配顺序基本上是由产品的结构和装配组织形式决定的。产品的装配首先选择基准件,再从零件到部件,从部件到产品。同时,根据装配结构的具体情况,按从内到外,从下到上,先难后易,先精密后一般,先重后轻的顺序,并以不影响下道工序的进行为原则,有次序地进行。

确定装配顺序时应注意:

1) 先装配基准件、重大件,以便保证装配过程的稳定性。

2) 先装配复杂件、精密件和难装配件,以保证装配顺利进行。

3) 先进行容易破坏后序装配质量的工作,如冲击性的装配、压力装配和加热装配。

4）集中安排使用相同设备及工艺装备的装配和有共同特殊装配环境的装配。

5）电路、油气管路的安装应与相应工序同时进行。

6）易燃、易爆、易碎、有毒物质零部件的安装，尽可能放在最后，以减小安全防护工作量，保证装配工作顺利完成。

4. 划分装配工序

通常将整台机器或部件的装配工作分成装配工序和装配工步顺序进行。由一个工人或一组工人在不更换设备或地点的情况下完成的装配工作，叫做装配工序。用同一工具，不改变工作方法，并在固定的位置上连续完成的装配工作，叫做装配工步。部件装配和总装配都是由若干个装配工序组成的，一个装配工序中可包括一个或几个装配工步。

装配顺序确定后，就可将装配工艺过程划分为若干个装配工序，并进行装配工序的设计。

装配工序的划分主要是确定工序集中与工序分散的程度，通常和装配工序设计一起进行。

装配工序设计的主要内容如下：

1）制定装配工序的操作规范。

2）选择设备与工艺设备。

3）在采用流水线装配形式时，整个装配工艺过程工序的划分，应取决于装配节奏的长短。要合理确定装配工作内容，平衡装配工序，均衡生产，实现流水装配。

4）在重要而又复杂的装配工序中，不易用文字明确表达时，还必须画出部件局部的指导性装配图。

5. 选择工艺设备

根据生产产品的结构特点和生产规模，应尽可能选用相应的最先进的装配工具和设备。

6. 确定检查方法

产品装配完毕，应根据产品的结构特点和生产规模，按产品技术性能和验收技术条件制定检测和试验规范，内容如下：

1）检测和试验的项目及检验质量指标；

2）检测和试验的方法、条件与环境要求；

3）检测和试验所需工艺装备的选择或设计；

4）质量问题的分析方法和处理措施。

7. 确定工人技术等级和工时定额

工人技术等级和工时定额一般根据工厂的实际经验和统计资料及现场实际情

况来确定。

8. 编写工艺文件

装配工艺技术文件主要是装配工艺卡片,它包含着完成装配工艺过程所必需的一切资料。单件小批量生产仅要求填写装配工艺过程卡。中批量生产时,通常也只是填写装配工艺过程卡,但对复杂产品则还需填写装配工序卡。大批量生产时,不仅要求填写装配工艺过程卡,而且要填写装配工序卡,以便指导工人进行装配。

总之,编制的装配工艺规程,在保证装配质量的前提下,必须是生产率最高且最经济的。因此,装配工艺必须根据实际条件,尽力采用当前最先进的技术。

10.3　尺　寸　链

产品的装配过程不是简单地将有关零件联接起来的过程,每一步装配工作都应满足预定的装配要求,即应达到一定的装配精度。一般产品装配精度包括零件、部件间距离精度(如齿轮与箱壁轴向间隙)、相互位置精度(如平行度、垂直度等)、相对运动精度(如车床溜板移动对主轴的平行度)、配合精度(间隙或过盈)及接触精度等。

合理规定各要素的尺寸精度和形位精度,进行几何精度综合分析计算,可以运用尺寸链理论来解决。

10.3.1　尺寸链的基本概念

1. 尺寸链的基本术语及其定义

(1) 尺寸链的定义

在机器装配或零件加工过程中,相互连接的尺寸形成封闭的尺寸组,称为尺寸链,如图 10-2 和图 10-3 所示。

图 10-2(a)为齿轮部件中各零件尺寸形成的尺寸链,该尺寸链由齿轮和挡圈之间的间隙 L_0、齿轮轮毂的宽度 L_1、轴套厚度 L_2 和轴上两轴肩之间的长度 L_3 这三个尺寸连接成封闭尺寸组,形成如图 10-2(b)所示的尺寸链。

如图 10-3(a)所示,将直径为 A_2 的轴装入直径为 A_1 的孔中,装配后得到间隙 A_0,它的大小取决于孔径 A_1 和轴径 A_2 的大小。A_1 和 A_2 属于不同零件的设计尺寸。A_1、A_2 和 A_0,三个相互连接的尺寸就形成了封闭的尺寸组,即形成了一个尺寸链。

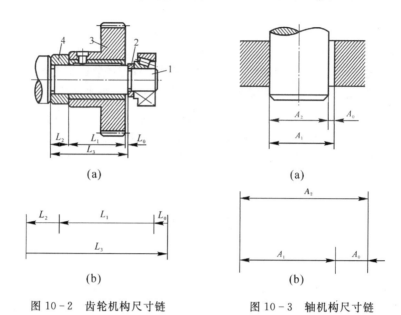

图 10-2　齿轮机构尺寸链　　　　图 10-3　轴机构尺寸链

（2）尺寸链组成部分的有关术语及其定义

1）环　列入尺寸链中的每一个尺寸，称为环。如图 10-2 中的 L_0、L_1、L_2、L_3 以及图 10-3 中的 A_0、A_1、A_2。

环的特征符号和代号：在尺寸链的分析计算中，为简化起见，通常不画出零件的具体结构，只将各环依次连接构成如图 10-2 和图 10-3 所示的尺寸链图即可，而且不必严格地按尺寸比例绘制。

2）封闭环　封闭环的本质特征是"最后形成"，所以在建立尺寸链时，应抓住这个特征，寻找在装配过程中或加工过程最后自然形成的一环，如图 10-2 中的 L_0 及图 10-3 中的 A_0。

3）组成环　是指尺寸链中对封闭环有影响的全部环。这些环中任何一环的变动必然引起封闭环的变动。如图 10-2 中的 L_1、L_2、L_3 和图 10-3 中的 A_1、A_2 都是组成环。组成环又分为增环和减环。

① 增环是指其变动会引起封闭环同向变动的组成环。同向变动是指该环增大时封闭环也增大，该环减小时封闭环也减小，如同 10-3（a）中的 A_1。

② 减环是指其变动会引起封闭环反向变动的组成环。反向变动是指该环增大时封闭环减小，该环减小时封闭环增大，如图 10-3（a）中的 A_2。

确定封闭环和组成环之后，用规定的符号，按各环的实际顺序绘制尺寸链图，并给各环以代号。

2. 尺寸链的分类

(1) 按应用场合分类

1) 装配尺寸链　在产品或部件的装配过程中,由装配尺寸形成的尺寸链。装配尺寸链主要用于分析保证装配精度的问题。装配尺寸链不仅与组成装配件的各个零件尺寸有关,还与装配方法相关(见图 10 - 4(a))。

2) 零件尺寸链　全部组成环为同一零件的设计尺寸所形成的尺寸链(见图 10 - 4(b))。

装配尺寸链和零件尺寸链统称为设计尺寸链。

3) 工艺尺寸链　零件加工过程中,由各个工艺尺寸形成的尺寸链(见图 9 - 4(c))。工艺尺寸链主要用于分析保证加工工艺精度的问题。

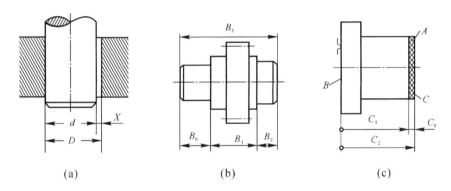

(a)　　　　　(b)　　　　　(c)

图 10 - 4　尺寸链

(a)装配尺寸链;(b)零件尺寸链;(c)工艺尺寸链

(2) 按各环所在空间位置分类

1) 直线(线性)尺寸链　由相互平行的线性尺寸所形成的尺寸链(见图 10 - 4)。

2) 平面尺寸链　形成尺寸链的所有尺寸均处于同一平面或一组平行平面内的尺寸链(见图 10 - 5)。

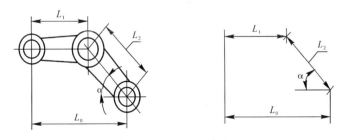

图 10 - 5　平面尺寸链

3）空间尺寸链　形成尺寸链的所有尺寸位于几个不平行的平面内的尺寸链。

尺寸链中常见的是直线尺寸链。平面尺寸链和空间尺寸链可以用坐标投影法转换为直线尺寸链。

（3）按各环尺寸的几何特性分类

1）长度尺寸链　链中各环均为长度尺寸（见图 10 - 4 和图 10 - 5）。

2）角度尺寸链　链中各环为角度尺寸（见图 10 - 6）。

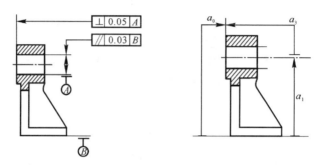

图 10 - 6　角度尺寸链

角度尺寸链常用于分析和计算机械结构中有关零件要素的位置精度，如平行度、垂直度、直线度、平面度和同轴度等。

3. 尺寸链的建立

（1）确定封闭环

正确建立和分析尺寸链的首要条件是要正确地确定封闭环。一个尺寸链中有且只有一个封闭环。在装配尺寸链中，封闭环就是产品上有装配精度要求的尺寸，如同一部件中各零件之间相互位置要求的尺寸以及保证相互配合零件配合性能要求的间隙或过盈量。

在确定封闭环之后，应确定对封闭环有影响的各个组成环，使之与封闭环形成一个封闭的尺寸回路。

在建立尺寸链时，形位公差也可以是尺寸链的组成环。在一般情况下，形位公差可以理解为基本尺寸为零的线性尺寸。形位公差参与尺寸链分析计算的情况较为复杂，应根据形位公差项目及应用情况分析确定。

必须指出，在建立尺寸链时"尺寸链环数最少"是建立装配尺寸链时应遵循的一个重要原则。要求装配尺寸链中所包括的组成环数目最少，即对于某一封闭环，若存在多个尺寸链时，应选择组成环数最少的尺寸链进行分析计算。

（2）查找组成环

装配尺寸链的组成环是相关零件的设计尺寸，它的变化会引起封闭环的变化。

查找装配尺寸链的组成环时,先从封闭环的任意一端开始,找相邻零件的尺寸,然后再找与第一个零件相邻的第二个零件的尺寸,这样一环接一环,直到封闭环的另一端为止,从而形成封闭的尺寸组。如图 $10-7(a)$ 所示的车床主轴轴线与尾架轴线高度差的允许值 A_0 是装配技术要求,确定为封闭环。组成环可从尾架顶尖开始依次查找尾架顶尖轴线到底面的高度 A_1、与床面相连的底板的厚度 A_2、床面到主轴轴线的距离 A_3,最后回到封闭环 A_0,A_1、A_2 和 A_3 均为组成环。

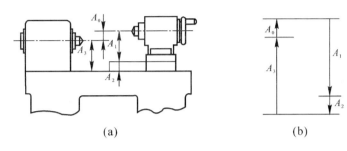

(a)   (b)

图 $10-7$ 车床顶尖高度尺寸链

一个尺寸链中最少要有两个组成环。组成环中,可能只有增环没有减环,但不可能只有减环没有增环。

在封闭环有较高技术要求或形位误差较大的情况下,建立尺寸链时,还要考虑形位误差对封闭环的影响。

(3) 画尺寸链图

为清楚表达尺寸链的组成,通常不需要画出零件或部件的具体结构,也不必按照严格的比例,只需将链中各尺寸依次画出,形成封闭的图形即可,这样的图形称为尺寸链图,如图 $10-7(b)$ 所示。构成尺寸链的每一个尺寸都称为尺寸链的"环",每个尺寸链至少应有三个环。绘制尺寸链简图时,应由装配要求的尺寸首先画起,然后依次绘出与该项要求有关联的各个尺寸。在尺寸链图中,常用带单箭头的线段表示各环,箭头仅表示查找尺寸链组成环的方向。为了检查尺寸链的封闭性,在尺寸链图上,假设一个旋转方向,绕其轮廓(顺时针方向或逆时针方向)由任一环的基面出发,看最后是否能以相反的方向回到这一基面。与封闭环箭头方向相同的环为减环,与封闭环箭头方向相反的环为增环。在图 $10-7(b)$ 中,A_3 为减环,A_1、A_2 为增环。

10.3.2   尺寸链的计算

分析和计算尺寸链是为了正确合理地确定尺寸链中各环的尺寸和精度,主要解决以下三类任务。

1) 已知各组成环的极限尺寸,求封闭环的极限尺寸。这类计算主要用来验算设计的正确性,故又叫校核计算。

2) 已知封闭环的极限尺寸和各组成环的基本尺寸,求各组成环的极限偏差。这类计算主要用在设计上,即根据机器的使用要求来分配各零件的公差,所以也称设计计算。

3) 已知封闭环和部分组成环的极限尺寸,求某一组成环的极限尺寸。这类计算主要用在工艺设计上,求某一组成环的极限尺寸,所以也叫中间计算。

1. 用极值法计算尺寸链的基本公式

设尺寸链的组成环数为 m,其中 n 个增环,$m-n$ 个减环,A_0 为封闭环的基本尺寸,A_i 为组成环的基本尺寸,则对于直线尺寸链有如下公式。

(1) 封闭环的基本尺寸

$$A_0 = \sum_{i=1}^{n} A_i - \sum_{i=n+1}^{m} A_i \qquad (10-1)$$

即封闭环的基本尺寸等于所有增环的基本尺寸之和减去所有减环的基本尺寸之和。

(2) 封闭环的极限尺寸

$$A_{0\max} = \sum_{i=1}^{n} A_{i\,\max} - \sum_{i=n+1}^{m} A_{i\,\min} \qquad (10-2)$$

$$A_{0\min} = \sum_{i=1}^{n} A_{i\,\min} - \sum_{i=n+1}^{m} A_{i\,\max} \qquad (10-3)$$

即封闭环的最大极限尺寸等于所有增环的最大极限尺寸之和减去所有减环最小极限尺寸之和,封闭环的最小极限尺寸等于所有增环的最小极限尺寸之和减去所有减环的最大极限尺寸之和。

(3) 封闭环的极限偏差

$$ES_0 = \sum_{i=1}^{n} ES_i - \sum_{i=n+1}^{m} EI_i \qquad (10-4)$$

$$EI_0 = \sum_{i=1}^{n} EI_i - \sum_{i=n+1}^{m} ES_i \qquad (10-5)$$

即封闭环的上偏差等于所有增环上偏差之和减去所有减环下偏差之和,封闭环的下偏差等于所有增环下偏差之和减去所有减环上偏差之和。

(4) 封闭环的公差

$$T_0 = \sum_{i=1}^{m} T_i \qquad (10-6)$$

即封闭环的公差等于所有组成环公差之和。

2. 完全互换法解尺寸链

在采用完全互换装配法装配尺寸时,尺寸链中各环按规定公差加工后,不需经修理、选择和调整,就能保证其封闭环的预定精度。

例 10 - 1 图 10 - 8(b)所示的装配单元,为了使齿轮能正常工作,要求装配后齿轮端面和机体孔端面之间具有 0.1~0.3 mm 的轴向间隙。已知各环基本尺寸为 $B_1 = 80$ mm,$B_2 = 60$ mm,$B_3 = 20$ mm,试用完全互换法解此尺寸链。

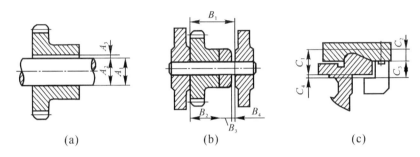

(a)　　　　　　　(b)　　　　　　　(c)

图 10 - 8　装配尺寸链

解 1) 绘出尺寸链简图(见图 10 - 9(b)),确定 B_Δ 为封闭环。

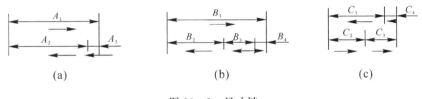

(a)　　　　　　　(b)　　　　　　　(c)

图 10 - 9　尺寸链

2) 计算封闭环基本尺寸。
$$B_\Delta = B_1 - (B_2 + B_3) = 80 - (60 + 20) = 0$$
3) 确定各组成环公差及极限尺寸。

封闭环公差:$\delta_\Delta = 0.30 - 0.10 = 0.20$(mm)

根据 $\delta_\Delta = \sum \delta_i = \delta_1 + \delta_2 + \delta_3 = 0.20$(mm),考虑到各组成环尺寸的加工难易程度,合理分配各环尺寸公差:
$$\delta_1 = 0.10 \text{ mm}, \delta_2 = 0.06 \text{ mm}, \delta_3 = 0.04 \text{ mm}$$

因 B_1 为增环,B_2、B_3 为减环,故取 $B_1 = 80 + 0.10$ mm,$B_2 = 60 - 0.06$ mm,则 B_3 的极限尺寸可按下式计算,即

$$B_{3max} = B_{1\,min} - (B_{2\,max} + B_{\Delta min})$$

$$= 80 - (60 + 0.1) = 19.9 \text{ mm}$$

$$B_{3\,min} = B_{1\,max} - (B_{2\,min} + B_{\Delta max})$$

$$= 80.1 - (59.94 + 0.3) = 19.86 \text{ mm}$$

即 $$B_3 = 20^{-0.10}_{-0.04} \text{ mm}$$

3. 校核计算

例 10 - 2   图 10 - 10 所示为一零件的标注示意图,试校验该图的尺寸公差、位置公差能否使 BC 两点处薄壁尺寸在 9.7～10.05 mm 内。

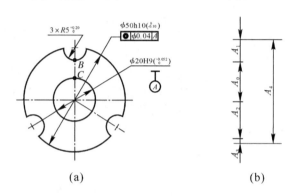

(a)   (b)

图 10 - 10   零件尺寸链

解   1)画出该零件的尺寸链图,如图 10 - 10(b)所示。壁厚尺寸 A_0 为封闭环,A_1 为圆弧槽的半径,A_2 为内孔 $\phi20H9$ 的半径,A_3 为内孔 $\phi20H9$ 与外圆 $\phi50h10$ 的同轴度的允许误差,其尺寸为 0 ± 0.02 mm,A_4 为外圆 $\phi50h10$ 的半径,A_1、A_2、A_3、A_4 为组成环。

2)判断增、减环。由图 10 - 10 可知 A_4 为增环,A_1、A_2、A_3 为减环。

3)计算封闭环的基本尺寸。

$$A_0 = A_4 - (A_1 + A_2 + A_3) = 10 \text{ mm}$$

4)计算封闭环的公差。已知各组成环的公差分别为

$$T_1 = 0.2 \text{ mm}, T_2 = 0.026 \text{ mm}, T_3 = 0.04 \text{ mm}, T_4 = 0.05 \text{ mm}$$

$$T_0 = \sum_{i=1}^{4} T_i = 0.316 \text{ mm}$$

5)计算封闭环的中间偏差。各组成环的中间偏差分别为

$$\Delta_1 = +0.1 \text{ mm}, \Delta_2 = +0.013 \text{ mm}, \Delta_3 = 0 \text{ mm}, \Delta_4 = -0.025 \text{ mm}$$

$$\Delta_0 = \Delta_4 - (\Delta_1 + \Delta_2 + \Delta_3) = -0.138 \text{ mm}$$

6）计算封闭环的上、下偏差。

$ES_0 = \Delta_0 + 1/(2T_0) = -0.138 + 0.5 \times 0.316 = +0.020 \text{ mm}$

$EI_0 = \Delta_0 - 1/(2T_0) = -0.138 - 0.5 \times 0.136 = -0.296 \text{ mm}$

故封闭环的尺寸为 $A_0 = 10^{+0.020}_{-0.296}$ mm，对应的尺寸范围为 9.704～10.02 mm，在所要求的范围之内，故图 10-10 中的图样标注能满足壁厚尺寸的变动要求。

例 10-3　如图 10-11 所示的结构，已知各零件的尺寸为：$A_1 = 30$ mm，$A_2 = A_5 = 5$ mm，$A_3 = 43$ mm，$A_4 = 3$ mm。设计要求间隙 A_0 为 0.1～0.35 mm。试确定各组成环的公差和极限偏差。

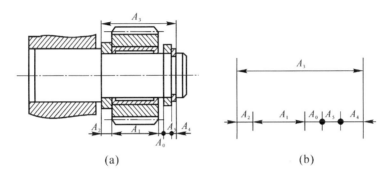

图 10-11　校核尺寸链

解　1）确定封闭环。间隙 A_0 为最后自然形成的尺寸，故为封闭环。

2）确定组成环，画尺寸链图（见图 10-11(b)）。

3）判断增减环。A_3 为增环，A_1、A_2、A_4 和 A_5 为减环。

4）计算。封闭环的基本尺寸为

$$A_0 = A_3 - (A_1 + A_2 + A_4 + A_5) = 43 - (30 + 5 + 3 + 5) = 0 \text{ mm}$$

上偏差 $= +0.35$ mm

下偏差 $= +0.10$ mm

封闭环公差 $T_0 = 0.35 - (+0.10) = 0.25$ mm

各组成环的平均公差 $T_i = T_0/(n-1) = 0.25/5 = 0.05$ mm

根据各环基本尺寸大小及加工的难易程度，将各环公差调整为

$$T_1 = T_2 = 0.06 \text{ mm}$$

$$T_2 = T_5 = 0.04 \text{ mm}$$

按"入体原则"确定各组成环的极限偏差。A_1、A_2、A_4 和 A_5 为被包容件，则

$$A_1 = 30^{0}_{-0.06}，A_2 = 5^{0}_{-0.04}，A_4 = 3^{0}_{-0.05}，A_5 = 5^{0}_{-0.04}$$

根据式（10-4）、式（10-5）可得协调环 A_3 的极限偏差为

$$0.35 = ES_3 - (-0.06 - 0.04 - 0.05 - 0.04)$$

$$ES_3 = 0.16 \text{ mm}$$

$$0.10 = EI_3 - 0 - 0 - 0 - 0$$

$$EI_3 = 0.10 \text{ mm}$$

因此，$A_3 = 43^{+0.16}_{+0.10}$ mm

4. 设计计算

设计计算是根据封闭环的极限尺寸和组成环的基本尺寸确定各组成环的公差和极限偏差，最后再进行校核计算。在具体分配各组成环的公差时，常采用"等公差法"或"等精度法"。

当各环的基本尺寸相差不大时，可将封闭环的公差平均分配给各组成环，该方法称为等公差法；将各组成环的公差等级取相同等级分配公差的方法称为等精度法。

等精度法设定各环公差等级系数相等，设其值平均为 a_{iv}，则有

$$a_1 = a_2 = \cdots = a_i = a_{iv}$$

式中：a 为公差等级系数；i 为标准公差因子。

按 GB/T 1800—1998 规定，当基本尺寸小于 500 mm，且公差等级在 IT5~IT18 时，标准公差的计算式为 $T = a_i$。公差等级系数 a 的值和标准公差因子 i 的数值列于表 10-1 和表 10-2 中。

表 10-1 公差等级系数 a 的数值

公差等级	IT8	IT9	IT10	IT11	IT12	IT13	IT14	IT15	IT16	IT17	IT18
系数 a	25	40	64	100	160	250	400	640	1000	1600	2500

表 10-2 公差因子 i 的数值

尺寸段/mm	1~3	>3~6	>6~10	>10~18	>18~30
i/μm	0.54	0.75	0.90	1.08	1.31
尺寸段/mm	>30~50	>50~80	>80~120	>120~180	>180~250
i/μm	1.56	1.86	2.17	2.52	2.90

例 10-4 如图 10-12(a)所示齿轮箱，根据使用要求，应保证间隙 A_0 在 1~1.75 mm 间。已知各零件的基本尺寸为：$A_1 = 140$ mm，$A_2 = A_5 = 5$ mm，$A_3 = 101$ mm，$A_4 = 50$ mm。试用"等精度法"求各环的极限偏差。

解 1）由于间隙 A_0 是装配后得到的，故为封闭环；尺寸链图如图 10-12(b)所示，其中 A_3、A_4 为增环，A_1、A_2、A_5 为减环。

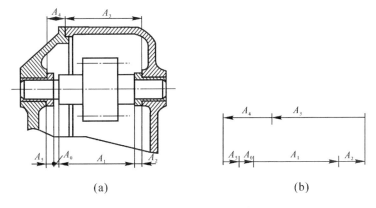

$$(a) \qquad\qquad (b)$$

图 10-12 齿轮箱部件尺寸链

2）计算封闭环的基本尺寸。

$$A_0 = (A_3 + A_4) - (A_1 + A_2 + A_5) = (101 + 50) - (140 + 5 + 5) = 1 \text{ mm}$$

故封闭环的尺寸为 $1_0^{+0.75}$ mm，$T_0 = 0.75$ mm。

3）计算各环的公差。由表 10-1 可查各组成环的公差因子为

$$i_1 = 2.52, \ i_2 = i_5 = 0.73, \ i_3 = 2.17, \ i_4 = 1.56$$

各组成环相同的公差等级系数为

$$a = T_0 / (i_1 + i_2 + i_3 + i_4 + i_5) = 750 / (2.52 + 0.73 + 2.17 + 1.56 + 0.73) = 97$$

查表 10-1 可知，$a = 97$ 在 IT10 级和 IT11 级之间。

5．中间计算

中间计算常用在基准换算和工序尺寸换算等工艺计算中。

例 10-5 如图 10-13(a) 所示的轴，加工顺序为车外圆 A_1 为 $\phi 70.5_{-0.1}^{0}$ mm，铣键槽深为 A_2，磨外圆 A_3 为 $\phi 70_{-0.06}^{0}$ mm。要求磨完外圆后，保证键槽深 A_0 为

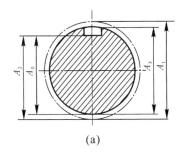

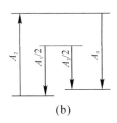

$$(a) \qquad\qquad (b)$$

图 10-13 轴的工艺尺寸链

$\phi 62^{\ 0}_{-0.3}$ mm，求键槽的深度 A_2。

解　1）A_0 是加工最后自然形成的环，所以是封闭环；尺寸链图如图 10-13（b）所示（以外圆圆心为基准，依次画出 $\dfrac{A_1}{2}$、A_2、A_0 和 $\dfrac{A_3}{2}$），其中 A_2、$\dfrac{A_3}{2}$ 为增环，$\dfrac{A_1}{2}$ 为减环。

2）计算 A_2 的基本尺寸和上、下偏差。

$$A_2 = A_0 - \frac{A_3}{2} + \frac{A_1}{2} = 62 - \frac{70}{2} + \frac{70.5}{2} = 62.25 \text{ mm}$$

$$\text{ES}_2 = \text{ES}_0 - \frac{\text{ES}_3}{2} + \frac{\text{EI}_1}{2} = 0 - 0 + (-0.05) = -0.05 \text{ mm}$$

$$\text{EI}_2 = \text{EI}_0 - \frac{\text{EI}_3}{2} + \frac{\text{ES}_1}{2} = -0.3 - (-0.03) + 0 = -0.27 \text{ mm}$$

3）校核计算结果。由式（10-6）可得

$$T_0 = T_2 + \frac{T_3}{2} + \frac{T_1}{2} = -0.05 - (-0.27) + 0.03 + 0.05 = 0.3 \text{ mm}$$

6. 装配尺寸链的其他解法

（1）分组装配法解尺寸链

分组装配法是先将各组成环按极值法求出公差值和极限偏差值，并将其公差扩大若干倍，即按经济可行的公差制造零件，然后将扩大后的公差等分为若干组（分组数与公差扩大倍数相等），最后按对应组别进行装配，同组零件可以互换。采取这样措施后，仍可保证封闭环原精度要求。这种方法只限于同组内的互换性，称为有限互换或不完全互换。

图 10-14（a）所示为发动机活塞销与活塞销孔的装配图，要求在常温下装配时，应有 $0.0025 \sim 0.0075$ mm 的过盈。若用极值法，活塞销的尺寸应为 $d = 28^{\ 0}_{-0.0025}$ mm，活塞销孔应为 $D = 28^{-0.0050}_{-0.0075}$ mm，即孔、轴公差都为 IT2，加工相当困

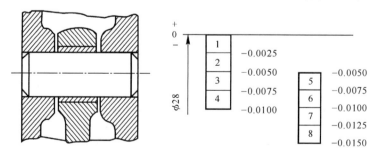

图 10-14

难。若采用分组装配(分为 4 组),活塞销的制造尺寸扩大为 $d = 28_{-0.010}^{0}$ mm,活塞销孔的尺寸则相应为 $D = 28_{-0.015}^{-0.005}$(孔、轴公差与 IT5 大体相当)。如图 6-14(b)所示,各组成环公差带分成公差相等的 4 组。按对应组别进行装配,即能保证最小过盈为 0.0025 mm 及最大过盈为 0.0075 mm 的技术要求。各组相配尺寸见表10-3。

表 10-3 活塞销和活塞销孔分组尺寸　　　　　　　　mm

组别	活塞销直径 $\phi 28_{-0.010}^{0}$	活塞销孔直径 $\phi 28_{-0.015}^{-0.005}$	配合情况	
			最小过盈	最大过盈
1	$\phi 28_{-0.0025}^{0}$	$\phi 28_{-0.0075}^{-0.0050}$	0.0025	0.0075
2	$\phi 28_{-0.0050}^{-0.0025}$	$\phi 28_{-0.0100}^{-0.0075}$		
3	$\phi 28_{-0.0075}^{-0.0050}$	$\phi 28_{-0.0125}^{-0.0100}$		
4	$\phi 28_{-0.0100}^{-0.0075}$	$\phi 28_{-0.0150}^{-0.0125}$		

采用分组装配时的具体要求如下:

1)保证分组后各组的配合性质、精度与原来的要求相同,配合件的公差范围应相等,公差增大时要向同方向增大,增大的倍数就是以后的分组数。

2)保证零件分组后在装配时能够配套。

3)分组数不宜过多。

4)分组公差不准任意缩小。

分组装配法既可扩大零件的制造公差,又可保持原有的高装配精度。其主要缺点是:检验费用增加;仅组内零件可以互换,所以在一些组内可能有多余零件。故一般只宜用于成批大量生产的高精度、零件形状简单易测、环数少的尺寸链。

(2) 调整装配法解尺寸链

对于封闭环要求较高的尺寸链,当不能按完全互换法进行装配时,除了用选择装配法选择装配,以保证封闭环要求外,还可以用调整法对选定的某一组成环做调整来保证封闭环要求。这个选定的组成环叫补偿环或调节环。

调整装配法解尺寸链与修配装配法解尺寸链的方法基本类似,也是将尺寸链各组成环按经济公差制造。此时由于组成环尺寸公差放大而使封闭环上产生的累积误差,不是采取切除修配环少量金属来抵消,而是采取调整补偿环的尺寸或位置来补偿。

常用的补偿环可分为以下三种。

1) 固定调整法。在尺寸链中选择一个合适的组成环作为补偿环(如垫片、垫圈或轴套)。补偿环可根据需要按尺寸大小分成若干组,装配时从合适的尺寸组中取一补偿件,装入尺寸链中的预定位置,即可保证装配精度,使封闭环达到规定的技术要求。

如图 10-15 所示部件,两固定补偿环用于使锥齿轮处于正确的啮合位置。装配时,根据所测得的实际间隙选择合适的调整垫片作补偿环,使间隙达到装配要求。

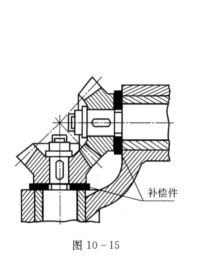

图 10-15

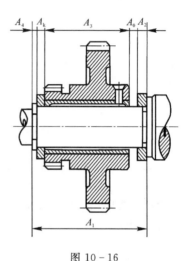

图 10-16

例 10-6　图 10-16 所示为车床主轴双联齿轮轴向装配结构及尺寸链,要求隔套、齿轮、固定调节件(垫圈)及弹性挡圈装在轴上后,双联齿轮的轴向间隙 $A_0=0.05 \sim 0.2$ mm。各环的基本尺寸为 $A_1=115$ mm, $A_2=8.5$ mm, $A_3=95$ mm, $A_4=2.5$ mm, $A_k=9$ mm。

解　如果用完全互换法装配,则各组成环公差的平均值为

$$a_{iv}=0.15/5=0.03 \text{ mm}$$

按这样小的公差加工是不经济的。现按经济加工精度确定有关零件公差,采用固定调节法装配。

用 A_k 表示固定补偿件的尺寸, T_k 定为 0.03 mm,按"单向体内原则"规定 A_k 为

$$A_k=9_{-0.03}^{0} \text{ mm}$$

除 A_1 外,其余各环的制造要求按经济加工精度和"单向体内原则"规定如下:

$$A_2 = 8.5_{-0.1}^{0} \text{ mm}, \quad A_3 = 95_{-0.1}^{0} \text{ mm}, \quad A_4 = 2.5_{-0.12}^{0} \text{ mm}$$

选 A_1 为协调环,按经济加工精度将公差确定为 0.15 mm。在保证 $A_{0\min} = 0.05$ mm 的要求下,按完全互换法的极值解法,计算 A_1 为(计算过程从略)

$$A_1 = 115_{+0.05}^{+0.20} \text{ mm}$$

2)可动调整法。这是一种位置可调整的补偿环,装配时,调整其位置即可达到封闭环的精度要求。这种补偿环在机构设计中应用很广,而且有各种各样的结构形式,如机床中常用的镶条、锥套、调节螺旋副等。

① 镶条位置的调整。图 10 – 17 所示为用螺钉调整镶条位置以达到装配精度(间隙 L_0)的例子。

②丝杠螺母副间隙的调整。为了能通过调整来消除丝杠螺母副间隙,可采用图 10 – 18 所示的结构。当发现丝杠螺母副间隙不合适时,转动中间螺钉,通过斜楔块的上下移动来改变间隙的大小。靠近螺母左端某一个牙的左侧和靠近螺母右端某一个牙的右侧之间的距离,就是丝杠螺母副间隙尺寸链中的调节环。楔块位置的改变,造成了这两个牙侧之间距离的改变。

在这里,楔块孔与丝杠之间的间隙是楔块的移动量,对应着牙侧之间距离的改变量。牙侧之间距离的最大或最小值,还与楔块孔的孔位有关。设计时,要注意楔块孔的定形尺寸和定位尺寸。

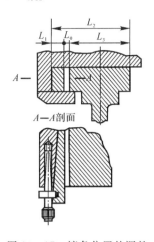

图 10 – 17　镶条位置的调整

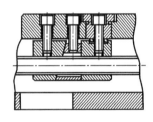

图 10 – 18　丝杠螺母副间隙的调整

可动调整法的应用比较广泛,还有能实现自动调整的结构。

调整装配法的优点是:按经济加工精度确定组成环公差,扩大了组成环的制造公差,使制造容易;改变补偿环可使封闭环达到很高的精度;装配时不需修配,易组织流水生产;使用过程中可调整补偿环或更换补偿环,以恢复机器的原有精度。缺点是:有时需要增加尺寸链中的零件数(补偿环);不具备完全互换性。故调整法只宜用于封闭环要求精度很高的尺寸链,以及使用过程中某些零件尺寸(环)会发生变化(如磨损)的尺寸链。

(3)误差抵消调整装配法

误差抵消调整装配法就是通过调整几个补偿环的相互位置,使其加工误差相互抵消一部分,从而使封闭环达到其公差与极限偏差要求的方法。这种方法中的补偿环为多个矢量。常见的补偿环是轴承件的跳动量、偏心量和同轴度等。这种方法可在不提高轴承和主轴加工精度的条件下,提高装配精度。与其他调整法一样,这种装配方法常用于机床制造及封闭环要求较高的多环装配尺寸链中。但是,由于误差抵消调整装配法需事先测出补偿环的误差方向和大小,因此装配时需要技术等级高的工人,从而增加了装配时和装配前的工作量,并给装配组织工作带来了一定的麻烦。误差抵消调整装配法多用于批量不大的中小批生产和单件生产。

　　误差抵消调整法也称为定向选配法或角度选配法,是在装配时根据尺寸链中某些组成环误差的方向作定向装配,使其误差互相抵消一部分,以提高封闭环的精度。其实质和可动调整法相似,具体请参阅第 12 章提高滚动轴承轴组旋转精度的装配方法的有关内容。

思考题与习题

　　1.装配工作的重要性有哪些?

　　2.产品有哪些装配工艺过程,其主要内容是什么?

　　3.什么是装配工艺规程?

　　4.装配工艺规程是如何编制的?

　　5.零件或部件达到最终配合精度的装配方法有哪些?

　　6.何谓完全互换装配法,它有哪些优缺点?

　　7.何谓选配装配法,它可分为哪几种?

　　8.何谓直接选配装配法,它有何优缺点?

　　9.何谓分组选配装配法,它有何优缺点?

　　10.何谓调整装配法,它有哪些优缺点?

　　11.采用调整法装配时应注意哪些事项?

　　12.试述部件装配的工艺过程。

　　13.什么叫尺寸链,它有何特点?

　　14.如何确定尺寸链的封闭环? 怎样区分增环与减环? 一个长度尺寸链中是否既要有增环,也要有减环?

　　15.比较封闭环公差和组成环公差的大小,为什么任何一个组成环的公差都小于封闭环的公差?

　　16.何谓封闭环? 在每个尺寸链中有几个封闭环?

　　17.何谓组成环? 每个尺寸链中有几个组成环?

　　18.何谓增环? 何谓减环? 怎样用箭头所指方向不同来区别增环还是减环?

　　19.封闭环与组成环的极限尺寸有什么关系?

　　20.计算装配尺寸链的方法有哪几种?

21.完全互换法、分组法、调整法和修配法各有何特点,各适用于何种场合?

22.按图 10-19 所示孔间距尺寸加工孔,用尺寸链求解孔 1 和孔 2、孔 1 和孔 3 间尺寸的变化范围。

23.如图 10-20 所示零件,若加工时以 J 面为基准加工尺寸 A_1 和 A_2,则 A_3 的尺寸为多少?

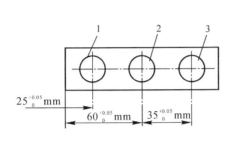

图 10-19　题 22 图

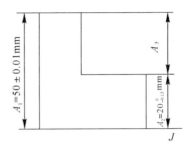

图 10-20　题 23 图

第11章 齿轮传动机构的装配

11.1 概 述

11.1.1 齿轮传动的应用和特点

齿轮传动是机械传动中最重要、最为广泛的一种传动形式。它是由分别安装在主动轴及从动轴上的两个齿轮相互啮合而组成。齿轮传动可用来传递运动和转矩,改变转速的大小和方向,与齿条配合时,可把转动变为移动。

齿轮最常用的材料是 45 钢和 40Cr 合金钢,也有用铸铁的。为了提高轮齿的齿面硬度,钢制齿轮的齿面还要进行热处理。

11.1.2 齿轮传动的的分类

按两齿轮轴线的相对位置及齿线的形状,齿轮传动可分为以下几种。

1) 平行轴齿轮传动　包括直齿轮传动、平行轴斜齿轮传动、人字齿轮传动、齿轮齿条传动和内齿轮传动等。

2) 相交轴齿轮传动　包括直齿锥齿轮传动、斜齿锥齿轮传动和曲线齿锥齿轮传动等。

3) 交错轴齿轮传动　包括交错轴斜齿轮传动和准双曲面齿轮传动。用于两轴平行传递动力的齿轮为圆柱形齿轮。

圆柱齿轮又可分为直齿圆柱齿轮(图 11 - 1(a))、斜齿圆柱齿轮(图 11 - 1(b))和人字齿圆柱齿轮(图 11 - 1(c))。直齿圆柱齿轮的齿是直的,并且与轴线平行,便于制造,应用广泛。斜齿圆柱齿轮优点是传动平稳,噪声较小,允许的传动速度较高,承载能

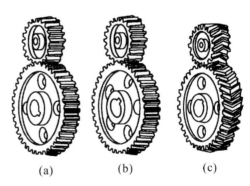

(a)　　　(b)　　　(c)

图 11 - 1　圆柱齿轮传动

力较强。但斜齿轮在传动时有轴向分力。设计时要考虑轴向力而采用推力轴承或用两个螺旋角相反的斜齿-人字齿轮,以消除轴向力。

11.1.3 齿轮传动的精度要求

1) 传递运动的准确性　要求齿轮在一转范围内,其最大转角误差限制在一定范围内,从而使齿轮副的传动比变化小,保证传递运动准确。

2) 传动平稳性　要求齿轮副的瞬时传动比变动小。齿轮在一转中,这种瞬时传动比变动是多次重复出现的,它是引起齿轮噪声和振动的主要因素。

3) 齿面承载的均匀性　齿轮在传动中要求工作齿面接触良好,承载均匀,以免载荷集中于局部区域而引起应力集中,造成局部磨损,从而影响使用寿命。

齿轮副工作齿面接触精度是用齿轮副的接触斑点和接触位置来评定的。所谓接触斑点就是装配好的齿轮副在轻微的制动下,运转后齿面上分布的接触痕迹。接触痕迹的大小是在齿面展开图上用百分比来计算的,见表 11-1 和表 11-2。接触斑点的分布位置应趋近齿面中部。齿顶和两端部棱边处不允许接触。

表 11-1　齿轮副的接触斑点

接触斑点	精度等级											
	1	2	3	4	5	6	7	8	9	10	11	12
按高度 不少于	65	65	65	60	55 (45)	50 (40)	45 (35)	40 (30)	30	25	20	15
按长度 不少于	95	95	95	90	80	70	60	50	40	30	30	30

注:括号内数值用于轴向重合度 $\varepsilon_\beta > 0.8$ 的斜齿轮。

表 11-2　接触斑点百分比的计算

图例	接触痕迹方向	定义	计算公式
	沿齿长方向	接触痕迹的长度(扣除超过模数值的断开部分 c)与工作长度 b' 之比的百分数	$\dfrac{(b''-c)}{b'} \times 100\%$
	沿齿高方向	接触痕迹的平均高度 h'' 与工作高度 h' 之比的百分数	$\dfrac{h''}{h'} \times 100\%$

4）齿轮副侧隙的合理性　齿轮副的非工作面间要求有一定的间隙，用以储存润滑油，补偿齿轮的制造误差、装配误差、受热膨胀及受力后的弹性变形等。这样可以防止齿轮在传动时发生卡死或齿面烧蚀现象。但侧隙也是引起齿轮正反转的回程误差及冲击的不利因素。

11.2　齿轮传动机构的装配

11.2.1　齿轮传动机构的装配要求

齿轮传动机构组装后，应具有传动均匀、工作平稳、无冲击振动和噪声、换向无冲击、承载能力强及使用寿命长等特点。为保证装配质量，装配时应注意以下几点要求。

1）齿侧间隙要正确。间隙小，齿轮转动不灵活，甚至研伤卡齿，加剧齿面的磨损；间隙过大，换向空程大，会产生冲击和噪声。

2）相互啮合的两齿轮要有一定的接触面积和正确的接触部位。

3）对转速高的大齿轮要进行平衡检查。

4）封闭箱体式齿轮传动机构应密封严密，不得有漏油现象；内部设有润滑管路的，管路联接要密封，固定要牢固；润滑喷嘴开口适当，润滑位置准确。

5）要按图纸及有关技术要求保证箱体（机体）及零部件的加工精度，加工后的箱体结合面，在图纸技术要求无具体规定的情况下，在自由状态下，用塞尺检查结合面间隙，箱体最大尺寸大于 1000 mm 者，用厚度为 0.1 mm 的塞尺在任何方位都不得通过；箱体结合面需涂以密封胶密封。

6）齿轮传动机构组装完毕后，通常要求进行跑合试车（不要求试车的除外）。

11.2.2　齿轮传动机构的装配方法

现以圆柱齿轮传动机构和圆锥齿轮传动机构为例，说明其装配方法及要求，其他类型的装配与此相类似，装配时可参照进行。

1. 圆柱齿轮机构的装配

装配圆柱齿轮传动机构，一般是先把齿轮装在轴上，再把齿轮轴部件装入箱体中。装配的主要技术要求有：工作时传动均匀，噪声较小；相互啮合的齿轮轴线要互相平行，并保持一定的中心距 A；轮齿间应有一定的间隙 c（图 11 - 2），并要有足够的接触斑点。

　　安装前,应检查齿轮的轮齿和轴孔有无碰伤,并去掉毛刺。齿轮和轴的配合可采用间隙配合,而工作时不移动的齿轮通常采用过渡配合,一般都采用键联接。

　　(1) 齿轮与轴的装配

　　齿轮是在轴上进行工作的,轴上安装齿轮(或其他零件)的部位应光洁并符合图样要求。齿轮在轴上可以空转、滑移或与轴固定联接。图 11 - 3 是常见的几种结合方法。

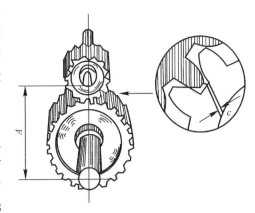

图 11 - 2　齿轮啮合时的情况

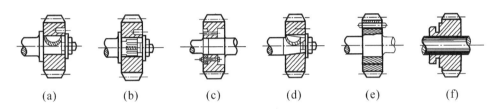

图 11 - 3　齿轮与轴的结合方式

(a)圆柱轴径和半圆键;(b)花键;(c)螺栓法兰;(d)圆锥轴径和半圆键;

(e)带固定铆钉的压配;(f)与花键滑配

　　在轴上空转或滑移的齿轮,与轴为间隙配合。装配后的精度主要取决于零件本身的加工精度,这类齿轮的装配比较方便。装配后,齿轮在轴上不得有晃动现象。

　　在轴上固定的齿轮,通常与轴的配合有少量过盈量(多数为过渡配合),装配时需加一定外力。若配合的过盈量不大,可用手工工具敲击压装;过盈量较大的,可用压力机压装。

　　在轴上安装的齿轮,常见的装配误差是齿轮的偏心(图 11 - 4(a))、歪斜(图 11 - 4(b))和端面未贴紧轴肩(图 11 - 4(c))。压装时,一定要找准基准面,要避免齿轮歪斜和产生变形。

　　在压装后需要检验其径向圆跳动和端面圆跳动误差。测量径向圆跳动误差的方法,如图 11 - 5(a)所示。将齿轮轴支持在 V 形架或两顶尖上,使轴和平板平行,把圆柱规放在齿轮的轮齿间,将百分表测量头抵在量柱上,从百分表上得出一个读数。然后转动齿轮,每隔 3～4 个轮齿再重复进行一次测量,百分表最大读数与最小读数之差,就是齿轮分度圆上的径向圆跳动误差。

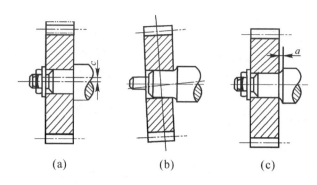

(a)　　　　　　　(b)　　　　　　　(c)

图 11-4　齿轮在轴上的安装误差

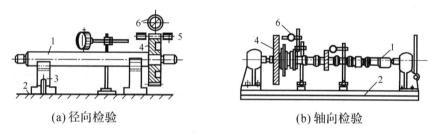

(a)径向检验　　　　　　　　　　　　(b)轴向检验

图 11-5　齿轮摆动量的检验

(a)径向检验　(b) 轴向检验

1—轴;2—工作台;3—V形铁(顶尖);4—齿轮;5—量柱;6—百分表

检查端面圆跳动误差,可以用顶尖将轴顶在中间,使百分表测量头抵在齿轮端面上。在齿轮轴旋转一周范围内,百分表的最大读数与最小读数之差为齿轮端面圆跳动误差。

齿轮与轴为锥面结合时,常用涂色法检查内外锥面的接触情况,贴合不良的可用三角刮刀进行修正。

当测定的摆动量超过要求时,就要根据摆动情况检查其原因,有时可将齿轮变换某一角度后压入,或对配合面进行修整。

(2) 将齿轮轴组件装入箱体

将齿轮轴组件装入箱体,是一个极为重要的工序。装入箱体的所有零件、组件必须清洗干净,将齿轮轴组件装入箱体内的方式,应根据各种类型的箱体及轴在箱体内的结构特点而定。

箱体孔的同轴度、中心距、垂直度、孔与端面的垂直度等,组装时应做好各项数据的记录。

对于剖分式箱体,齿轮轴部件的装入是很方便的,只要打开上部,齿轮轴组件即可放入。例如常见的减速器,只要将上箱盖打开,组件就可直接放在下箱体上。但对于非剖分式箱体的齿轮传动,齿轮与轴的装配只能是在装入箱体的过程中同时进行。轴上的所有件(包括齿轮、轴承、套等)都要一个个地按顺序组装,这种结构装配比较困难些。但凡是这种结构,轴上的配合件过盈量都不会大,装配时可根据配合直径的大小,细心操作,使用手锤等工具可以将其装入。

采用滚动轴承结构的,其两轴的平行度与中心距基本上是不可调整的。对于滑动轴承结构,尚可以结合齿面接触情况作微量调整。

齿轮传动机构中,支承轴两端的支承座与机体分开,其同轴度与平行度、中心距是可以调整的(例如两端为轴承座时),通过调整支承座位置以及在其底部加或减垫片的办法进行,也可以通过实测轴线与支承座的实际尺寸偏差,将其返修加工的方法解决。这种结构调整比较容易。

为了保证齿传动的装配质量,装配前应检验箱体的主要部件的尺寸精度、形状和位置精度。下面介绍孔和平面的位置精度的检验方法。

1) 同轴线孔的同轴度检验。在成批生产中,用专用的检验心棒检验(图 11-6(a)),若心棒能自由地推入几个孔中,表明孔的同轴度在规定的允许偏差范围内。有时为了减少心棒的数量,可用几副不同外径的检验套配合检验(图 11-6(b))。

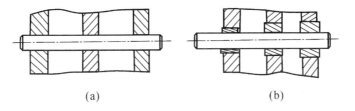

(a)　　　　　　　　　　　(b)

图 11-6　用心棒检验孔的同轴度

(a)等直径孔;(b)不等直径孔

2) 孔距精度和孔系相互位置精度检验。孔距及孔系轴线的平行度可用心棒检验(也可不用心棒检验),由图 11-7 可得:

孔距 $A=\dfrac{L_1+L_2}{2}-\dfrac{d_1-d_2}{2}$;平行度误差 $\delta=|L_1-L_2|$ 。

3) 轴线与基准面的尺寸精度和平行度检验。箱体基准面用等高的垫块支承在平板上,将心棒插入孔中(图 11-8)。用游标高度尺测量心棒两端尺寸 h_1 和 h_2 ,则轴线与基准面的距离 $h=\dfrac{h_1+h_2}{2}-\dfrac{d}{2}-a$;平行度误差 $\delta=|h_1-h_2|$ 。

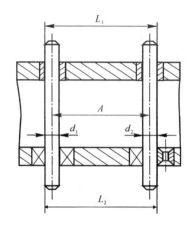
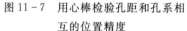

图 11 - 7　用心棒检验孔距和孔系相
　　　　　互的位置精度

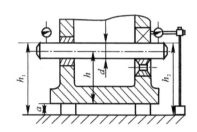

图 11 - 8　轴线与基面的尺寸精度和平行度检验

4）轴线与孔端面的垂直度检验。如图 11 - 9 所示，用带有检验圆盘的心棒插入孔中，用塞尺可检验轴线与孔端面的垂直度，也可用心棒和百分表检验。

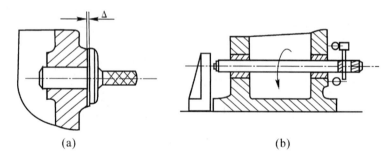

(a)　　　　　　　　　　　　　　　　(b)

图 11 - 9　轴线与孔端面的垂直度检验

（3）装配质量的检验与调整

齿轮轴组件装入箱体后，必须检验其装配质量，以保证各齿轮之间有良好的啮合精度。装配质量的检验包括侧隙的检验和接触面积的检验。

1）侧隙的检验　装配时主要保证齿侧间隙，而齿顶间隙有时只作参考。侧隙的大小要适当，具有一定的侧隙是必要的，它可以补偿齿轮的制造和装配偏差，补偿热膨胀及形成油膜，防止研伤以至卡住现象，但间隙过大会造成冲击。因此侧隙过大、过小都将引起增加附加载荷，增加齿轮传动的磨损，甚至造成事故。所以一般图纸与技术要求都明确地规定侧隙的范围值。图 11 - 10、图 11 - 11 为检验侧隙的两种方法。

① 用压铅丝法检验。测量齿侧隙的最简单的方法是压铅丝检验法（见图 11 - 10）。如图所示，在齿面沿齿宽两端并垂直于齿长方向平行放置两条铅丝，铅丝的直径不大于齿轮副规定的最小极限侧隙的 4 倍。转动齿轮将铅丝压扁后，测量铅丝最薄处的厚度，即为齿轮副的侧隙。

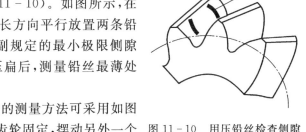

图 11 - 10　用压铅丝检查侧隙

② 用百分表检验。精确的测量方法可采用如图 11 - 11 所示的装置，将一个齿轮固定，摆动另外一个齿轮，通过百分表可直接测出侧隙。通过百分表的测量方法比较精确，具体检测方法是在另一个齿轮上装有夹紧杆，由于齿侧隙的存在，装有夹紧杆的齿轮便可摆动一定角度，从而推动百分表的触头，得到表针摆动的读数 C，根据节圆半径 R、指针长度 L（测量点至中心的距离），即可按下式求得齿侧隙 C_n 的值（式中 C、R、L 的单位均为 mm）。

$$C_n = C \frac{R}{L}$$

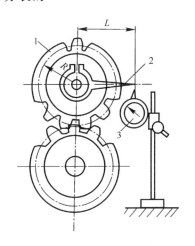

图 11 - 11　检验小模数齿轮啮合中的侧隙
1—齿轮；2—夹紧杆；3—百分表

齿轮副侧隙能否符合要求，在剔除齿轮加工因素外，与中心距误差密切相关。因此对于中心距可以调整的齿轮传动装置，可通过调整中心距来改变啮合时的侧隙。同时侧隙还会影响接触精度，因此，一般要与接触精度结合起来调整中心距，使侧隙符合要求。

2）接触精度的检验　为了提高接触精度，通常是以轴承为调整环节，通过刮削轴瓦或微量调节轴承支座的位置，对轴线平行度误差进行调整，使接触精度达到规定的要求。一对齿轮正常啮合时，在轮齿的高度上，接触斑点面积不少于 30％～50％；在轮齿长度上，不少于 40％～70％（随齿轮的精度而定）。通过涂色检验，还可以判断装配时产生误差的原因。当接触斑点的位置正确，而面积太小时，可在齿面上加研磨剂进行研磨，以达到足够的接触面积。

渐开线圆柱齿轮接触斑点常见的问题、产生原因及其调整方法，见图 11 - 12 及表 11 - 3。

图 11 - 12　用涂色法检查啮合情况
(a)正确；(b)中心距太大；(c)中心距太小；(d)两轴线歪斜

表 11 - 3　渐开线圆柱齿轮接触斑点及调整方法

接触斑点	原因分析	调整方法
正常接触		
同向偏接触	两齿轮轴线不平行	可在中心距公差范围内,刮削轴瓦或调整轴承座
导向偏接触	两齿轮轴线歪斜	
单面偏接触	两齿轮轴线不平或同时歪斜	
游离接触,在整个齿圈上接触区由一边逐渐移至另一边	齿轮端面与回转中心线不垂直	检查并校正齿轮段端面与回转中心线的垂直误差
不规则接触(有时齿面点接触,有时在端面边线上接触)	齿面有毛刺或有碰伤隆起	去除毛刺,修整
接触较好,但不太规则	齿圈径向跳动太大	检验并消除齿圈的径向圆跳动误差

　　若轴承两端为轴承座类部件时,可通过调整轴承座的位置给予解决,否则要采用修研的方法来达到接触精度的要求。

　　通常接触精度的检验与侧隙的调整同时进行。当接触斑点的位置正确而面积太小时,可在齿面上加研磨剂进行研磨,以达到足够的接触面积。对一对啮合齿轮修研齿时要特别注意以下几点要求：

①修研齿时应尽量在一对啮合齿轮中的一件上进行（选齿数少的），以保证修齿后齿形的准确性，当接触精度准确时，另一齿轮可作微量的修整；②当接触斑点正确而接触面积小时，可使用油石条或齿面上加研磨剂研磨等方法修研；③一般齿面可用锉刀、刮刀等进行粗修研，最后用油石条光整修研，硬齿面齿轮，可用油石条、角向磨光机（上软砂轮）修研齿；④修研后，表面粗糙度应不低于原齿面；⑤当发生根切现象时，要对齿顶部位进行倒缘，倒缘要按齿轮模数确定的数值进行。

研齿是一项对技术要求较高的工作，一时不慎就有可能将齿轮修废，因此要求具有较高水平、经验丰富的操作工进行操作。

2. 圆锥齿轮机构的装配

圆锥齿轮（伞齿轮）的轮齿分布在圆锥体表面上。常用圆锥齿轮主要有直齿圆锥齿轮（图 11 - 13(a)）和曲线齿圆锥齿轮（图 11 - 13(b)）两种。

(a)　　　　　　　　(b)

图 11 - 13　圆锥齿轮

(a) 直齿圆锥齿轮；(b)曲线齿圆锥齿轮

装配锥齿轮传动机构的顺序与装配圆柱齿轮传动机构相似，如锥齿轮在轴上的安装方法基本都与圆柱齿轮大同小异。但锥齿轮一般是传递互相垂直两轴之间的运动，故在两齿轮轴的轴向定位和侧隙的调整以及箱体检验等方面，各具有不同的特点。

（1）圆锥齿轮装配的技术要求

装配圆锥齿轮时，安装齿轮轴的机体孔中心线应在同一平面内，并依所要求的角度交于固定点上；两轮中心线的夹角不得超过规定的偏差。为了检验机体孔中心线相互位置的准确性，可采用图 11 - 14 所示的专用工具，即用检棒 1 和检棒 2 检查两孔轴线在同一平面内相交的情况。如果轴线正确，检棒 1 就能通过检棒 2 的孔（检棒 1 和检棒 2 的制造精度误差忽略不计）。经过检查合格的孔，可以减少装配工作量，装配质量较高。

（2）圆锥齿轮装配后的调整

图 11 - 15 为圆锥齿轮组件，如果装配的两孔轴线正确，就只需要调整齿轮的啮合，即调整圆锥齿轮 1、2 的轴向位置。圆锥齿轮 1 的轴向位置可调整垫片的厚度尺寸；圆锥齿轮 2 则需移动固定圈的位置，调好后，根据固定圈的位置在轴上配钻固定孔，用螺钉固定。

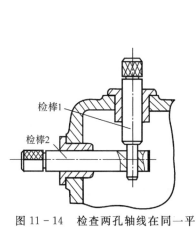

图 11 - 14　检查两孔轴线在同一平面内相交的示意图

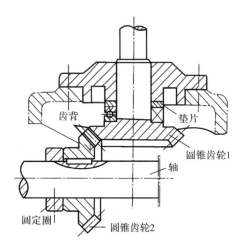

图 11 - 15　圆锥齿轮组件

怎样来辨别圆锥齿轮之间啮合情况和它的装配位置是否正确呢？精确的辨别方法可用着色法，即在主动齿轮上均匀地涂一层显示剂，并来回转动，使主动齿轮上的显示剂印染到被动齿轮上，视其齿面的显示情况，可以判别出误差，并有针对性地予以调整。

（3）两锥齿轮轴向位置的确定

当一对锥齿轮啮合传动时，必须使两齿轮分度圆锥相切，两锥顶重合。装配时以此来确定小齿轮的轴向位置，或者说这个位置是以安装距离 x_0（小齿轮基准面至大齿轮轴的距离，如图 11 - 16(a)所示）来确定的。若小齿轮轴与大齿轮轴不相交时，小齿轮的轴向定位，同样也以安装距离为依据，用专用量规测量（图 11 - 16(b)）。若大齿轮尚未装好，那么可用工艺轴代替，然后按侧隙要求决定大齿轮的轴向位置。

在轴向位置调整好以后，通常用调整垫圈厚度的方法，将齿轮的位置固定。

（4）锥齿轮啮合质量的检查与调整

锥齿轮传动的啮合质量检查，应包括侧隙的检验和接触斑点的检验。

1）侧隙的检验和调整　法向侧隙公差种类与最小侧隙种类的对应关系如图

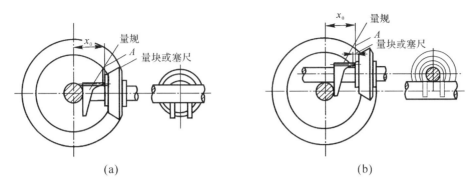

(a)　　　　　　　　　　　　　　　(b)

图 11-16　小齿轮轴向定位

(a)小齿轮安装距离的测量；(b)小齿轮偏置时安装距离的测量

11-17 所示。锥齿轮副的最小法向侧隙分为六种：a、b、c、d、e、h。a 为侧隙值最大，依次递减，一直到 h 为零。最小法向侧隙种类与精度等级无关。法向侧隙公差有 5 种：A、B、C、D 和 H。

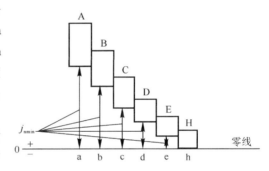

图 11-17　锥齿轮副的侧隙种类

在锥齿轮工作图上应标注齿轮的精度等级和最小法向侧隙种类，还应标注法向侧隙公差种类的数字及代号。

例 11-1　齿轮的三个公差组精度同为 7 级，最小法向侧隙的种类为 b，法向侧隙公差种类为 B，则标注为

7b　GB 11365—1989

例 11-2　齿轮的三个公差组精度同为 7 级，最小法向侧隙为 400 μm，法向侧隙公差种类为 B，则标注为

7—400B　GB 11365—1989

例 11-3　齿轮的第Ⅰ公差组精度为 8 级，第Ⅱ、第Ⅲ公差组精度为 7 级，最小法向侧隙种类为 C、法向侧隙公差种类为 B，则标注为

8—7—7C B　GB 11365—1989

锥齿轮侧隙的检验方法与圆柱齿轮基本相同，也可用百分表测定（图 11-18）。测定时，齿轮副按规定的位置装好，固定其中一个齿轮，测量非工作齿面间的最短距离（以齿宽中点处计量），即法向侧隙值。

直齿锥齿轮的法向侧隙 j_n 与齿轮轴向调整量 x（图 11-19）的近似关系为

$$j_n = 2x\sin\alpha\sin\delta'$$

式中：α 为齿形角（°）；δ' 为节锥角（°）；x 为齿轮轴向调整量（mm）。

根据测得的侧隙 j_n 就可从上式中求出调整量 x，即

$$x = \frac{j_n}{2\sin\alpha\sin\delta'}$$

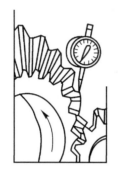

图 11-18　用百分表检验侧隙

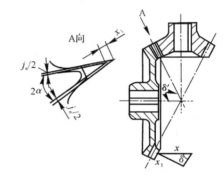

图 11-19　直齿锥齿轮轴向调整量与侧隙的近似关系

2）接触斑点的检验与调整　用涂色法检查锥齿面接触斑点时，与圆柱齿轮的检查方法相似。就是将显示剂涂在主动齿轮上，来回转动齿轮，从被动齿轮齿面上的斑点痕迹形状、位置和大小来判断啮合质量。一般对齿面修形的齿轮，在齿面大端、小端和齿顶边缘处，不允许出现接触斑点。斑点痕迹大小（百分比）与齿轮的精度等级有关，见表 11-4。对于工作载荷较大的锥齿轮副，其接触斑点应满足下列要求：轻载荷时，斑点应略偏向小端；而受重载荷时，接触斑点应从小端移向大端，且斑点的长度和高度均增大，以免大端区应力集中。

表 11-4　锥齿轮副啮合接触斑点大小与精度等级的关系

图例	痕迹方向	痕迹百分比确定	精度等级			
			4～5	6～7	8～9	10～12
	沿齿长方向	$\frac{b''}{b'} \times 100\%$	60～80	50～70	35～65	25～55
	沿齿高方向	$\frac{h''}{h'} \times 100\%$	65～85	55～75	40～70	30～60

注：表中数值范围用于齿面修形的齿轮，对于非修形齿轮其接触斑点不小于其平均值。

3. 齿轮传动机构装配后的跑合

一般动力传动齿轮副,不要求有很高的运动精度及工作平稳性,但要求有较高的接触精度和较小的噪声。若加工后达不到接触精度要求时,可在装配后进行跑合。

（1）加载跑合

在齿轮副的输出轴上加一力矩,使齿轮接触表面互相磨合(需要时加磨料),以增大接触面积,改善啮合质量。

（2）电火花跑合

在接触区内通过脉冲放电,把先接触部分的金属去掉,以后使接触面积扩大,直至达到要求为止,此法比上一方法省时。

齿轮副跑合后,必须进行彻底清洗。

思考题与习题

1. 齿轮传动机构具有哪些优缺点?

2. 对齿轮的制造精度有哪些要求?

3. 齿轮传动机构的装配有哪些要求?

4. 齿轮的运动精度与工作平稳性有什么区别?

5. 为什么要对装在轴上的齿轮进行圆跳动误差检查?

6. 怎样检查齿轮的径向圆跳动误差?

7. 怎样检查齿轮的端面圆跳动误差?

8. 怎样装配圆柱齿轮?

9. 怎样装配直齿锥齿轮?

10. 齿轮上正确接触印痕的面积应该是多少?

11. 齿轮箱装配前,箱体加工精度的检验内容有哪些?

12. 获得齿轮副侧隙的方法有哪些? 一般采用的方法是什么?

第 12 章　轴承和轴组的装配与调整

　　轴承种类很多,按承受载荷的方向可分为向心轴承(承受径向力)、推力轴承(承受轴向力)和向心推力轴承(同时承受径向力和轴向力)。按工作元件间摩擦性质可分为滑动轴承和滚动轴承。本章只介绍滚动轴承的装配。

　　滚动轴承由于摩擦阻力小、效率高、轴向尺寸小、装拆方便、启动轻快和润滑简单等优点,所以在各种机械设备中都获得了十分广泛的应用。滚动轴承已经标准化,并由专业工厂进行大批量生产,质量可靠,供应充足,技术人员只需根据使用条件,正确选用合适的轴承类型和型号,并进行轴承组合设计即可。滚动轴承按其所受载荷的不同分为向心滚动轴承和推力滚动轴承两大类。

12.1　滚动轴承的种类及代号

1. 滚动轴承的种类

　　滚动轴承是标准元件,种类繁多,型号复杂,规格各异。根据 GB 271—1987,滚动轴承按其所能承受的负荷方向和工作时的调心性能的分类标准,以及滚动体的种类和列数分成若干类,再按其直径尺寸的大小分成多种规格。分类如下。

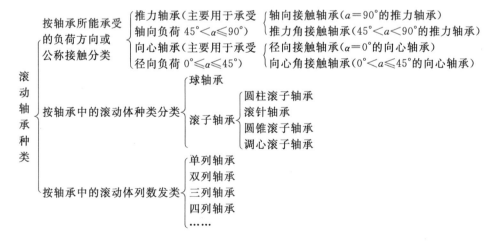

2. 滚动轴承的代号（GB 272—1993 滚动轴承代号方法）

1）前置、后置代号　前置、后置代号是轴承在结构形状、尺寸、公差、技术要求等有改变时,在其基本代号左右添加的补充代号。前置代号用字母表示,后置代号用字母(或数字)表示。轴承代号表示方法见表 12-1,前置代号表示方法见表 12-2。

表 12-1　轴承代号

前置 代号	基本 代号	后置代号(组)							
		1	2	3	4	5	6	7	8
成套轴承 分部件		内部 结构	密封与防尘 套圈变型	保持架及 其材料	轴承 材料	公差 等级	游隙	配置	其他

表 12-2　前置代号表示法

代号	含义	示例
L	可分离轴承的可分离内圈或外圈	LNU207 LN207
R	不带可分离内圈或外圈的轴承 (滚针轴承仅适用于 NA 型)	RNU207 RNA6904
K	滚子和保持架组件	K81107
WS	推力圆柱滚子轴承轴圈	WS81107
GS	推力圆柱滚子轴承座圈	GS81107

2）基本代号　基本代号表示轴承的基本类型、结构和尺寸,是轴承代号的基础。基本代号由轴承类型代号、尺寸系列代号、内径代号构成。轴承类型代号见表 12-3,内径代号见表 12-4。

表 12-3　轴承类型代号

代号	轴承类型	代号	轴承类型
0	双列角接触球轴承	1	调心球轴承
2	调心滚子轴承和推力调心滚子轴承	3	圆锥滚子轴承
4	双列深沟球轴承	5	推力球轴承
6	深沟球轴承	7	角接触球轴承

代号	轴承类型	代号	轴承类型
8	推力圆柱滚子轴承	N	圆柱滚子轴承
—	双列或多列用字母 NN 表示	U	外球面球轴承
QJ	四点接触球轴承		

注:代号后、前加字母或数字表示该类轴承中的不同结构。

表 12 - 4　轴承内径代号

轴承公称内径/mm	内径代号	示例
0.6～10(非整数)	用公称内径毫米数直接表示,在其与尺寸系列代号之间用"/"分开	深沟球轴承 618/2.5 $d=2.5$ mm
1～9(整数)	用公称内径毫米数直接表示,对深沟及角接触球轴承 7,8,9 直径系列,内径与尺寸系列代号之间用"/"分开	深沟球轴承 625 618/5 $d=5$ mm
10 12 15 17	00 01 02 03	深沟球轴承 6200 $d=10$ mm
20～480(22,28,32 除外)	公称内径除以 5 的商数,商数为个位数,需在商数左边加"0",如 08	调心滚子轴承 23208 $d=40$ mm
≥500 以及 22,28,32	用公称内径毫米数直接表示,但在与尺寸系列之间用"/"分开	调心滚子轴承 230/500 $d=500$ mm 深沟球轴承 62/22 $d=22$ mm

例如调心滚子轴承 23224,轴承代号中第一个数字 2 是类型代号,其后的 32 是尺寸系列代号,24 是内径代号,$d=120$ mm。

3) 滚动轴承的精度等级　滚动轴承的精度等级用/P0、/P6、/P6x、/P5、/P4、/P2表示。按排列次序,/P2精度最高,/P0精度最低。/P0 为普通级,在代号中不标出。

12.2　滚动轴承的结构和材料

如图 12-1 所示,滚动轴承一般由内圈、外圈、滚动体和保持架四部分组成。内、外圈都设有滚道,滚动体沿滚道滚动。轴承的内圈与轴颈配合,一般与轴一起转动,外圈安装在轴承座或机座内,可以固定不动,但也可以是内圈不动外圈转动(如滑轮轴上的滚动轴承)或内外圈同时转动(如行星齿轮轴上的滚动轴承)。轴承工作时,滚动体在内外圈滚道间滚动,形成滚动接触并支承回转零件和传递载荷。滚动体是滚动轴承中的核心零件,根据工作需要可以做成不同的形状,如球、圆柱滚子、圆锥滚子、鼓形滚子和滚针等。保持架把滚动体均匀地隔开,避免运转时相互碰撞,以减少滚动体之间的摩擦和磨损。

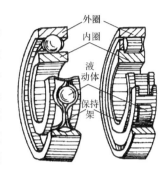

图 12-1　滚动轴承的构造

由于滚动体与内外圈之间是点或线接触,接触应力较大。所以滚动体与内外圈均选用强度高、耐磨性好的滚动轴承钢,如 GCr15、GCr15SiMn 等制造,工作表面经过磨削和抛光,其硬度不低于 HRC60。保持架多用低碳钢板冲压后经铆接和焊接而成,或用铜合金、铝合金或塑料等制造。

12.3　滚动轴承的组合和轴系的定位

1. 滚动轴承的组合

各种类型轴承的不同组合可以满足不同的使用要求。常见滚动轴承的组合有以下几种。

1) 两深沟球轴承(旧称向心球轴承)组合(如图 12-2 所示):这种组合能承受纯径向载荷,也能同时承受径向载荷和轴向载荷,应用广泛。

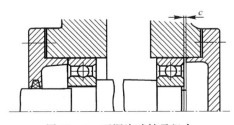

图 12-2　两深沟球轴承组合

　　2) 圆柱滚子轴承和定位深沟球轴承组合(如图 12-3 所示):这种组合用于承受纯径向载荷或径向和轴向联合载荷,径向载荷超过深沟球轴承承载能力的场合。两支点跨距大时,定位球轴承布置在滚子轴承的外侧;跨距较小时,定位球轴承布置在两滚子轴承之间。

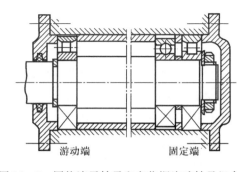

游动端　　　　　　固定端

图 12-3　圆柱滚子轴承和定位深沟球轴承组合

　　3) 两角接触轴承(旧称单列向心推力球轴承)的组合(如图 12-4 和图 12-5 所示):这种组合能承受径向和轴向联合载荷,可以分装于两个支点,也可以成对安装于同一个支点(如图 12-6 所示),突出优点是可以根据实际需要调整轴的轴向窜动,可使轴无轴向窜动和径向间隙。

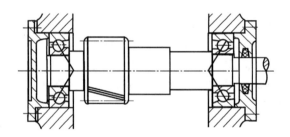

图 12-4　两角接触轴承的组合

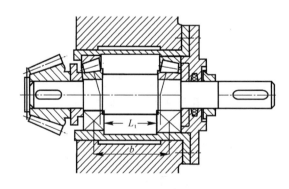

图 12-5　两圆锥滚子轴承的组合

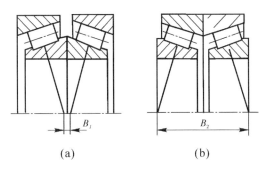

(a)　　　　　　　　　　(b)

图 12-6　两角接触轴承组合为一支点

4）立轴的轴承组合（见图 12-7）：水平轴的组合设计原则同样适用于立轴。但要注意两点，一要尽可能利用上支承的轴承使轴轴向固定，二要注意润滑油的保存。

2. 轴系的定位

轴系定位的目的主要是为了防止轴承热膨胀后将轴承卡死，从而使轴系的位置宏观固定，微观可调。常用的轴系轴向定位方式有以下三种。

1）两端固定　如图 12-2 所示，两个支点的轴承各限制一个方向的轴向移动，联合起来实现轴系的双向定位。右支点的间隙 c 是考虑轴承热伸长所留的间隙，一般预留 0.25～0.4 mm。对于深沟球轴承，其大小靠增减端盖与箱体之间垫片的厚度来保证；对向心角接触轴承，则靠调整轴承外圈或内圈的轴向位置即内部游

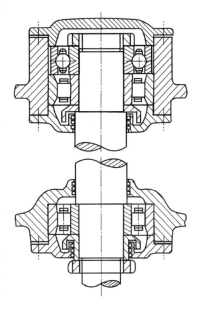

图 12-7　立轴轴承组合

隙来补偿。这种定位方式结构简单，易于安装调整，适用于工作温度变化不大，支点跨距小于 350 mm 的轴。

2）一端固定、一端游动　如图 12-8 所示，该轴系左端轴承内外圈均双向固定，承受双向轴向载荷，右端轴承只对内圈进行双向固定，外圈在轴承座孔内可以轴向游动，是补偿轴的热膨胀的游动端。若是用内外圈可分离的圆柱滚子轴承和滚针轴承，则内外圈都要双向固定，如图 12-3 所示。这种轴系定位方式适用于跨度大，工作温度较高的轴。

图 12 - 8　一端固定、一端游动

3）两端游动　这种轴系定位方式一般是为满足某种特殊需要而采用的。图 12 - 9 所示为一人字齿轮轴，由于齿轮左右两侧螺旋角的加工误差，所以使其不易达到完全对称以及人字齿轮间的相互限位作用，这样只能固定其中一根齿轮轴，而必须使另一齿轮轴两端都能游动，自动调位，以防止人字齿两侧受力不均或齿轮卡死。

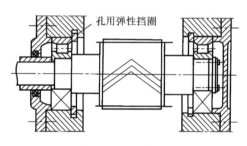

图 12 - 9　两端游动

12.4　滚动轴承的配合

1. 滚动轴承配合的制度

滚动轴承是标准件，是专业厂成批大量生产的部件，其内径与外径尺寸出厂时均已确定，所以其内圈与轴颈的配合采用基孔制，外圈与座孔的配合采用基轴制。配合的松紧程度，由轴承座孔和轴的尺寸公差来调整。载荷大、转速高、工作温度高时采用紧一些的配合，经常装拆或游动圈则采用较松的配合。

图 12 - 10 是滚动轴承配合的示意图。其中图 12 - 10(a)为滚动轴承内径与轴的公差带的相对位置，Δdmp 为滚动轴承内径公差带。图 12 - 10(b)为滚动轴承外径与轴承座孔的公差带的相对位置，ΔDmp 为轴承外径的公差带。

2. 滚动轴承配合选择的基本原则

1）相对于负荷方向为旋转的套圈与轴或外壳孔的配合　在这种情况下应选择过渡或过盈配合。过盈量的大小，以轴承在负荷下工作时，其套圈在轴上或外壳孔内的配合表面上不产生"爬行"现象为原则。

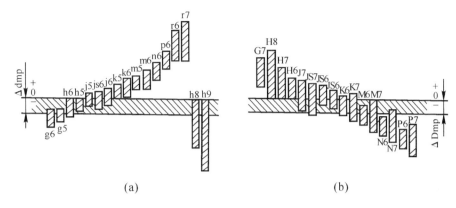

图 12 - 10　滚动轴承配合示意

(a)轴承内径与轴的配合；(b)轴承外径与轴承座孔的配合

2）公差等级的选择　公差等级的选择与轴或外壳孔的公差等级和轴承精度相关。如与/P0 级精度轴承(旧标准 G 级)配合的轴,其公差等级一般为 IT6,外壳孔一般为 IT7。对于旋转精度和运转的平稳性有较高要求的场合(如电动机等),应选轴为 IT5,外壳孔为 IT6。

3）公差带的选择　①轴公差带的选择。在很多场合,轴旋转且径向负荷方向不变,即轴承内圈相对于负荷方向为旋转的场合,一般应选择过渡或过盈配合。轻负荷采用 h5、i6、k6、m6,如机床主轴、精密机械等;正常负荷采用 j5、k5、m5、m6、n6、p6,如电动机、内燃机变速箱等;重负荷采用 n6、p6、r6、r7,如铁路车辆、轧机等重型机械。此外,当轴静止且径向负荷方向不变,即轴承内圈相对于负荷方向是静止的场合,可选择过渡或间隙配合,但是不允许配合间隙太大。②外壳孔公差带的选择。安装向心轴承,外圈相对于负荷方向为静止时,在轻、正常、重负荷的工作场合,一般都采用 G7、H7;当受冲击负荷时,采用 J7;对于负荷方向摆动或旋转的外围,应避免间隙配合。

4）外壳结构形式的选择　原则上应选用整体式外壳,尤其在外壳孔的公差等级为 IT6 时,更应如此。剖分式外壳适用于有间隙的配合,其优点是装卸方便。对 k7 以及比 k6 更紧的配合,不宜采用剖分式外壳。

一般机械,轴颈的公差常取 n6、m6、k6 和 js6,座孔的公差常取 J6、J7、H7 和 G7 如图 12 - 11 所示。

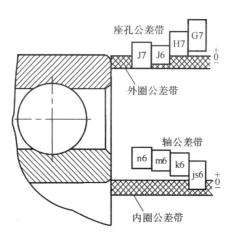

图 12-11 常用轴承配合的公差带

12.5 滚动轴承的装配

滚动轴承的装配是轴承组合设计中的一部分重要内容。安装方法不当,会造成对轴颈和其他零件的损害。

1. 滚动轴承的装配方法

滚动轴承的装配,主要是指滚动轴承内圈与轴、外圈与轴承座的孔的配合。配合应根据轴承的类型、尺寸、载荷的大小和方向、性质等决定。轴承与轴的配合按基孔制,与轴承座的配合按基轴制。转动的圈(内圈或外圈)一般采用有过盈不大的过渡配合;固定的圈常采用有间隙的过渡配合和间隙配合。

(1) 向心轴承的装配

由于滚动轴承的内、外圈都比较薄,装配时容易变形,因此,在装配前,必须测量一下轴和轴承座孔的尺寸,随时掌握它们间的配合情况,避免过紧的装配。

装配时,必须保证轴承的滚动体不受压力,配合面不擦伤,轴颈或轴承座孔台肩处的角应符合要求(见图 12-12)。轴承套圈的安装如图 12-13 所示。

1) 当轴承内圈与轴颈配合较紧,外圈与壳体为较松的配合时,应先将轴承装在轴上。压装时在轴承内圈端部垫上铜环或低碳钢的装配套(见图 12-13(a)),然后把轴承与轴一起装入轴座孔内。

2) 当轴承外圈与轴承座孔配合较紧,内圈与轴颈配合较松时,可将轴承先压入轴承座孔内,如图 12-13(b)所示。此时装配套筒的外径应略小于轴承座孔的直径。

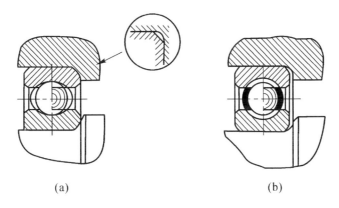

图 12-12　滚动轴承在台肩处的配合

(a)正确；(b)不正确

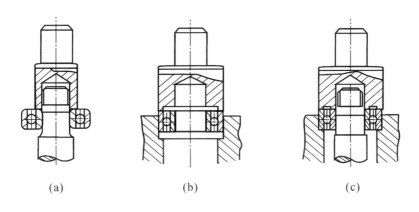

图 12-13　安装滚动轴承用心轴

(a)内圈受装配力；(b)外圈受装配力；(c)内外圈都受装配力

3）当轴承内圈与轴颈、轴承外圈与轴承座孔都是较紧配合时，装配套的端面应作成同时压紧轴承内外圈端面的圆环形，其内径应略大于轴颈的尺寸(见图 12-13(c))，并使压力同时传到内外圈上，把轴承压入轴颈和轴承座孔之中。

4）对于圆锥滚子轴承和角接触球轴承，由于外圈可以自由脱开，装配时可分别把内圈装在轴颈上，外圈装在轴承座孔中，当过盈量较小时，可用锤子敲击；当过盈量较大时，可用机械压入；过盈量过大时，用温差法装配，即将轴承放入油液中加热 80～100℃后进行装配，如图 12-14 所示。

为了防止轴承在工作时受轴向力而产生的轴向移动，轴承在轴上或壳体上都应加以轴向固定。轴承内圈在轴上的轴向固定应根据轴向载荷的大小选用，一般

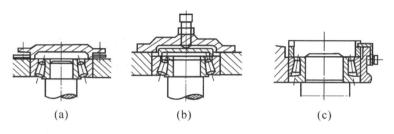

　　　　　　(a)　　　　　　　　　(b)　　　　　　　　　(c)

图 12 - 14　圆锥滚子轴承的装配

采用轴肩、弹性挡圈、轴端挡圈和圆螺母等结构,如图 12 - 15 所示。图 12 - 15(a)
中,用于承受单向轴向载荷;图 12 - 15(b)用于转速不高和轴向载荷不大的场合;
图 12 - 15(c)和图 12 - 15(d)用于承受较大的双向轴向载荷和高转速的场合。外
圈则采用机座凸台、孔用弹性挡圈、轴承端盖等形式固定,如图 12 - 16 所示。图
12 - 16(a)用于转速高且轴向载荷大的场合;图 12 - 16(b)和 12 - 16(c)用于轴向
载荷较小的场合;图 12 - 16(d)用于要调整轴向游隙的场合。

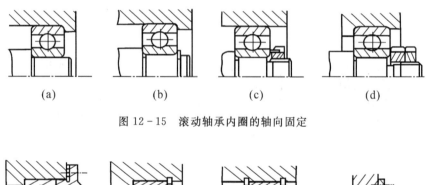

　　　(a)　　　　　　　(b)　　　　　　　(c)　　　　　　　(d)

图 12 - 15　滚动轴承内圈的轴向固定

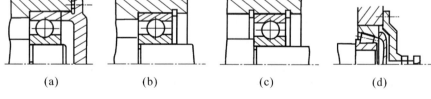

　　　(a)　　　　　　　(b)　　　　　　　(c)　　　　　　　(d)

图 12 - 16　滚动轴承外圈的轴向固定

　　滚动轴承在某些情况下还应考虑轴承在轴向留有移动的余地。例如轴热胀伸
长后,要使轴和轴承产生很大的附加轴向力,为此,在保证有一个轴承轴向能定位
的前提下,要使轴上其余各轴承留有轴向移动余地(图 12 - 17),图中所留轴向间
隙 c 应大于轴的热胀伸长量。

　　向心轴承的装配,应根据轴承结构、尺寸大小和轴承部件的配合性质而定,常

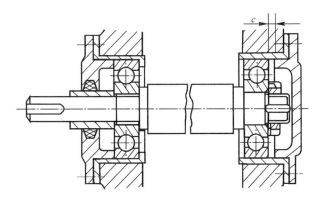

图 12-17　一端轴承留有轴向热胀间隙

用的装配方法是压入装配,当配合过盈量较小时,可用手锤敲击压入轴承,但要注意压力应直接加在待配合套圈端面上,不能通过滚动体传递压力。同时应避开轴承内外圈的薄弱地方,并在打入时,相对地均匀用力。

当配合过盈量很大时,可用温差法装配。温差法就是将轴承或外壳加热,将轴承装入,很适合于批量生产。滚动轴承允许用油加温热装,油的温度应在 100～120 ℃,对于装有塑料保持架的轴承,加热温度不应超过 100 ℃。

对于两面带防尘盖、密封圈或涂有防锈润滑油脂的轴承,则不能采用温差法装配,如采用轴冷缩法装配,轴的温度不得低于－80 ℃。

（2）推力轴承的装配

推力轴承由紧环、滚珠及松环等零件组成,如图 12-18 所示。

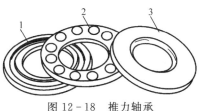

图 12-18　推力轴承
1—紧环;2—滚珠;3—松环

推力球轴承装配时,应区分紧环与松环,松环的内孔尺寸比紧环内孔尺寸大,与配合轴之间有间隙,能与轴作相对转动。装配时一定要使紧环靠在转动零件的平面上,松环靠在静止零件的平面上。如图 12-19 所示,上端的紧环靠在轴肩端面上,下端的松环靠在静止零件的平面上,否则会使滚动体丧失作

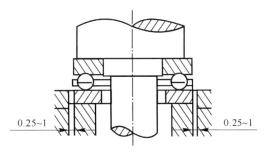

图 12-19　止推球轴承活套与机座间的装配间隙图

用,同时也会加速配合零件的磨损。

2. 滚动轴承的装配注意事项

1) 滚动轴承的装配,应根据轴承结构、尺寸大小和轴承部件的配合性质而定,装配时的压力应直接加在待配合套圈端面上,不能通过滚动体传递压力。

2) 在同轴的两个轴承中,必须有一个轴承的外圈(或内圈)可以在热胀时产生轴向移动,以免轴承因没有这个余地而产生附加应力,严重时会使轴承咬住。

3) 滚动轴承上标有规格、牌号的端面应装在可见的部位,以便于以后的检修和更换。

4) 轴颈或壳体孔台肩处的圆弧半径,必须小于轴承的圆弧半径。

5) 装配后,轴承在轴上和壳体孔中不能有歪斜和卡住现象,运转应灵活,无噪声,工作温度不得超过 50℃。

6) 在滚动轴承的装配过程中,应保持环境洁净,以免污染轴承。

3. 滚动轴承的间隙调整

(1) 滚动轴承的间隙

滚动轴承的间隙是指在无负荷的情况下,将轴承的一个套圈固定,另一个套圈沿径向或轴向移动的最大距离。作径向移动的最大距离称为径向间隙,作轴向移动的最大距离称为轴向间隙,如图 12 - 20 所示。轴承间隙过大或过小都会影响到正常运转和润滑,同时也满足不了热膨胀的要求,严重时缩短轴承的工作寿命。选择正常的间隙,是保证正常工作、延长使用寿命的重要措施之一。

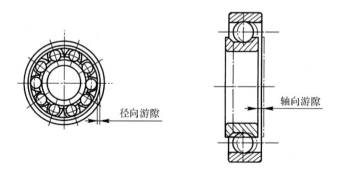

径向游隙

轴向游隙

图 12 - 20　　轴承的游隙

(2) 滚动轴承间隙的调整

滚动轴承的间隙有径向间隙和轴向间隙两种,见图 12 - 21。滚动轴承的间隙不能过大,也不能过小。间隙过大,将使同时承受负荷的滚动体减少,单个滚动体负荷增大,降低轴承寿命和旋转精度,引起振动和噪声。受冲击载荷时,尤为显著。

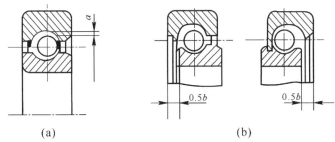

图 12 - 21   滚动轴承间隙

(a)径向间隙；(b) 轴向间隙

间隙过小,则加剧磨损,同时也满足不了热膨胀的要求,会降低轴承的寿命。因此,轴承在装配时,应控制和调整合适的间隙以保证正常工作并延长轴承使用寿命。

对于各种向心推力轴承,如向心推力球轴承、圆锥滚子轴承和双向推力球轴承等,因其内外圈可以分离,故在装配过程中都要控制和调整间隙,在装配以及使用过程中,可通过调整内、外套圈的轴向位置,使轴承内、外圈作适当的轴向相对位移来获得合适的轴向间隙。滚动轴承间隙的调整通常采用以下两种方法。

1)用垫片调整。通过改变轴承盖处垫片厚度 δ,调整轴向间隙,见图 12 - 22。为了精确地调整轴向间隙,要准备好不同厚度的垫片。一般用软金属垫片为好,纸片也可以。如用几层垫片叠起使用时,总厚度应以螺钉拧紧后,再卸下量出的尺寸为准,不能以几层垫片相加的厚度来计算,这样会出现误差。特别是多层垫片叠在一起未经压紧前,弹性较大,量出的数值总是偏大。

2)用调整螺钉调整。如图 12 - 23 所示,先把调整螺钉上的锁帽松开,然后拧

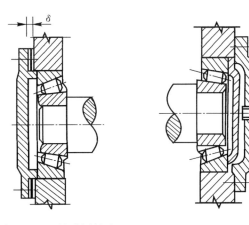

图 12 - 33   垫片调整法   图 12 - 23   螺钉调整

1—调整螺钉；2—锁帽

紧调整螺钉,这时螺钉压在止推盘上,止推盘挤向外套圈,直到使轴的转动感到阻力偏大为止。然后根据所需的轴向间隙要求,将调整螺钉退回一定距离,并把锁帽拧紧,以防调整螺钉在设备运转中产生松动。

以上两种方法,以垫片调整用得普遍。

4. 滚动轴承的预紧

对于承受负荷较大,旋转精度要求较高的轴承,大多要求在无间隙或少量过盈状态下工作。为了防止在工作时,因弹性变形,出现间隙影响精度,通常在安装时要进行预紧。所谓预紧,就是在安装轴承时用某种方法产生并保持一轴向力。预紧可以通过修磨轴承中的一个套圈的端面,或采用两个不等厚度的间隔套筒(或称隔套),放在一对轴承的内外圈之间的方法,使滚珠与滚道紧密接触,轴承获得预加负荷。预紧后的轴承受到工作载荷时,其内、外圈的径向及轴向相对移动量要比未预紧的轴承大大减少,从而提高了轴的刚度和旋转精度。

选用预加负荷的原则是:力求有预期的刚度又尽可能减少对轴承不利的预加负荷。如运转速度高,宜选用较小的预加负荷量;反之,运转速度低,宜选用较大的预加负荷量。预加负荷量一般要大于或等于工作载荷(最好稍大于工作载荷)。如装配向心推力球轴承或向心球轴承时,给轴承内外圈以一定的轴向负荷,如图 12-24 所示。这时内、外圈将发生相对

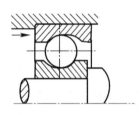

图 12-24　预紧原理

位移,结果消除了内、外圈与滚动体间的间隙,产生了初始的弹性变形。预紧能提高轴承的旋转精度和寿命,减少机器工作时轴的振动。

(1)滚动轴承的预紧方法

1)如图 12-25 所示,对于成对安装的向心推力轴承,主要用轴承内、外垫环厚度差实现预紧,即用不同厚度的垫环得到不同的预紧力。

2)用弹簧实现预紧,靠弹簧力作用在外圈上使轴承得到自动锁紧,如图 12-26 所示。

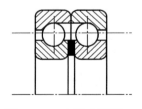

图 12-25　用垫环预紧

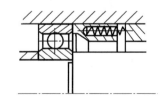

图 12-26　用弹簧预紧

　　3) 磨窄成对使用的轴承内圈或外圈实现预紧。如图 12 – 27 所示,当夹紧内
(或外)圈时即可实现预紧。这种成对使用的轴承通常有三种布置方式:图 12 – 27
(a)为背靠背安装(外圈宽边相对);图 12 – 27(b)为面对面安装(外圈窄边相对);
图 12 – 27(c)为同向安装(外圈宽、窄边相对)。只要按图示箭头方向施加预紧力,
使轴承紧靠在一起,即达到预紧的目的。在成对安装轴承之间配置厚度不同的间
隔套,如图 12 – 28 所示,可以得到不同的预紧力。

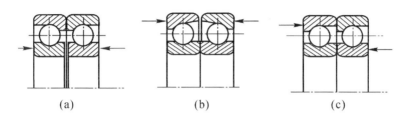

图 12 – 27　角接触球轴承的预紧

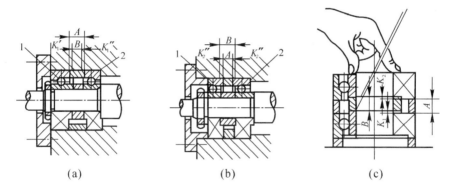

图 12 – 28　用间隔套预紧
(a)面对面安装(磨窄内圈);(b)背靠背安装(磨窄外圈);
(c)同向安装(外圈宽、窄边相对)

　　4) 有锥孔内圈的轴承预紧,可以通过调节轴承锥形孔内圈的轴向位置实现。
如图 12 – 29 所示,双列向心短圆柱滚子轴承有三种预紧方式,其预紧方式都是由
螺母经套筒压在轴承内圈的端面上,拧紧螺母使锥形孔内圈往轴颈大端移动,结果
内圈直径增加,消除径向间隙,形成预负荷。
　　(2) 滚动轴承预紧的测量与调整
　　利用衬垫或隔套的预紧方法,必须先测出轴承在给定的预紧力下,轴承内外圈
的错位量,以确定衬垫或内外隔套的厚度。测量方法如下。

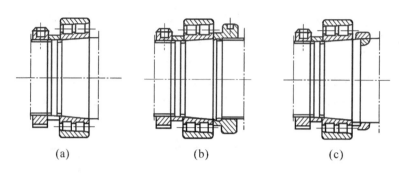

图 12-29 向心滚子轴承的预紧

(a)单螺母预紧；(b)双螺母预紧；(c)螺母和对开调整垫圈预紧

1) 单件生产的简易测量。如图 12-30(a)所示,在标准平板上,将轴承窄边向上放在下底座上,在轴承内圈放上芯轴,并加上预加载荷。芯轴大端铣有三个互成 120°的测量口,用百分表分别在三个测量口测得外圈窄边对内圈高度差 K_1,取其平均值。图 12-28(a)所示的是面对面安装时的测量方法,其内、外间隔套的尺寸存在如下关系:

$$A = B + (K'_1 + K''_1)$$

式中：A 为外间隔套厚度(mm)；B 为内间隔套厚度(mm)；K'_1 为轴承 1 窄边端内外圈高度差(mm)；K''_1 为轴承 2 窄边端内外圈高度差(mm)。

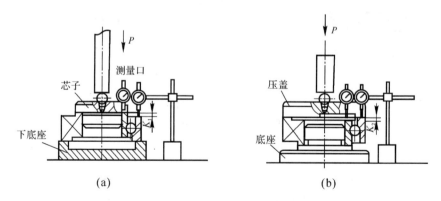

图 12-30 轴承内外圈相对移动量测量

图 12-28(b)所示的是背靠背安装时的测量方法,将轴承外圈宽边向上,放在标准平板上,在内圈中装一底座,用压盖压住外圈宽边,并施加适当的预加载荷。用百分表在压盖上互成 120°三个测量口分别测得轴承外圈宽边对内圈高度差,K_2 取其平均值。安装如图所示的轴承时,其内、外间隔套的尺寸存在如下关系:

$$B=A+(K'_2+K''_2)$$

式中：B 为外间隔套厚度（mm）；A 为内间隔套厚度（mm）；K'_2 为轴承 1 窄边端内外圈高度差（mm）；K''_2 为轴承 2 窄边端内外圈高度差（mm）。

例 12-1　一对背对背安装布置的轴承，测得 $K'_2=+0.07$ mm，$K''_2=+0.08$ mm（每隔 120°测一次，求出其平均值）。如内隔圈的厚度 $A=6.25$ mm，则外隔圈的厚度 $B=A+(K'_2+K''_2)=6.25+(0.07+0.08)=6.40$（mm）。

图 12-28(c)所示轴承同向安装的内、外间隔套尺寸关系如下式，即

$$A=B+(K_1-K_2)$$

式中：A 为外间隔套厚度（mm）；B 为内间隔套厚度（mm）；K_1 为轴承外圈窄边对内圈高度差（mm）；K_2 为轴承外圈宽边对内圈高度差（mm）。

2) 成批生产轴承预紧测量。如图 12-31 所示，用专用测量工具进行测量。

图 12-31(b)中，测量套 A 尺寸为定值，等于图 12-28(a)中的外间隔套尺寸 A。加预紧力 F 后，用量块测得 B 尺寸，为内间隔套尺寸。

图 12-31(c)中，测量套 B 尺寸为定值，等于图 12-28(b)中的内间隔套尺寸 B。加预紧力 F 后，用量块测得 A 尺寸，为外间隔套尺寸。

图 12-31(d)中，H_2、H_3 为压盖和芯轴的固定尺寸，用量块测得 H_1、H_4 后可计算轴承内外圈高度差 K_1、K_2。

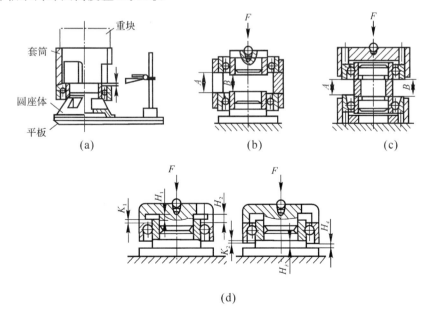

图 12-31　测量预紧后内外圈的错位量

$$K_1 = H_3 - H_4 \qquad K_2 = H_2 - H_1$$

将 K_1、K_2 值代入式 $A = B + (K_1 - K_2)$，即可得到按图 12-28(c)同向安装轴承时内、外间隔套尺寸关系。H_1、H_4 的测量应在互成 120°的三个测量口三次进行，并取平均值。

12.6　提高滚动轴承轴组旋转精度的装配方法

机床等设备主轴的旋转精度直接受主轴本身精度和轴承精度的影响，同时也和轴承的装配、调整等因素有关。为提高主轴的旋转精度，除采用高精度轴承、保证主轴和箱体支承孔以及有关零件的制造精度等前提条件外，装配手段上也要采取相应的措施，如前面提到的在装配时采取预加负荷（预紧）的方法来消除轴承的游隙，提高轴承的旋转精度和刚度外，可以采用定向装配法来提高主轴的旋转精度。

在装配时，依据主轴有关表面的最大径向跳动误差方向和轴承的最大径向跳动误差方向，按一定方向进行装配，使误差相互补偿而不积累，用来提高主轴的旋转精度。图 12-32 中 δ_1、δ_2 分别为车床主轴前、后轴承内圈的径向跳动量，δ_3 为主轴锥孔对主轴回转中心线的径向跳动量，δ 为主轴的径向跳动量。如按图 12-32(a)的方案装配，主轴的径向跳动量 δ 最小。此时，前、后轴承内圈的最大径向跳动量 δ_1 和 δ_2 在主轴中心线的同一侧，且在主轴锥孔最大径向跳动量的相反方向。后轴承的精度应比前轴承低一级，即 $\delta_2 > \delta_1$，如前后轴承精度相同，主轴的径向跳

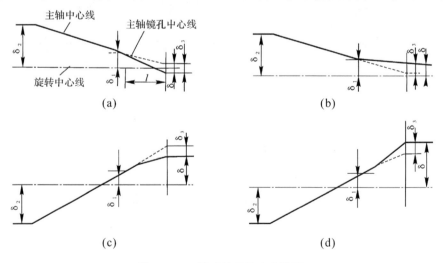

图 12-32　滚动轴承的定向装配

动量反而增大。同样,对轴承外圈也应进行定向装配。图 12 - 32(b)、(c)、(d)三种装配方案的径向跳动量与比(a)图的大。

以图 12 - 33 所示的 MG1432A 的内圆磨具为例,装配时除了以"同向排列"安装形式配好内外隔圈的厚度外,还应掌握以下要点。

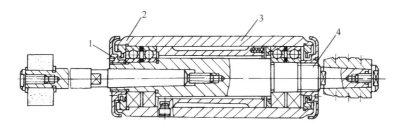

图 12 - 33　内圆磨具
1—螺母;2—油封盖;3—套筒;4—主轴

1) 必须仔细选配轴承,每组轴承的内孔及外径差应在 0.002～0.003 mm 以内,与套筒的内孔保持 0.004～0.008 mm 的间隙,与主轴保持 0.0025～0.005 mm 的间隙。在实际操作中,以双手大拇指能将轴承推入为最好,不能过紧或过松,过紧会引起轴承外圈变形,造成轴承温升过高,过松则降低磨具的刚度。带轮端一组轴承的外径与套筒孔的配合应较另一端松些,以使主轴在发热膨胀时连同轴承可以在套筒孔内右移。

2) 套筒内孔及主轴轴颈的圆度误差要求在 0.003 mm 以内。套筒两端的同轴度以及主轴两端轴颈(包括锥孔)的径向圆跳动误差在 0.003 mm 以内。

3) 严格清洗轴承是保证轴承正常工作及其使用寿命的重要环节之一。切勿以压缩空气吹转轴承,否则,压缩空气中的硬性微粒会将滚道拉毛。轴承的润滑材料及其数量也应严加注意。

4) 用涂色法检查螺母、油封盖端面与轴承内外圈端面的接触率,如在 80% 以下,应用金刚砂研磨至要求(注意螺纹与端面的垂直度要求)。接触率低会加大长轴的径向圆跳动,影响工件表面粗糙度。

5) 采用"定向装配"方法来减小轴承内圈偏心(径向圆跳动)对主轴回转精度的影响。

6) 装配后检查时,首先测量主轴轴向窜动及径向圆跳动,其数值应在规定范围内(轴向窜动小于 0.005 mm,锥孔径向圆跳动量在 150 mm 长的试棒端应在 0.1 mm 以内)。

7) 装配后在工作转速下进行空运转试验,时间一般不少于 2h,温升不得超过 15℃,且运转平稳,噪声小,然后重新测量精度,仍应在公差范围之内。

思考题与习题

1.什么叫滚动轴承？它由哪几部分组成？

2.滚动轴承具有哪些优点？如何合理地选择滚动轴承？

3.滚动轴承配合采用什么制式，与标准的配合公差有什么区别？

4.确定滚动轴承配合种类时，一般应考虑哪些因素？

5.什么叫滚动轴承的游隙？滚动轴承的游隙有哪几种？

6.什么叫滚动轴承的预紧？预紧的目的是什么？

7.实现滚动轴承预紧的方法有哪几种？

8.滚动轴承装配时，是不是所有滚动轴承的内外圈必须轴向固定？为什么？

9.装配滚动轴承时应注意些什么？

10.滚动轴承的互换性有何特点？其公差配合与一般圆柱体的公差配合有何不同？

11.滚动轴承轴的精度有几级？其代号是什么？

12.当滚动轴承用轴肩作轴向定位时，轴肩高度和过渡圆角半径、毂孔倒角是如何确定的？

13.轴承内圈与轴的配合选用什么基准制？而轴承外圈与轴承孔的配合又选用何种基准制？

14.滚动轴承轴内圈内孔及内圈外圆柱面公差带与一般基孔制的基准孔及一般基轴制的基准轴公差带有何不同？

15.试述与滚动轴承内圈、外圈配合的轴颈、外壳孔的形位公差要求。

16.轴与齿轮、轴承内圈、联轴器以及轴承外圈与座孔分别为何种配合性质？

17.调整滚动轴承轴向游隙的目的是什么？说明减速器中轴承轴向游隙的调整方式。

18.轴承在轴上如何安装和拆卸？轴的哪些结构与轴承的装拆有关？如何考虑？

19.轴承盖与箱体轴承座孔应采用何种配合为宜？

第 13 章　固定联接的装配

13.1　键联接的装配

键是用来联接轴和旋转套件(如齿轮、带轮、联轴器等)的一种机械零件,主要用于周向固定以传递扭矩。它具有结构简单、工作可靠,装拆方便等优点,因此得到广泛应用。

13.1.1　松键联接

松键联接所采用的键有普通平键、半圆键、导向平键和滑键等。其特点是:依靠键的侧面传递扭矩,对轴上零件只做周向固定,不能承受轴向力,如需轴向固定,需加紧固螺钉或定位环等定位零件。

松键联接的对中性好,能保证轴与轴上零件有较高的同轴度,在高速及精密的连接中应用较多。

1. 松键联接的配合特点

在松键联接时,键与轴和轮毂槽的配合性质一般取决于机械的工作要求,键固定在轴或轮毂上,而与另一相配零件作相对滑动,以键的尺寸为基准,通过改变轴或轮毂槽的尺寸,来得到各种不同的配合要求。

普通平键和半圆键两侧面与轴和轮毂联接必须配合精确;键嵌入轴槽要牢固可靠,以防止松动脱落,又要便于拆装。

导向键一般是用螺钉固定在轴上,要求键与轮毂槽能相对滑动,因此键与轮毂槽的配合应为间隙配合;键和键槽侧面应有足够的接触面积,以承受负荷,保证键联接的可靠性和寿命,而键与轴槽两侧面必须配合紧密,没有松动现象。

滑键的作用与导向键相同,适用于轴向移动较长的场合,滑键固定在轮槽中(紧密配合),键与轴槽两侧面为间隙配合,以保证滑动时能正常工作。

2. 松键联接的装配技术要求

1) 保证键与键槽的配合要求。由于键是由精拔型钢制造的标准件,因而键与键槽的配合性质是靠改变轴槽、轮毂槽的极限尺寸来得到的。键与轴槽和轮毂槽的配合性质一般取决于机构的工作要求。见表 13－1。

表 13－1　键宽 b 的配合公差带

键的类型	较松键联接			一般键联接			较紧键联接		
	键	轴	毂	键	轴	毂	键	轴	毂
平键(GB 1099—1979)		H9	D10						
半圆键(GB 1099—1979)	h9	—	—	h9	N9	Js9	h9	P9	P9
薄型平键(GB 1566—1979)		H9	D10						
配合公差带	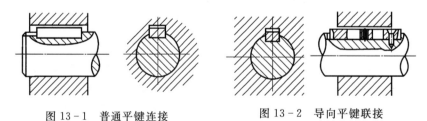								

① 普通平键联接。键与轴槽的配合为 $\dfrac{P9}{h9}$ 或 $\dfrac{N9}{h9}$，键与轮毂槽的配合为 $\dfrac{Js9}{h9}$ 或 $\dfrac{P9}{h9}$，如图 13－1 所示，因此键在轴上和轮毂上不能轴向移动，一般用于固定联接处。这种联接应用广泛，适用于高精度、传递重载荷、冲击和双向扭矩的场合。

② 导向平键联接。键与轴槽的配合为 $\dfrac{H9}{h9}$，键与轮毂采用 $\dfrac{D10}{h9}$ 配合。如图 13－2 所示，轴上零件能作轴向移动，一般用于轴上零件轴向移动量较小的场合，如变速箱中的滑移齿轮。

图 13－1　普通平键连接　　　　　图 13－2　导向平键联接

③ 滑键联接。如图 13－3 所示。键固定在轮毂槽中，配合较紧，键与轴槽为精确间隙配合，键可随轮毂在轴槽中自由移动。用于轴向移动量较大的场合。

④ 半圆键联接。图 13－4 为半圆键联接。键可在轴槽中绕槽底圆弧曲率中心摆动，用以少量调整位置。但键槽较深，轴的强度降低。一般用于轻载，适用于

轴的锥形端部。

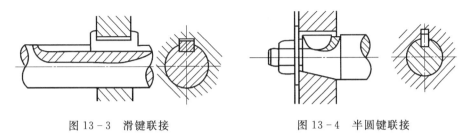

图 13-3　滑键联接　　　　　　　　　图 13-4　半圆键联接

2）键与键槽的粗糙度值应比较小。

3）对于普通平键、半圆键和导向平键，装配后要求键的两侧应有一些过盈，键顶面需留有一定的间隙，键底面应与轴槽底面接触。对于滑键，则键与轮槽底面接触，而键与轴槽底面有间隙。键长方向与轴槽长应有 0.1 mm 的间隙。键的顶面与轮毂槽之间应有 0.3～0.5 mm 的间隙。

13.1.2　紧键联接

1. 紧键联接的配合特点

紧键联接又叫楔键联接。楔键的上表面和与它相接触的轮槽底面均制有 1:100 的斜度，键侧与键槽之间有一定的间隙。装配时，将键打入而构成紧键联接，紧键联接能传递扭矩，还能轴向固定零件和传递单方向轴向力。紧键联接的对中性较差（图 13-5），多用于对中性要求不高和转速较低的场合。楔键分为平头与钩头两种。有钩头的楔键称为钩头楔键，钩头楔键便于装拆，一般用于轴头部位。如图 13-6 所示，常用于不能从另一端将键打出的场合。平头的楔键配制后用挡板将其在轴上固定。

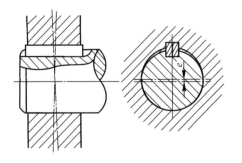

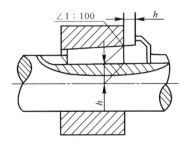

图 13-5　紧键联接　　　　　　　　　图 13-6　钩头楔键

2. 紧键联接的装配技术要求

1）紧键的斜度一定要与轮毂槽的斜度一致,否则套件会发生歪斜,同时降低联接强度。

2）紧键与槽的两侧应留有一定的间隙。

3）对于钩头楔键,不能使钩头紧贴套件的端面,钩头楔键外露距离 h 应为斜面长度的 $10\%\sim15\%$,以便拆卸(钩头楔键的外露尺寸不包括勾头)。

4）装配紧键时,要用涂色法检查楔键上下表面与轴槽和轮毂槽的接触情况,接触率应大于 65%。其余不接触部分不得集中于一段。若发现接触不良,可用锉刀、刮刀修整键槽。合格后,轻轻敲入键槽,直至套件的周向、轴向都紧固可靠为止。

13.1.3 花键联接

1. 花键联接的配合特点

花键联接是由多个轴上的键齿和毂孔上的键槽组成的(图 13-7)。花键联接的特点是:轴的强度高,传递的扭矩大,多齿工作,对中性与导向性都较好,但制造成本高。适用于载荷大和同轴度要求较高的联接中,在机床和汽车中应用较多。

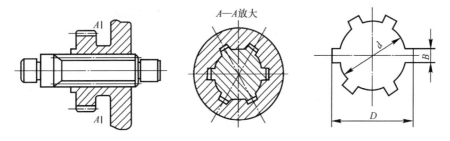

图 13-7 矩形花键联接

2. 矩形花键联接的结构特点

1）按国标 GB 1144—1987 关于矩形花键基本尺寸系列规定,矩形花键的键数 N 为偶数,常用范围 4~20,小径 d 和大径 D 分别为花键配合时的最小直径和最大直径,键宽 B 为键或槽的基本尺寸,如图 13-7 所示。

2）花键定心方式有大径定心、小径定心和键宽定心三种。通常情况下矩形花键的定心方式常采用小径定心。小径定心,便于获得较高的加工精度,定心稳定性好,外花键小径精度可用成形磨削方法消除热处理变形,定心直径尺寸公差和位置公差都能获得较高的精度,有利于产品质量的提高。同时有利于以花键孔为基准的渐开线圆柱齿轮精度标准的贯彻。

3) 花键配合包括定心直径与轴的小径配合,非定心直径(大径 D)与轴的外径配合以及键宽的配合。关键配合性质与花键联接的定心方式、精度要求和联接的松紧等因素有关,详见有关手册。

4) 矩形花键联接的标记,依次由齿数 N、小径 d、大径 D、键宽 B 及花键公差代号组成。例如,花键 $N=6, d=23\frac{H7}{f7}, D=26\frac{H10}{a10}, B=6\frac{H10}{d10}$,其标记如下:

花键副　$6\times23\frac{H7}{f7}\times26\frac{H10}{a10}\times6\frac{H11}{d10}$　GB 1144—1987

内花键　$6\times23H7\times26H10\times6H11$　GB 1144—1987

外花键　$6\times23f7\times26a10\times6d10$　GB 1144—1987

3. 花键联接的装配要点

1) 静联接花键装配　由于套件在花键轴上固定,故应保证配合后有少许的过盈量,装配时可用铜锤轻轻打入,但不得过紧,否则会拉伤配合表面。如果过盈较大,则应将套件加热至 80～120℃后再进行装配。

2) 动联接花键装配　动联接花键装配应保证精确的间隙配合。总装前应先进行试装,在周向能调换键齿的配合位置,套件花键轴上各位置可以轴向自由滑动,没有阻滞现象,但也不能过松。用手摆动套件时,不应感觉有明显的周向间隙。

3) 花键副的检验　花键联接装配后,应检查花键轴与套件的同轴度和垂直度误差。工作面经研合后,同时接触的齿数不得少于 2/3,接触率在齿长和齿高方向上均不得低于 50%,研合时用 0.05 mm 的塞尺检查齿侧间隙,塞尺不得插入齿全长。

13.2　销联接的装配

销联接在机械中主要是把两个或两个以上的零件用销钉联接在一起,使它们之间不能互相移动和转动。如图 13-8 所示。其特点是:联接可靠,安装、拆卸方

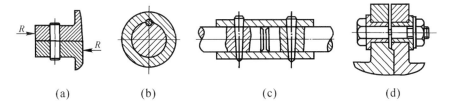

　　(a)　　　　　　(b)　　　　　　(c)　　　　　　(d)

图 13-8　销联接

(a)起定位作用;(b)起定位作用;(c)起联接作用;(d)起保险作用

便,应用十分广泛。

销是一种标准件,形状和尺寸都已标准化、系列化,大多数销用 35 钢、45 钢制造。销的种类较多,应用广泛,其中最多的是圆柱销和圆锥销。

13.2.1　圆柱销的装配

圆柱销一般依靠少量过盈固定在孔中,用以固定零件、传递动力或作定位元件。在装配时,为了保证联接质量,一般两件上的孔应同时钻铰,以保证两孔同轴。对销孔尺寸、形状、表面粗糙度要求较高,孔壁的表面粗糙度 R_a 值应低于 $1.6\ \mu m$。装配时销孔上应涂以机油,然后把销钉打入孔中,两端伸出长度要大致相等。国家标准中规定有不同直径的圆柱销,每种销可按 n6、g6、h8 和 h9 四种偏差制造,并根据不同的配合要求选用。

由于圆柱销孔经过铰削加工,多次装拆会降低定位的精度和联接的紧固,故圆柱销不宜多次装拆,否则会降低定位精度和联接质量。

13.2.2　圆锥销的装配

圆锥销具有 1:50 的锥度,它以小头直径和长度代表其规格,钻孔时以小头直径选用钻头。圆锥销定位准确,装拆方便,在横向力作用下可保证自锁,一般多用作定位,常用于要求经常装拆的场合。

用圆锥销连联接的两个零件需同时钻铰孔,但必须注意控制孔径,一般以能自由插入锥孔中的长度占销子长度的 80% 为宜。通孔一般用手锤将销敲入后,锥销小头稍露出被联接件的表面,以便于装拆。

不管是柱销还是锥销,往盲孔中打入时,销上必须钻一通气小孔或在侧面开一道微小的通气小槽,供放气用。

13.3　联轴器的装配

联轴器主要用于两轴的相互联接,在机器中把两根轴同轴地联接在一起的组件有联轴节、轴套加销或键、十字接头等,如图 13-9 所示。它们的主要功能都是传递运动和转矩。此外,联轴器还可能具有补偿两轴相对位移,缓冲和减振以及安全防护等功能。用联轴器联接的两轴线上的构件,只有在机器停止运转后,经过拆卸才能把它们分开。

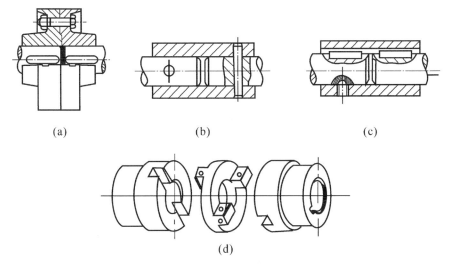

图 13 - 9　同心轴的联轴器

(a)圆盘式联轴器；(b)套筒加销式联轴器联接；

(c)套筒式联轴器平键联接；(d)十字槽式联轴器

13.3.1　联轴器的装配技术要求

由于大多数用联轴器联接的两轴,往往是分别属于两个独立的部件并安装在不同的位置上。因此在联接时要求两部件的轴必须有良好的同轴度,使运转时不产生单边受载,从而保持平衡,减少振动,这是装配联轴器最基本的技术要求。

联轴器装配时常见的三种偏差形式见图 13 - 10。

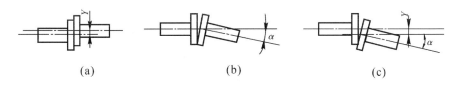

图 13 - 10　联轴器装配的偏差形式

过大的偏差将使联轴器、传动轴及其轴承产生附加负荷,其结果是引起发热,加速磨损,加大振动,甚至发生疲劳及断裂事故。

1. 固定式联轴器的装配要点

这种联轴器应用广泛,它由两个带毂的圆盘组成(见图 13 - 9(a))。两圆盘用键分别安装在两轴轴端,并靠螺栓把它们联成一体;也有用一个套筒联接两根轴的形式(见图 13 - 9(b)、图 13 - 9(c)),例如车床丝杠、光杠与进给箱轴的联接。图 13 - 9(b)若将圆锥销改用剪切安全销,也可作为安全联轴器,即当机器过载或承受冲击载荷超过定值时,联轴器中的联接件即可自动断开,从而保护设备安全。

2. 可移式联轴器的装配要点

由于制造、安装或工作时的变形等原因,不可能保证被联接的两轴严格对中,这时可采用可移式联轴器。这种联轴器的结构如图 13 - 9(d)所示。它由端面开有凹槽的两个套筒和两侧各具有凸块(作为滑块)的中间圆盘组成。中间圆盘两侧的凸块相互垂直,分别嵌入两个套筒的凹槽中。如果两轴线不同轴,运动时中间圆盘的滑块将在凹槽内滑动,以实现联接并获得补偿两轴线少量的径向偏移和歪斜的能力。

13.3.2　联轴器轴线的校正方法

在机械传动中,用联轴器联接以传递转矩的方法很多。装配调整时,要严格保证两轴线的同轴度,使运转时不产生振动,保持平衡。因此,联轴器的校正也是设备安装中一个关键环节,必须认真,细致地进行操作。

图 13 - 11 所示,为箱体传动轴与电动机轴的联接,首先要校正两轴同轴度,才能确定箱体与电动机的装配位置。

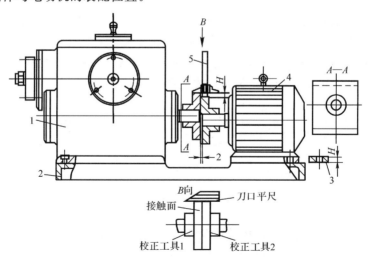

图 13 - 11　用专用校正工具校正两轴同轴度

1—箱体组件;2—底板;3—调整垫片;4—电动机;5—深度尺

1. 使用校正工具装配

使用一种专用的校正工具,用来找出箱体轴与电动机轴的不同轴度,以确定调整垫片的厚度,达到两轴同轴度要求的目的。调整校正工具的方法如下:

1) 分别在箱体轴和电机轴上装配校正工具 1 和 2,并将箱体、电动机置于底板上。

2) 调整箱体与电动机轴端相距 2 mm。用刀口平尺检查工具 1 和 2 的两侧面,保持平直(B 向视图),两工具平面接触应良好。

3) 用游标深度尺测量工具 1 和 2 的不等高值 H(H 值即为调整垫片的厚度),此时,便可确定箱体与电动机的装配位置,把它们的螺钉孔配划在底板上。

采用上述校正工具,找出两轴线的不同轴度,调整很简便,并能达到一般联轴器的同轴度要求。

2. 不用校正工具装配

1) 圆盘式联轴器的装配(图 13 - 12)。先在轴 1 和轴 5 上修配键 4 和安装圆盘。然后,用直尺 a 靠紧基准圆盘(例如圆盘 2)的凸缘上,移动轴 5,并使它与圆盘 3 也紧贴着直尺进行找正,并用塞尺测量间隙 Z。在一转中,间隙 Z 应当相同。

初步找正后,将百分表固定在圆盘 2 上,并使百分表的触头抵在圆盘 3 的凸缘上,找正圆盘 3,使它的径向摆动在允许范围之内。然后,移动轴 5,使圆盘 2 的凸肩少许插进圆盘 3 的台阶孔内。最后,转动轴 5 检查两个圆盘端面间的间隙,如果间隙均匀,则移动轴 5 使两圆盘端面靠紧,最后,用螺栓紧固。这种方法简单易行,且不用辅助工具。

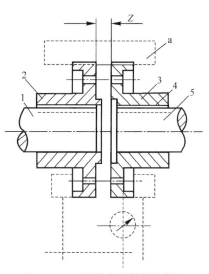

图 13 - 12　圆盘式联轴器的装配
1,5—轴;2,3—圆盘;4—键

2) 十字槽式联轴器的装配(图 13 - 13)。这种联轴器在工作时允许两轴线有一定的径向偏移和略有倾斜,所以,比较容易装配。它的装配顺序是:分别在轴 1 和轴 7 上修配键 3 和键 6、安装套筒 2 和套筒 5,并用直尺按上述圆盘式联轴器的装配方法来找正。再在两套筒间安装中间圆盘 4,并移动轴,使套筒与圆盘间留有少许间隙 Z(一般为 0.5～1 mm)。

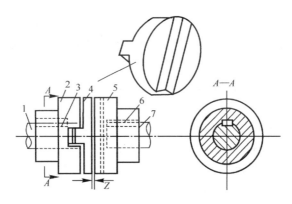

图 13－13　十字槽式联轴器的装配

思考题与习题

1. 何谓可拆固定联接?

2. 紧键联接的装配要点有娜些?

3. 花镶联接的装配要点有哪些?

4. 什么叫销联接? 销联接有哪些作用和优点?

5. 装配圆柱销的要点有哪些?

6. 什么叫过盈联接? 过盈联接有哪些特点?

7. 圆柱面过盈联接的技术要求有哪些?

8. 过盈联接的装配要点有哪些?

9. 试述常用键的类型及其用途。

10. 过盈联接的方法有哪些,各适用于什么场合?

11. 圆锥面过盈联接是利用什么原理来实现的?

12. 过盈联接常用的装配方法有哪些?

第 14 章　传动机构的装配

14.1　链传动机构的装配

14.1.1　链传动机构的特点

　　链传动是以链条为中间挠性件的啮合传动,如图 14 - 1 所示。它由装在平行轴上的主、从动链轮和绕在链轮上的链条所组成,并通过链和链轮的啮合来传递运动和动力。

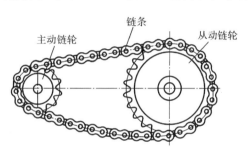

图 14 - 1　链连动

　　常用的传动链可分为套筒滚子链和齿形链两种。滚子链由外链板、内链板、销轴、套筒和滚子等主要零件组成,如图 14 - 2 所示。其结构已经标准化,滚子链分 A、B 两系列。我国滚子链以 A 系列为主,设计时应选用 A

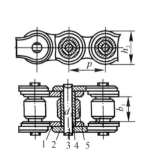

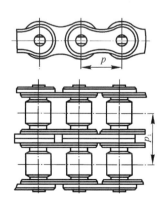

图 14 - 2　滚子链结构

1—内链板;2—外链板;3—销轴;4—套筒;5—滚子

系列;B 系列则主要供进口设备维修和出口用。链传动一般适用于传递功率小于100 kW,传动比 $i \leqslant 7$,链速 $v \leqslant 15$ m/s 的场合。

链传动是啮合传动,既能保证准确的平均传动比,又能满足远距离传动要求,特别适合在温度变化大和灰尘较多的地方工作。在机床、农业机械、矿山机械、纺织机械以及石油化工等机械中均有应用。

14.1.2　链传动机构的装配技术要求

1) 链轮的两轴线必须平行　两轴线不平行将加剧链条和链轮的磨损,降低传动平稳性和使噪声增加。两轴线的平行度可用量具检查,如图 14-13 所示,通过测量 A、B 两尺寸来检查其误差。

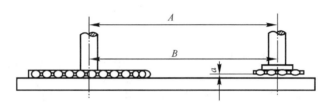

图 14-3　链轮两轴线平行度和轴向偏移的检查

2) 链轮之间的轴向偏移必须在要求范围内

偏移量 a 根据中心距大小而定,一般当中心距小于 500 mm 时允许偏移量为 1 mm;当中心距大于 500 mm 时允许偏移量为 2 mm。检查可用直尺法,在中心距较大时采用拉线法。

3) 跳动量要求　对于精确的链传动,链轮的径向跳动量也有一定要求。链轮跳动量可用划针盘或百分表进行检查,如图 14-4 所示。

4) 链的下垂度应适当　如果链传动是水平的或稍微倾斜的(在 45°以内),可取下垂度 f 等于 2%L;倾斜度增大时,就要减少下垂度。在垂直传动时 f 应小于或等于 0.2%L,其目的是为了减少链传动的振动和脱链现象。检查下垂度的方法如图 14-5 所示。

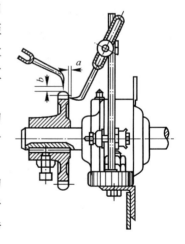

图 14-4　检查链轮的跳动量

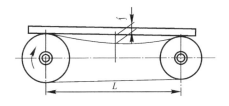

图 14-5　链条的下垂度检查

14.1.3　链传动机构的装配方法

　　链轮的装配方法与带轮的装配基本相同。链轮在轴上的固定方法有：用键联接后再用紧定螺钉固定（见图 14-6(a)）或用圆锥销联接（见图 14-6(b)）。

　　套筒滚子链的接头形式如图 14-7所示。除了链条的接头链节外，各链节都是不可分离的。链条的长度用链节数表示，为了使链条联成环形时，正好是外链板与内链板相联接，所以链节数最好为偶数。

　　接头链节有两种形式。当链节数为偶数时，采用联接链节，其形状与外链节（见图 14-7(a)）一样，只是链节一侧的外链板与销轴为间隙配合，接头处可用弹簧锁片或开口销等锁紧件固定（见图 14-7(b)、(c)）。一般前者用于小节距，

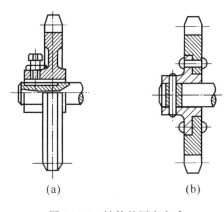

(a)　　　　　　　　　　(b)

图 14-6　链轮的固定方式

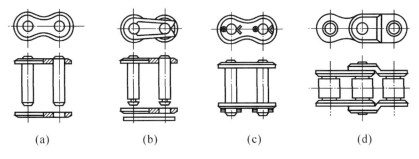

(a)　　　　　(b)　　　　　(c)　　　　　(d)

图 14-7　套筒滚子链的接头形式

后者用于大节距。用弹簧卡片时,必须使其开口端的方向与链的速度方向相反,以免运动中受到碰撞而脱落。当链节数为奇数时,可采用过渡链节(见图 14 - 7(d))。

对于链条两端的接合,如果结构上允许在链轮装好后再装链条的话(例如两轴中心距可调节且链轮在轴端时),则链条的接头可预先进行联接;如果结构不允许链条预先将接头联接好时,则必须在套到链轮上以后再进行联接,此时常需采用专用的拉紧工具(见图 14 - 8(a))。齿形链条则都必须先套在链轮上,再用拉紧工具拉紧后进行联接(见图 14 - 8(b))。

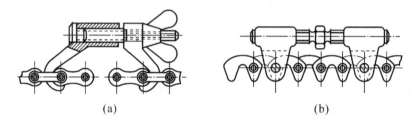

(a)   (b)

图 14 - 8   拉紧链条的工具

14.2   蜗轮蜗杆传动机构的装配

蜗轮蜗杆传动是用于空间交错轴之间传递运动和转矩的一种机械传动机构,其应用范围很广,常用于分度、减速、传动等机构。在绝大多数场合,两轴在空间是互相垂直的,两轴交错角为 90°,如图 14 - 9 所示。

图 14 - 9   蜗轮蜗杆传动机构

14.2.1   蜗轮蜗杆传动的技术要求

1) 保证蜗轮上齿的圆弧中心与蜗杆的轴线在同一个垂直于蜗轮轴线的平面内,且与蜗轮中心线垂直,保证蜗杆轴线与蜗轮轴线的相对位置正确,并保持稳定性(主要靠调整各相关零件,使之无轴向窜动来保证)。

2) 蜗杆与蜗轮的中心距准确。

3) 装配后应保证有适当的啮合侧隙和正确的啮合接触面,使转动灵活,无任何卡阻现象,并受力均匀。

装配蜗轮蜗杆传动过程中,可能产生的三种误差:蜗杆轴线与蜗轮轴线的夹角误差、中心距误差和蜗轮对称中间平面与蜗杆轴线的偏移,如图 14 - 10 所示。

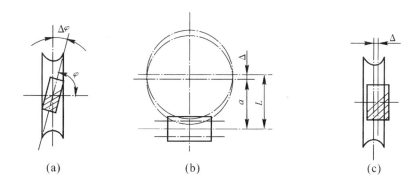

图 14-10　蜗轮蜗杆传动机构的不正确啮合情况

(a) 蜗杆轴线与蜗轮轴线的夹角误差($\varphi\neq90°$)；(b) 中心距误差($L\neq a$)；

(c) 蜗轮对称中间平面与蜗杆轴线的偏移($\Delta\neq0$)

对于不同用途的蜗轮蜗杆传动机构,在装配时,要加以区别对待。如果蜗轮蜗杆传动机构用来分度,则以提高运动精度为主,应尽量减少蜗轮蜗杆机构在运动中的空转角度;如果用于传动和减速,则以提高接触精度为主,使蜗轮蜗杆机构能传递较大的转矩,并增强其耐磨性。

14.2.2　蜗轮蜗杆传动机构箱体的装前检验

为了确保蜗轮蜗杆传动机构的装配要求,在蜗杆、蜗轮装配前,先要对蜗杆孔轴线与蜗轮孔轴线的中心距误差和垂直度误差进行检测。检测箱体孔中心距时,可按图 14-11 所示的方法进行测量。测量时,分别将测量芯棒 1 和 2 插入箱体孔中。箱体用三个千斤顶支承在平板上,调整千斤顶,用百分表在该芯棒两端最高点上检测,使其中一个芯棒与平板平行,然后用两组量块以相对测量法,测量两芯棒至平板的距离,即可算出中心距 a。

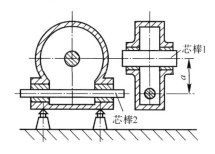

图 14-11　检验蜗轮蜗杆箱中心距

测量轴线间的垂直度误差,可采用图 14 - 12
所示的检验工具。检测时将芯棒 1 和 2 分别插入
箱体孔中,在芯棒 2 的一端套一百分表摆杆,用螺
钉固定,旋转芯棒 2,百分表上的读数差,即是轴线
的垂直度误差。

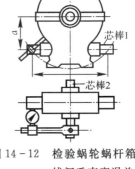

14.2.3　蜗轮蜗杆机构的装配过程

蜗轮蜗杆传动机构主要由箱体、蜗轮、蜗杆等
零件组成,装配时,按其结构特点的不同,有的应先
装蜗轮,后装蜗杆;有的则相反。蜗轮蜗杆传动机
构的组装比较简单,主要是装配过程中的检验和调

图 14 - 12　检验蜗轮蜗杆箱轴
线间垂直度误差

整。蜗杆中心线与蜗轮中心线距离主要靠机械加工精度保
证,并通过调整垫片,消除各零件加工产生的偏差,使中心
距准确,并获得良好的接触精度。一般情况下,装配工作是
从装配蜗轮开始的。其步骤如下。

1) 将蜗轮齿圈压装在轮毂上,并用螺钉加以紧固(见图
14 - 13)。

2) 将蜗轮装在轴上,安装和检验方法与圆柱齿轮相同。

3) 把蜗轮轴装入箱体,然后再装蜗杆。一般蜗杆轴心

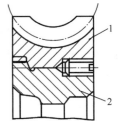

图 14 - 13　组合式蜗轮
1—齿圈;2—轮毂

线的位置是由箱体安装孔所确定的,因此蜗轮的轴向位置
可通过改变调整垫圈厚度或其他方式进行调整。

4) 将蜗轮、蜗杆装入箱体后,首先要用涂色法来检验蜗杆与蜗轮的相互位置
以及啮合的接触斑点。将红丹粉涂在蜗杆螺旋面上,给蜗轮以轻微阻尼,转动蜗
杆。根据蜗轮轮齿上的痕迹判断啮合质量。正确的接触斑点位置应在中部稍偏蜗
杆旋出方向(见图 14 - 14(a))。对于图 14 - 14(b)、(c)所示的情况,则应调整蜗轮

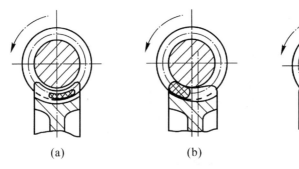

| (a) | (b) | (c) |

图 14 - 14　蜗轮齿面上的接触斑点

的轴向位置（如改变垫片厚度等），使其达到正常接触。

14.2.4　蜗轮蜗杆传动机构啮合质量的检验

由于蜗轮蜗杆传动的结构特点，其侧隙（见图 14-15）用塞尺或压铅片的方法测量是有困难的。对不太重要的蜗轮蜗杆传动机构，有经验的操作工是用手转动蜗轮蜗杆，根据蜗轮蜗杆的空程量判断侧隙大小。一般要求较高的传动机构，要用百分表进行测量。

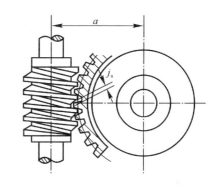

蜗轮蜗杆装配后的齿侧间隙，可按图 14-16(a) 所示的方法进行检验。在蜗杆轴上固定一带量角器的刻度盘，用百分表测量头顶在蜗轮齿面上，手转蜗杆，在百分表指针不动的条件下，用刻度盘相对于固定指针的最大转角（也称空程角）来判断侧隙大小。

图 14-15　蜗轮蜗杆传动机构的齿侧间隙

如用百分表直接与蜗轮齿面接触有困难时，可在蜗轮轴上装一测量杆进行测量，如图 14-16(b) 所示。

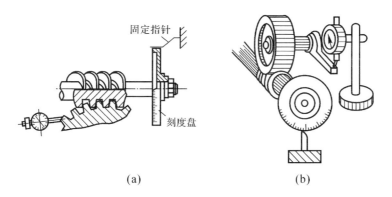

(a)　　　　　　　　　　(b)

图 14-16　蜗轮蜗杆传动机构侧隙的检查
(a) 直接测量法；(b) 用测量杆的测量法

空程角与圆周侧隙有如下的近似关系（略去蜗杆升角的影响），即

$$j_t = \phi m_t z_1$$

式中：ϕ 为蜗杆空程角（′）；m_t 为轴向模数（mm）；z_1 为蜗杆螺旋线头数；j_t 为圆周侧隙（mm）。

蜗轮蜗杆传动机构装配之后，还要检查它的转动灵活性。蜗轮在任何位置上，用手轻而缓慢地旋转蜗杆时,所需的转矩均应相同,而且没有忽松忽紧和咬住现象。

14.3　丝杠螺母传动机构的装配

丝杠螺母传动是用于将旋转运动变成直线运动,同时进行能量和力的传递机构,使用非常广泛。其特点是结构简单、传动精度高、工作平稳、无噪声、易于自锁、能传递较大的动力。缺点是摩擦损失大,传动效率低,因此一般不用于大功率的传递,而主要用于车床的纵、横向进给机构等。

14.3.1　丝杠螺母传动机构的装配技术要求

丝杠螺母传动机构在装配时,为了保证传动精度,提高使用寿命,必须认真调整丝杠螺母副的配合精度。一般应满足以下要求。

1) 保证径向和轴向配合间隙达到规定要求。

2) 丝杠与螺母同轴度及丝杠轴线与基准面的平行度应符合规定要求。

3) 丝杠与螺母相互转动应灵活,在旋转过程中无时松时紧和阻滞现象。

4) 丝杠的回转精度应在规定范围内。

14.3.2　丝杠螺母副配合间隙的测量及调整

配合间隙包括径向和轴向两种。轴向间隙直接影响丝杠螺母副的传动精度,因此需采用消隙机构予以调整。但测量时径向间隙比轴向间隙更易准确反映丝杠螺母副的配合精度,所以,配合间隙常用径向间隙表示。

1. 径向间隙的测量

如图 14-17 所示,将丝杠螺母副如图所示放置好,为避免丝杠产生弹性变形,

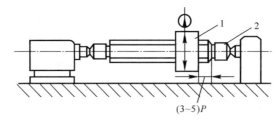

$(3\sim5)P$

图 14-17　径向间隙的测量

1—螺母;2—丝杠

螺母离丝杠一端约 3～5 个螺距,把百分表测量头触及螺母上部,然后用稍大于螺母重力的力抬起和压下螺母,此时,百分表读数的代数差即为径向间隙。

2. 轴向间隙的调整

对于无间隙调整机构的丝杠螺母副,可采用单配或选配的方法来保证合适的轴向间隙;对有消隙机构的丝杠螺母副,常采用的轴向间隙调整机构有单螺母和双螺母两种结构形式。

(1) 单螺母结构

用图 14-18 所示机构,利用强制施加外力的方法,使螺母与丝杠始终保持单面接触。图 14-18(a)的消隙机构是靠弹簧拉力;图 14-18(b)的消隙机构是靠油缸压力;图 14-18(c)的消隙机构是靠重锤重力。

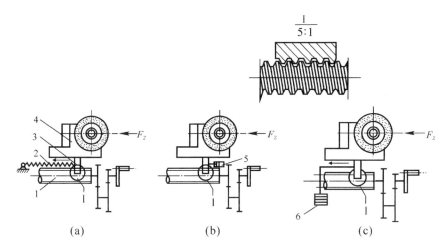

图 14-18　单螺母消隙机构
1—丝杠;2—弹簧;3—螺母;4—砂轮架;5—液压缸;6—重锤

装配时可调整或选择适当的弹簧拉力,液压缸压力、重锤重力,以消除轴向间隙。但应注意,用于机床进给机构时,单螺母结构中消隙机构的消隙力方向与切削分力 F_z 方向必须一致,以防进给时产生爬行而影响进给精度。

(2) 双螺母结构

消隙机构如图 14-19(a)所示。调整时先松开螺钉,再拧动调整螺母 1,消除螺母 2 与丝杠间隙后,旋紧螺钉。图 14-19(b)为斜面消隙机构,其调整方法是:拧松螺钉 2,再拧动螺钉 1,使斜楔向上移动,以推动带斜面的螺母右移,从而消除轴向间隙。调好后再用螺钉 2 锁紧。

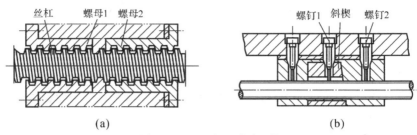

图 14 - 19　双螺母消隙机构

(a)双螺母消隙机构；(b)斜面消隙机构

思考题与习题

1. 何谓带传动？带传动有哪些优缺点？

2. 装配链传动机构有哪些主要技术要求？

3. 链联接应注意哪些事项？

4. 蜗轮蜗杆传动机构装配的技术要求有哪些？

5. 装配蜗轮蜗杆传动机构时,是先装配蜗轮还是先装配蜗杆？

6. V 带传动有哪几种类型,有哪些基本技术要求？

7. 如何测量和调整丝杠螺母副配合间隙？

8. 如何调整丝杠的回转精度？

9. 链联接与花键联接各有何特点？

第15章 减速器的拆卸、测绘与装配

15.1 减速器拆卸的一般方法和步骤

下面以图 15-1 所示一级圆柱齿轮减速器为例,介绍减速器拆卸的一般方法和步骤。

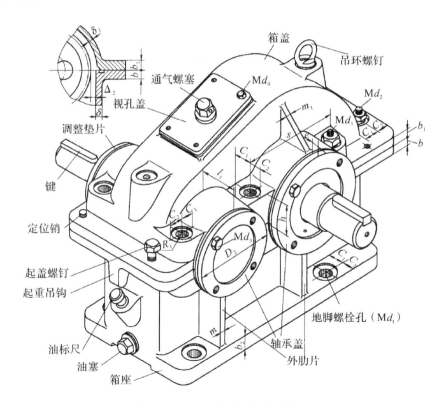

图 15-1 一级圆柱齿轮减速器结构

1) 了解减速器的用途、类型、工作原理、性能参数、整体结构和布局等。

2) 观察减速器外形结构,判断传动级数、输入和输出轴及安装方式;测出外廓尺寸。

3）观察、拆卸并分析减速器箱体附件。了解附件功能、结构特点、位置、数量及与箱体的联接方式，并开始着手绘制装配示意图。

4）拧下箱盖和箱座联接螺栓，拧下箱盖上凸缘式轴承盖的联接螺钉，拔出定位销，借助起盖螺钉和起吊装置打开箱盖，并注意保护箱盖和箱座结合面，防止碰坏或擦伤。仔细观察箱体的剖分面，了解箱体剖分面的密封方式。测出中心距、中心高。

5）测定轴承的轴向间隙。固定好百分表，用手推动轴至一端，然后再推动轴至另一端，百分表所指示出的量值差即为轴承轴向间隙的大小。然后拆下轴的外伸端联接键，卸下轴承盖。

6）测定齿轮副的侧隙。将一段铅丝插入齿轮间，转动齿轮碾压铅丝，铅丝变形后的厚度即是齿轮副侧隙的大小，用游标卡尺测量其值。

7）在轮齿表面涂色，齿轮转动几周后，检查接触斑点，测定齿轮接触状况。

8）了解各轴系部件之间的相互位置关系，确定传动方式和传动路线；判定斜齿轮的旋向及轴向力方向，绘制机构传动示意图。

9）一边转动轴，一边顺着轴旋转方向取出高速轴系部件，再用橡胶锤轻敲中、低速轴系部件并将其取出，然后拆卸各零件。观察并分析轴上各零件的作用、结构、周向和轴向定位方式以及与轴的配合情况等；观察确定轴承类型和型号并分析轴承的安装、定位、润滑与密封方式、间隙调整方式以及与轴和座孔的配合情况；观察并分析轴系部件与箱体的定位方式。

10）拆卸轴承。为了不损坏轴承滚道，拆卸时须采用专用工具，不得用锤子乱敲，不得将力施加于外圈上通过滚动体推动内圈。

11）在完成上述9）、10）两步骤的过程中，测量轴系零件，如轴、齿轮、轴套、键、挡油环、轴承盖、调整垫片等的有关结构尺寸，确定各零部件之间的相对位置尺寸。将各轴系结构分析的结果分别用轴系结构简图表示，并注出所测得的尺寸。

12）为方便分析与测绘，需将减速器的零部件分成标准件和非标准件两类，并分别列出标准件和非标准件明细表。

13）完成装配示意图，并给各零部件编出拆卸序号、填写明细表。

在拆卸的过程中，应一边拆卸，一边绘制装配示意图。当减速器拆卸结束时，即可完成如图15-2所示的装配示意图。

装配示意图是绘制装配图和零件拆卸后重新装配成机器或部件的依据。因此，正确绘制装配示意图是机械拆卸过程中的重要一步。

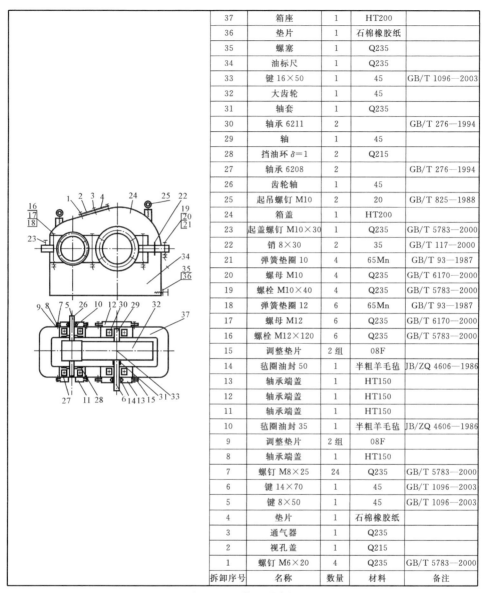

37	箱座	1	HT200	
36	垫片	1	石棉橡胶纸	
35	螺塞	1	Q235	
34	油标尺	1	Q235	
33	键 16×50	1	45	GB/T 1096—2003
32	大齿轮	1	45	
31	轴套	1	Q235	
30	轴承 6211	2		GB/T 276—1994
29	轴	1	45	
28	挡油环 $\delta=1$	2	Q215	
27	轴承 6208	2		GB/T 276—1994
26	齿轮轴	1	45	
25	起吊螺钉 M10	2	20	GB/T 825—1988
24	箱盖	1	HT200	
23	起盖螺钉 M10×30	1	Q235	GB/T 5783—2000
22	销 8×30	2	35	GB/T 117—2000
21	弹簧垫圈 10	4	65Mn	GB/T 93—1987
20	螺母 M10	4	Q235	GB/T 6170—2000
19	螺栓 M10×40	4	Q235	GB/T 5783—2000
18	弹簧垫圈 12	6	65Mn	GB/T 93—1987
17	螺母 M12	6	Q235	GB/T 6170—2000
16	螺栓 M12×120	6	Q235	GB/T 5783—2000
15	调整垫片	2 组	08F	
14	毡圈油封 50	1	半粗羊毛毡	JB/ZQ 4606—1986
13	轴承端盖	1	HT150	
12	轴承端盖	1	HT150	
11	轴承端盖	1	HT150	
10	毡圈油封 35	1	半粗羊毛毡	JB/ZQ 4606—1986
9	调整垫片	2 组	08F	
8	轴承端盖	1	HT150	
7	螺钉 M8×25	24	Q235	GB/T 5783—2000
6	键 14×70	1	45	GB/T 1096—2003
5	键 8×50	1	45	GB/T 1096—2003
4	垫片	1	石棉橡胶纸	
3	通气器	1	Q235	
2	视孔盖	1	Q215	
1	螺钉 M6×20	4	Q235	GB/T 5783—2000
拆卸序号	名称	数量	材料	备注

图 15-2　装配示意图

15.2　减速器测绘的一般方法和步骤

减速器的测绘是在完成上述拆卸过程以后,对所拆下的零部件作进一步结构分析,以徒手和目测比例画出零件的草图,并进行测量、分析、记录尺寸、制定技术要求、填写标题栏图等工作，并在此基础上画出装配草图。

减速器的零件草图是减速器的结构分析、精度分析以及零件工作图绘制、装配图绘制的重要依据。零件草图的要求是：图形正确、表达清晰、尺寸齐全，并注写包括技术要求的全部内容。

1. 徒手画零件草图

零件草图的画法在第 1 章中已作了详细的说明，按照画零件草图的步骤，在分析被测零件的基础上，确定零件表达方案和图面布置后，用徒手、目测比例画出零件的各个视图。画零件草图时应注意以下几点。

1）对标准件（如螺栓、螺母、垫圈、键、销等）不必在零件草图上画出，只需依据主要尺寸的实测值由相应标准确定其规格和标记，并将这些标准件的名称、数量、材料和标记等列表即可。因此，除标准件以外，减速器的专用零件，如箱座、轴承盖等，都必须测绘、画出草图。

2）零件上的制造缺陷，如缩孔、砂眼、毛刺、刀痕以及使用中造成的裂纹、磨损和损坏等部位，画草图时应不画或加以修正。零件上的工艺结构，如倒角、倒圆、退刀槽、砂轮越程槽、起模斜度等，应查有关标准，确定后画出。

3）锻件和铸件上有可能出现的形状缺陷和位置不准确，应在画草图时予以修正。

4）对于易损件或丢失的零件，如密封垫圈等，要根据其关联零件想象其结构，画出草图。

5）对复杂零件，须边测量、边画放大图，以便及时发现问题。

6）对不合理结构，如实测绘草图，加以分析，并提出修改意见。

2. 标注零件的待测尺寸

零件草图画好后，即可按零件形状、加工顺序和便于测量等因素，确定尺寸基准。按正确、完整、清晰并尽可能合理地标注尺寸的要求，画出全部尺寸线。待到量取尺寸后，即可填写尺寸数值。标注零件尺寸时还应考虑如下几点。

1）相邻零件有联系的部分，尺寸基准应统一；两零件相配合的部分基本尺寸应相同。

2）重要尺寸如配合尺寸、定位尺寸、保证工作精度和性能的尺寸等，应直接注出。

3）切削加工部分的尺寸标注，应尽量符合加工要求并使测量方便。

4）草图上标注尺寸时，允许将尺寸标注成尺寸链的封闭环，以便分析、核对尺寸。

5）圆角、倒角及中心孔等细小结构尺寸在草图上可不标注。

3. 尺寸测量的方法

在零件尺寸的测量阶段,通常是逐个测量尺寸数值并标注在零件草图上。在测量零件尺寸时,应根据零件尺寸的精度要求选用相应的量具,常用的测量工具有内卡钳、外卡钳、游标卡尺、钢直尺、角度尺、螺纹样板等。

4. 确定技术要求并填写标题栏

零件测绘时,可根据被测零件的功用和工作要求,并参考同类产品有关资料,进行分析和类比。与此同时还要确定零件在加工、检验或装配时应满足的一些技术要求,例如零件的表面粗糙度、尺寸公差、形状和位置公差,以及材料热处理等方面的要求。

15.3　实例分析

在拆卸和分析减速器的过程中,已列出了所有标准件和非标准件明细表,所谓测绘,即是要对表中所列非标准件逐一进行测绘。减速器的非标准件包含有轴类、盘盖类和箱体类零件,下面对一级减速器中典型结构的轴、大齿轮、箱体等零件进行测绘。

15.3.1　齿轮轴的测绘

齿轮轴是由实心圆柱体、键槽等构成的,是减速器的重要组成部分。轴上工艺结构有圆角、倒角及中心孔。该轴是被测减速器的输入轴,与轴配合的零部件有联轴器、轴承、密封件、键等。测绘步骤如下。

1. 绘制零件草图

按加工位置选择主视图,轴线水平放置,轴上键槽朝前方放置,如图 15-3 所示。

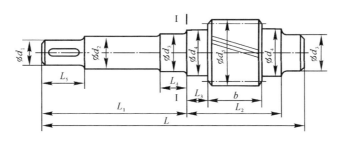

图 15-3　齿轮轴尺寸标注

2. 尺寸测量与数据处理

该轴的测量尺寸有如下几类。

1) 轴段直径尺寸   用游标卡尺直接测量。与联轴器、轴承配合的轴段,其测量的直径尺寸应分别与联轴器、轴承内孔标准尺寸相匹配;其余轴段测量的直径尺寸应圆整。

2) 轴段长度尺寸   用游标卡尺直接测量后圆整即可,注意避免用轴的各段长度累加总长。

3) 键槽尺寸   该轴与联轴器用键联接,键槽长、宽、深的数值,可结合轴的公称直径查普通平键标准,取标准值。

4) 中心孔及倒圆、倒角尺寸   均为标准结构尺寸,测量后应从相关标准中取标准值。对于自由表面过渡圆角尺寸也应参考有关资料选取。

3. 确定技术要求

通过观察、类比和查阅有关资料可分析判断出轴的材料。为了使材料具有好的力学性能,该轴应安排一定的热处理工序。该轴的尺寸公差、形状和位置公差及表面粗糙度等技术要求见图 15－4。

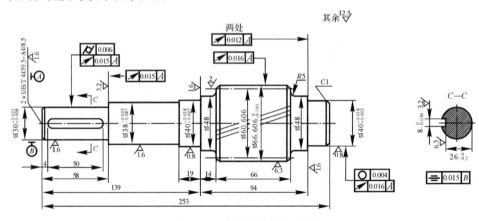

图 15－4   齿轮轴的技术要求

15.3.2   齿轮的测绘

图 15－5 所示齿轮为腹板式结构,采用锻造轮坯。轮毂、轮缘各圆及倒角在车床上加工,键槽在插床上加工,腹板孔在钻床上加工。轮齿在滚齿机上连续切削加工,与其他加工方法比较,其精度、效率都较高,与大齿轮配合的件有低速轴、键。测绘步骤如下。

1. 绘制零件草图

主视图采用通过齿轮轴线的全剖视图，主要表达轮毂、轮缘、毂孔、腹板、键槽等结构。左视图采用以表达毂孔、键槽结构和尺寸为主的局部视图。轮齿部分按机械制图标准的规定绘制。该大齿轮零件草图如图 15 - 5 所示。

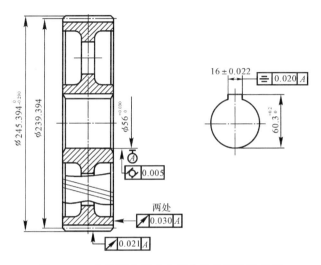

图 15 - 5　齿轮配合尺寸和行位公差标注示意例

2. 尺寸测量与数据处理

除轮齿部分外，齿轮其他部分的测量方法与一般零件相同。对于轮齿，主要是通过测量有关的几何参数，确定模数 m 和螺旋角 β，据此可计算出制造时所需要的基本尺寸。几何参数包括齿数 z、中心距 a、齿顶圆直径 d 等。

为使模数的确定无误，可通过测量其他参数确定模数，用多种方法互相印证。当模数确定后，应由标准齿轮几何尺寸的计算公式计算有关参数，若其计算值接近标准值，可判断所测齿轮为标准齿轮；否则，为非标准齿轮。

3. 确定技术要求

通过观察、类比和查阅有关资料可判断出该齿轮的材料。为了使材料具有好的力学性能，齿轮应安排一定的热处理工序。齿轮配合尺寸和形位公差标注示意例，见图 15 - 5。

15.3.3　箱体的测绘

减速器箱体包括箱盖和箱座，均属箱体类零件，采用铸造毛坯。这里主要以箱座为例介绍减速器箱体的测绘方法。

该箱座结构较复杂,基础形体由箱壳、底板、与箱盖联接处的凸缘、轴承座孔系及肋板等构成,并设有导油沟、油标尺座孔、放油孔、吊钩、螺栓孔、螺钉孔、定位销孔及凸台,以及其他工艺结构。这些结构需经刨、铣、镗、磨、钻、钳等多道工序加工,且有多种加工位置。与箱座配合的零部件有轴承、轴承盖等。测绘步骤如下。

1. 绘制零件草图

按工作位置和结构形状特征来选择主视图。该箱座采用三个基本视图和三个局部视图来表达,如图 15-6 所示。主视图主要表达高速轴和低速轴轴承座孔、箱壳的形状和位置关系、吊钩形状,并采取局部剖视图以反映油标尺座孔、放油孔、螺栓孔等结构;左视图采用半剖视图主要表达箱壳与轴承座的联接关系、肋板与轴承座和箱壳的联接关系、肋板的断面形状和螺钉孔,并采用局部剖视图反映地脚螺栓孔;俯视图绘制成外形图,主要表达箱壳和底板、两轴系座孔的位置关系以及导油沟、螺栓孔、销孔的布局和位置。

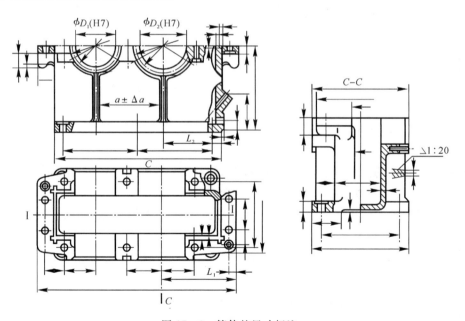

图 15-6　箱体的尺寸标注

2. 尺寸测量与数据处理

箱体类零件图上的尺寸较多,比较复杂,需要重点关注的问题是正确选择尺寸标注的基准,同时注意箱盖与箱座彼此对应的尺寸要排在相同的位置,因为很多工序是箱座组合后进行加工的。现就箱座尺寸的标注方法简述如下(箱盖尺寸的标注方法基本相同）。

（1）高度方向的尺寸

高度方向按所选基准面，可分为两个尺寸组：第一组尺寸，以箱座底平面为基准进行标注，如箱座高度、泄油孔和油标孔位置的高度，以及底座的厚度等。第二组尺寸，以分箱面为基准进行标注，如分箱面的凸缘厚度、轴承螺栓凸台的高度等。

此外，表示某些局部结构的尺寸，也可以毛面为基准进行标注，如起吊钩的高度等。其中以底平面为主要基准，其余为辅助基准，因为加工分箱面、镗轴承孔和安装减速器，都是以底平面为工艺基准的。

（2）宽度方向的尺寸

宽度方向的尺寸，应以减速箱体的对称中线（如图 15 - 6 中的 Ⅰ—Ⅰ 所示）为基准进行标注，如螺栓（钉）孔沿宽度方向的位置、箱座宽度和起吊钩的厚度等。

（3）长度方向的尺寸

沿长度方向的尺寸，应以轴承座孔为主要基准进行标注。图 15 - 6 中是以尺寸 L_1 先确定轴承座孔 ϕD_2（H7）的位置，再以轴承座孔为基准标注其他尺寸，如轴承座孔中心距、轴承螺栓孔的位置尺寸等。

（4）地脚螺栓孔的位置尺寸

地脚及地脚螺栓孔沿长度和宽度方向的尺寸均应以箱座底座的对称中线为基准布置和标注。此外，还应特别注明地脚螺栓孔的定位尺寸（如图 15 - 6 中的 L_2 所示），作为减速器安装定位用。

除上述主要尺寸以外，其余尺寸如检查孔、加强筋、油沟和起吊钩等应按具体情况选择合适的基准进行标注。

3. 公差标注

（1）尺寸公差

箱体零件工作图中应注明的尺寸公差如下：

1）轴承座孔的尺寸偏差，按装配图上所选定的配合标注。

2）圆柱齿轮传动和蜗杆传动的中心距极限偏差，按相应的传动精度等级规定的数值标注。

3）圆锥齿轮传动轴心线夹角的极限偏差，按圆锥齿轮传动公差规范的要求标注。

（2）形位公差

箱体零件工作图中，应注明的形位公差项目如下：

1）轴承座孔表面的圆柱度公差，采用普通精度级滚动轴承时，应选用 7 级或 8 级公差。

2）轴承座孔端面对孔轴心线的垂直度公差，采用凸缘式轴承盖时，为了对轴承定位正确,应选择 7 级或 8 级公差。

3) 在圆柱齿轮传动的箱体零件工作图中,要注明轴承座孔中心线之间的水平方向和垂直方向的平行度公差,以满足传动精度的要求。在蜗杆传动的箱体零件工作图中,要注明轴承座孔轴心线之间的垂直度公差。

箱体的形位公差推荐项目见表 15-1。

表 15-1　箱体的形位公差推荐项目

标注项目		符号	精度等级	对工作性能的影响
轴承座孔	圆柱度	⌀	7	影响箱体与轴承的配合性能及对中性
箱体结合面	平面度	▱	7	影响箱体结合面的防渗漏性能及密合性
轴承座孔中心线之间	平行度	//	6	影响传动零件的接触斑点及传动的平稳性
轴承座孔的端面对其中心线	垂直度	⊥	7~8	影响轴承固定及轴向受载的均匀性
两轴承座孔中心线	同轴度	◎	6~7	影响减速器的装配及传动零件载荷分布的均匀性

(3) 表面粗糙度

箱体零件加工表面的粗糙度见表 15-2 所列数据。

表 15-2　减速箱体、轴承盖及套杯表面粗糙度的选择

加工表面	表面粗糙度
箱体的分箱面	$\overset{\text{刮研}}{\underset{1.6}{\triangledown}}$ （在 1cm 表面上要求不少于一个斑点）
与普通精度级滚动轴承配合的轴承座孔	$\overset{0.8}{\triangledown}$（轴承外径 $D \leqslant 80$ mm） $\overset{1.6}{\triangledown}$（轴承外径 $D > 80$ mm）
轴承座孔凸缘端面	$\overset{3.2}{\triangledown}$
箱体底平面	$\overset{25}{\triangledown}$
检查孔接合面	$\overset{6.3}{\triangledown}$ 或 $\overset{12.5}{\triangledown}$

加工表面	表面粗糙度
油沟表面	$\frac{25}{\bigvee}$
圆锥销孔	$\frac{0.8}{\bigvee}$
螺栓孔、沉头座表面或凸台表面箱体上泄油孔和油标孔的外端面	$\frac{6.3}{\bigvee}$ 或 $\frac{12.5}{\bigvee}$
轴承盖或套杯的加工面	$\frac{1.6}{\bigvee}$ 或 $\frac{3.2}{\bigvee}$（配合表面） $\frac{6.3}{\bigvee}$（端面、非配合表面）

4. 确定技术要求

箱体零件图上应提出技术要求，一般包括以下内容：

1）对铸件清砂、修饰、表面防护（如涂漆）的要求说明；

2）铸件的时效处理；

3）对铸件质量的要求（如不许有缩孔、砂眼和渗漏现象）；

4）未注明的圆角、倒角和铸造斜度的说明；

5）箱座与箱盖组装后配作定位孔，并加工轴承座孔和外端面等的说明；

6）组装后分箱面处不许有渗漏现象，必要时可涂密封胶等说明；

7）其他必要的说明，如轴承座孔中心线的平行度要求在图中未注明时，可在技术要求中说明。

通过观察、类比和查阅有关资料可判断出箱座的材料，通常多为灰铸铁。为了保证箱体具有良好的使用性能和不变形，要对箱体进行时效处理。箱座的尺寸公差、形状和位置公差、表面粗糙度等技术要求见图 15－14。

15.3.4　减速器装配图的绘制

减速器装配图是用来表示减速器各零件间的装配关系、结构形状和尺寸以及工作原理的图样；是用来了解该传动装置总体布局、性能、工作状态、安装要求、制造工艺的图样，也是减速器调试、维护、装拆的技术依据。

1. 绘制减速器装配草图

根据减速器装配示意图（见图 15－2）和非标准件的零件草图、标准件的类型和规格尺寸，以及减速器零部件的位置尺寸，便可逐步完成减速器装配草图。

减速器装配图一般采用三个视图（主、俯、左视图）并辅以必要的剖视图或局部剖视图来表达。

选择比例时尽量优先选用 1∶1 或 1∶2 的比例尺,以增强减速器产品的真实感。绘制装配图时,应根据减速器装配示意图和减速器内部齿轮的直径、中心距以及轴的长度,参考同类减速器图样,估算出减速器三个主要视图的大致轮廓尺寸。同时,还应估计零件的序号、技术条件及减速器特性表所占用的位置,合理地布置好三个主要视图。

由测绘所得的装配示意图、非标准件零件草图和标准件明细表,可得到所绘零部件的结构形状和几何尺寸以及位置关系,据此可依次画出轴、齿轮、轴承、轴承盖、键等轴系零部件的结构,如图 15-7 所示。画图时应注意如下几点。

1) 画轴的结构时,为保证其有准确的轴向位置,一般以齿轮的定位轴肩接触面作为轴的绘图基准面,对于齿轮轴,则以齿轮端面作为绘图基准面。

2) 画齿轮的结构时,应按国家制图标准的规定画法画出齿轮及其啮合部位。斜齿轮的螺旋角方向用倾斜于轴线的三段细直线表示(见图 15-7),并注意轮毂长度约大于相配轴段长度。

3) 画轴承的结构时,应按国家制图标准规定的简化画法正确画出,并检查其轴向定位是否可靠、合理。

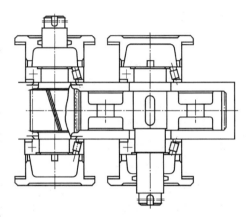

图 15-7　绘制一级减速器轴系零件部结构

4) 轴承盖为透盖时,其通孔直径由密封件尺寸确定,与相配轴段之间应有一定间隙,该间隙在画图时应表示出来。

5) 画箱体和附件结构。由于箱体和附件结构较为复杂,表达时反映零件主要形体的视图各不相同,所绘的图线也较多,因此,本阶段绘图应在主、俯、左三个视图上同时交替进行,必要时可增加局部视图或局部剖视图。绘图的顺序应为先箱体、后附件;先主体、后局部;先轮廓、后细节。

当画箱体结构时,应从箱体主视图入手画图,画图依据仍然是箱盖、箱座零件测绘草图上所表达的结构形状和尺寸。当在主视图上确定了箱盖、箱座的基本外廓后,便可在三个视图上详细画出箱盖、箱座的结构。

最后逐一画出附件结构。对于如螺栓、螺母、垫圈、螺钉等标准件的联接,应按国家制图标准规定的简化画法正确画出。对于相同结构、相同尺寸的螺栓联接、螺钉联接,其相互关系清楚,可以只画一个,其他用中心线表示清楚位置。

完成这一阶段的绘图后,便可得到减速器装配草图,也即减速器装配图底图,如图 15-8 所示。

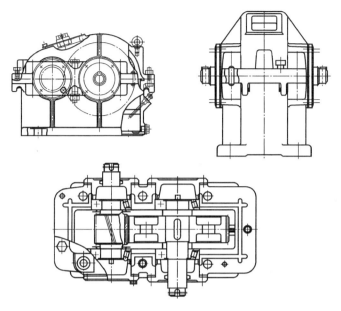

图 15-8 一级减速器装配草图

2. 完成减速器装配图

完成减速器装配图不是绘制装配图的最后一步。完整的装配图应包括表达减速器结构的各个视图、主要尺寸和配合、技术特性和技术要求、零件编号、明细表和标题栏等。

（1）绘图要求

1）表达减速器结构的各个视图应在已绘制的装配草图基础上进行审核、修改、补充使视图完整、清晰并符合制图规范。

2）装配图上尽量避免用虚线表示零件结构，必要表达的内部结构或某些附件结构，可采用局部视图或局部剖视图加以表示。

3）画剖视图时，剖面线间距应与零件的大小相协调；相邻零件的剖面线方向应相反或间距不同，以便区别；对于零件剖面宽小于等于 2 mm 的视图，其剖面线可以涂黑表示；同一零件在各视图上剖面线的方向和间距应保持一致。

4）当肋板沿纵向剖切或轴、螺栓、垫片、销等零件沿轴线剖切时，其剖面线不画。

（2）标注主要尺寸和配合

装配图是装配减速器的依据，因此装配图上必须标注下列有关尺寸。

1）外形尺寸　包括减速器的总长、总宽、总高等。它是表示减速器大小的尺寸，由此可确定其所占空间的大小，以供装箱运输及车间布置时参考。

2）特性尺寸　反映传动装置技术性能、规格或特征的尺寸。如传动零件的中心距及其极限偏差。

3) 安装尺寸 减速器的中心高、箱座底面尺寸、地脚螺栓孔的直径和间距、孔中心线相对于箱座底面的定位尺寸、输入和输出轴外伸端配合轴段的直径和长度等。

4) 配合尺寸 包括主要零件的配合尺寸、配合性质和精度等级。与其他机器、部件一样,减速器装配时配合面必须满足一定的配合要求,以保证减速器的工作性能,同时配合类别也是选择装配方法的依据。因此,装配图上必须标注出配合面的尺寸数值,以及相应的配合种类代号。

在装配图上应标注出以下四种配合尺寸。

① 齿轮、蜗轮、带轮、链轮、联轴器和轴的配合。在较少装拆的情况下选用小过盈配合;在经常装拆的情况下选用过渡配合。

② 轴承和轴、轴承座的配合。滚动轴承是标准组件,与相关零件配合时,其内孔与外径分别是基准孔和基准轴,在配合中不必标注。与轴承内孔配合的轴及与轴承外径配合的孔选用公差带代号。转速愈高、负荷愈大,则应采用较紧的配合;经常拆卸的轴承和游动套圈,则应采用较松的配合。

③ 套筒、封油盘、挡油盘等与轴的配合为间隙配合,但这些零件往往和滚动轴承装在同一轴段上,由于轴的外径已按滚动轴承配合的要求选定,此时轴和孔的配合是采用基轴制和不同公差等级组成的。

④ 轴承盖与轴承座孔的配合应选用间隙配合。由于轴承座孔已按滚动轴承要求选定,此时它与轴承盖的配合也是由不同公差等级组成的。

减速器主要零件的荐用配合见表 15-3。

表 15-3 减速器主要零件的荐用配合

配合零件	荐用配合	装拆方法
一般齿轮、蜗轮、带轮、联轴器与轴;轮缘与轮芯等	H7/r6,H7/s6	用压力机或温差法
要求对中性良好及很少拆装的齿轮、蜗轮、带轮、联轴器与轴	H7/n6	用压力机
小锥齿轮、较常拆装的齿轮、联轴器与轴	H7/k6, H7/m6	用手锤打入
滚动轴承内孔与轴	J6(轻负荷),k6、m6(中等负荷)	用压力机或温差法
滚动轴承外圈与轴承座孔	H7,H6(精度要求高时)	用木锤或徒手装拆
轴承套杯与轴承座孔	H7/h6, H7/js6	
轴承盖与轴承座孔(或套杯孔)	H7/h8, H7/f9	
嵌入式轴承盖与轴承座孔凹槽	H11/d11	
套筒、溅油轮、封油环、挡油环等与轴	H7/h6,E8/k6,E8/js6,D11/k6	

上述四方面尺寸应尽量集中标注在反映主要结构的视图上,并应使尺寸的布置整齐、清晰、规范。关于各零件的详细尺寸及公差不在装配图上而应在零件图上标注。

3. 注写技术要求

装配图的技术要求是用文字表达的,用来说明在图面上无法表达或表达不清的有关装配、检验、润滑、使用及维护等内容和要求。技术要求的执行是保证减速器正常工作的重要条件。

4. 编制零件序号、明细表和标题栏

(1) 零件编号

零件序号应严格按顺时针或逆时针方向顺序依次编排,不得重复和遗漏,排列要整齐,字体要比尺寸数字大一号。序号引线不能相交,并尽可能不与剖面线平行。

凡规格、尺寸、材料和精度等各项均相同的零件,不论数目多少都只应编一个序号,若有一项不同者则应另编序号。标准件和非标准件可统一编号,也可分别编号。对于标准组件(如螺栓、垫圈、螺母)可以利用公共序号引线如图 15 - 9 所示。对于独立部件(如通气器、油面指示器等)可作为一个零件编号。

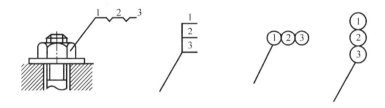

图 15 - 9 零件组件的指引线和编号

(2) 编写明细表和标题栏

明细表是减速器中所有零件的详细目录。对于每一个编号的零件,在明细表上都应由下而上按序号列出名称、数量、材料及规格。标准件必须注出规定的标记;材料应注明牌号。

标题栏应布置在图纸的右下角,用来注明减速器的名称、比例、图号、件数、重量、作者姓名等。

完成上述工作后即可得到完整的一级齿轮减速器装配图,如图 15 - 10 所示。

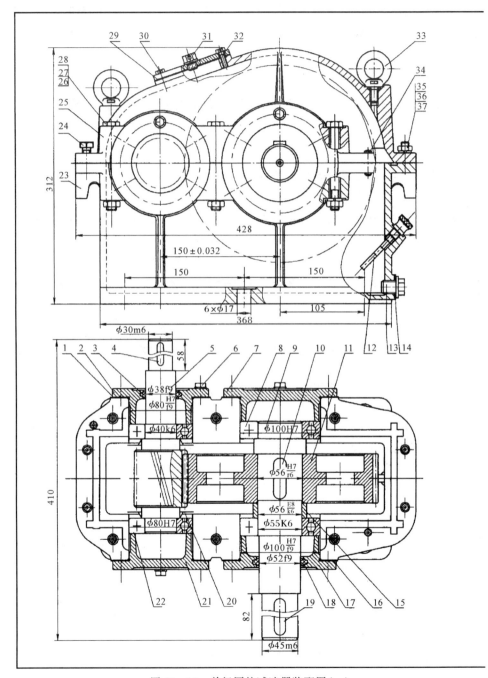

图 15-10　单级圆柱减速器装配图(一)

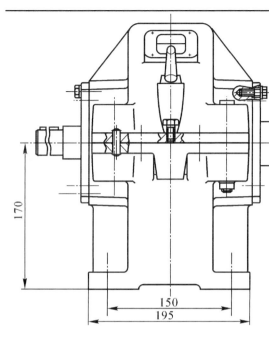

37	弹簧弹圈10	4	65Mm	GB/T 93—1987	外购
36	螺母M10	4	Q235	GB/T6170—2000	外购
35	螺栓M10×40	4	Q235	GB/T 5783—2000	外购
34	销8×30	2	35钢	GB/T 117—2000	外购
33	吊环螺钉M10×20	2	20钢	GB/T 825—1988	外购
32	视孔盖	1	Q215		
31	透气器	1	Q235		
30	螺钉M6×20	4	Q235	GB/T 5783—2000	外购
29	垫片	1	石棉橡胶纸		
28	弹簧垫圈12	6	65Mn	GB/T 93—1987	外购
27	螺母M12	6	Q235	GB/T 5783—2000	外购
26	螺栓M12×120	6	Q235	GB/T 5783	
25	箱盖	1	HT200		
24	起盖螺钉M10×30	1	Q235	GB/T 5783—2000	外购
23	箱座	1	HT200		
22	轴承6208	2		GB/T 276—1994	外购
21	轴承端盖	1	Ht150		
20	挡油环δ=1	2	Q215	08F	
19	键14×70	1	45钢	GB/T 1096—2003	
18	毡圈油封	1	半粗羊毛毡	JB/ZQ 4606—1986	外购
17	轴承端盖	1	HT150		
16	调整垫片	2组	08F		
15	轴套	1	Q235		
14	垫片	1	石棉橡胶纸		
13	油塞	1	Q235		
12	油标尺	1	Q235		
11	大齿轮	1	45钢	$m_n=3,z=79$	
10	键16×50	1	45钢	GB/T 1096—2003	
9	轴	1	45钢		
8	轴承6211	2		GB/T 276—1994	外购
7	轴承端盖	1	HT150		
6	螺钉M8×25	24	Q235	GB/T 5783—2000	外购
5	齿轮轴	1	45钢	$m_n=3,z=20$	
4	键8×50	1	45钢	GB/T 1096—2003	
3	毡圈油封	1	半粗羊毛毡	JB/ZQ 4606—1986	外购
2	轴承端盖	1	HT200		
1	调整垫片	2组	08F		
序号	名称	数量	材料	标准	备注

一级圆柱齿轮减速器	比例		图号	
	数量		材料	
作者		日期		
绘图				
审阅				

传动特性

输入功率/kW	输入转速/(r/min)	传动效率 η	总传动比 i	传动特性			
				m_n	z_2/z_1	β	精度等级
4.82	474	0.95	3.95	3	79/20	8°6′34″	8

技术要求

1.装配前，所有零件用煤油清洗，箱体内不许有任何杂物存在，内壁涂上不被机油浸蚀的涂料两次。

2.在轴承盖与轴承座端盖之间应留有间隙0.25~0.4mm。

3.最小法向侧隙为0.16，用不大于最小侧隙两倍的铅丝来检验。

4.用涂色法检验斑点。较大区域的接触斑点，要求占有效齿面高度40%、宽度的35%；较小区域的接触斑点，要求占有效齿面高度20%、齿宽的35%。必要时可用研磨或刮后研磨改善接触情况。

5.选用L-AN68全损耗系统用油，润滑油深度定为45mm，换油时间一般为半年左右。

6.各接触面和密封处不允许漏油或渗油，允许装配时涂密封胶或水玻璃密封。不允许在箱盖与箱座的结合面之间使用填料。

7.在空载、额定转速下正反运转各一小时，要求运转平稳无噪声。

8.表面涂灰色油漆。

图15-10 单级圆柱减速器装配图(二)

15.3.5 减速器零件工作图的绘制

减速器的零件工作图是在完成装配图和零件测绘草图的基础上绘制的。零件工作图是零件制造、检验和制订工艺规程的基本技术文件。它既反映设计意图，又考虑到制造、使用的可能性和合理性。因此，必须保证图形、尺寸、技术要求和标题栏等零件图的基本内容完整、无误、合理。这对于减少废品、降低生产成本、提高生产效率和机械使用性能等是至关重要的。

在减速器的测绘工作中，零件草图应具备零件工作图的全部内容，所以零件草图绘制是完成零件工作图的基础，但由于零件草图的测绘受工作地点和环境条件的限制，零件草图并不很完善。因此，应在对零件草图作必要的审核、整理、完善以后，再绘制零件工作图。基本要求如下。

1）每个零件图应单独绘制在一个标准图幅中，其基本结构和主要尺寸应与装配图一致。制图比例优先采用 1∶1。在完善零件工作图表达方案和图面布局时，细部结构可另行放大绘制。

2）零件图表达的零件基本结构和主要尺寸应与装配图一致，不应随便更改，如必须改动，应对相关部分作协调处理，并对装配图作相应的修改，以避免产生矛盾。在零件草图和装配图中未画出或未标明的一些细小结构，如退刀槽、圆角、倒角、斜度等，应在零件工作图上完整、正确地绘制并标注。尺寸标注一定要选好基准面，重要尺寸直接标出，标注在最能反映形体特征的视图上。

3）采取正确、合理的尺寸标注方式，选定尺寸标注的基准面，并尽量在最能反映零件特征的视图上标注，重要尺寸直接标注。对要求精确的尺寸及配合尺寸，应根据装配图中所提出的装配或配合要求，注明尺寸极限偏差，如箱体孔中心距、配合孔的直径等。做到尺寸完整，便于加工测量，避免尺寸重复、遗漏、封闭及数值差错。

4）零件的所有表面都应注明表面粗糙度。对重要表面可单独标注；对同一零件上具有同样表面粗糙度的表面进行统一标注在图纸右上角。表面粗糙度值应按表面的作用及制造经济性原则选取。

5）对重要的装配表面和定位表面等要标注相应的形位公差。具体标注应根据表面的作用及制造精度来确定形位公差项目和精度等级。

6）对于不便用符号及数值表明的技术要求，可用文字说明，如材料、热处理、安装等。

7）对于齿轮等传动零件，须列出啮合特性表，反映特性参数、精度等级和误差检验要求。

对于不同类型的零件，其工作图的具体内容有各自的特点，减速器的主要零件齿轮轴、大齿轮和箱体三类典型零件的工作图，详见图 15-11～图 15-13。

法向模数	m_n	3					
齿数	z	20					
法向压力角	a_n	$20°$					
法向齿顶高系数	h_{an}^*	1					
法向变位系数	x_n	0					
螺旋方向	β	$8°6'34''$ 左					
轮齿方向							
精度等级	8GB/T10095.1~2—200						
中心距	a	150 ± 0.032					
跨齿数	k	3					
公法线长度尺寸	W	$23.061_{-0.181}^{-0.075}$					
配对齿轮	图号						
检查项目	代号	允许值/μm					
单个齿距偏差	$\pm f_{pt}$	±17					
齿距累积总偏差	F_p	53					
齿廓总偏差	F_a	22					
螺旋线总偏差	F_β	28					
径向圆跳动	F_r	43					

齿轮轴	比例	1:1	图号	
	数量	1	材料	45钢
	日期			
作者				
绘图				
审阅				

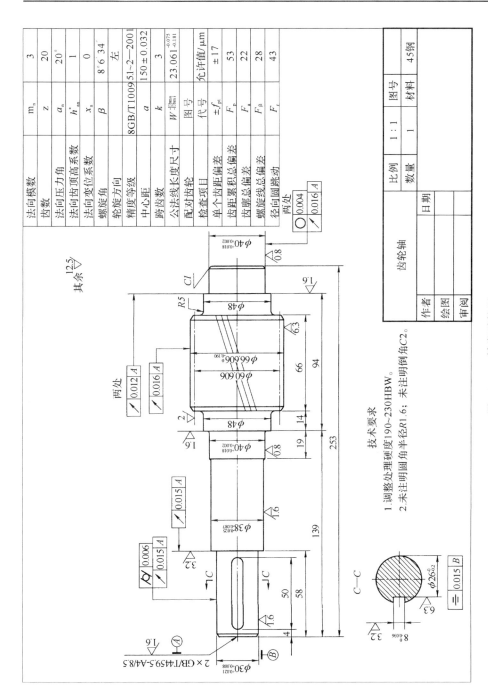

技术要求

1. 调整处理硬度190~230HBW。
2. 未注明圆角半径R1.6；未注明倒角C2。

图 15 - 11　轴类零件图

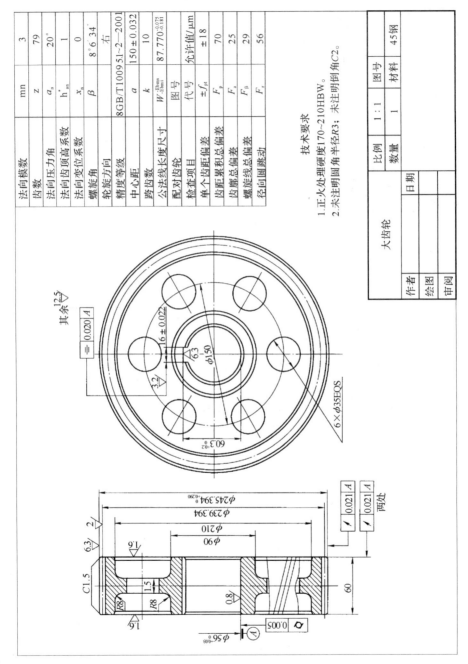

法向模数	m_n		3
齿数	z		79
法向压力角	a_n		20°
法向齿顶高系数	h_{an}^*		1
法向变位系数	x_n		0
螺旋角	β		8°6'34"
轮旋方向			右
精度等级	8GB/T10095.1-2-2001		
中心距	a		150±0.032
跨齿数	k		10
公法线长度尺寸	W_k $_{-0.181}^{-0.075}$		87.770$_{-0.181}^{-0.075}$
配对齿轮	图号		
检查项目	代号	允许值/μm	
单个齿距偏差	$±f_{pt}$		±18
齿距累积总偏差	F_p		70
齿廓总偏差	F_a		25
螺旋线总偏差	F_β		29
径向圆跳动	F_r		56

技术要求

1.正火处理硬度170~210HBW。
2.未注明圆角半径R3;未注明倒角C2。

大齿轮		比例	1:1	图号	
		数量	1	材料	45钢
	日期				
作者					
绘图					
审阅					

图15-12　齿轮类零件图

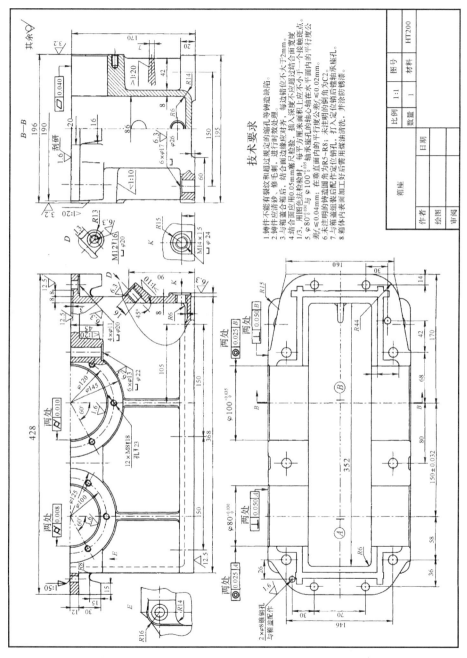

技术要求

1. 铸件不能有裂纹和超过规定的缩孔等铸造缺陷。
2. 铸件应清砂、修毛刺后，进行时效处理。
3. 与箱盖合箱后，结合面边缘应对齐，错边错位不大于2mm。
4. 结合面应用0.05mm塞尺检验，插入深度每边不应超过结合面宽度
   1/3，用图色法检验时，每平方厘米面积上应不少于一个接触斑点。
5. $\varphi 80^{+0.035}_{0}$ 与 $\varphi 100^{+0.035}_{0}$ 轴承座孔的轴心线在水平面内的平行度公
   差 $f \leqslant 0.04$mm；在垂直面内的轴心线平行度公差 $\leqslant 0.02$mm。
6. 未注明的铸造圆角为R5～R8；未注明的倒角为C2。
7. 与箱盖组装后配作定位销孔，打入定位销后，镗各轴承座孔。
8. 箱体内表面加工好后需用煤油清洗，并涂防锈漆。

箱座

HT200

材料

图号

比例　1:1

数量　1

作者　绘图　审阅

日期

15.4　减速器的装配

15.4.1　装配的注意事项

1）减速器装配前,必须按图样对所有零件,经清洗后进行技术检验,确认合格后,用煤油或其他方法清洗干净。箱体内不允许有任何杂物,箱体内表面和某些零件的非配合表面可做防蚀处理,涂防蚀涂料。

2）对配合件和不能互换的零件,应按拆卸、修理或制造时所作的标记成对或成套装配。

3）运动零件的摩擦面,装配之前要涂抹润滑油。

4）避免密封件装反。定位销用手推入75％轻轻打入。

5）为保证装配质量,对拆卸前记录或作标记的一些项目,如装配间隙或过盈量、窜动量、齿轮传动侧隙、接触状况以及灵活性等,应边装配边进行调整、校对和技术检验,使其达到拆卸前的要求。

减速器安装必须保证齿轮或蜗杆传动所需要的侧隙以及齿面接触斑点。其要求是由传动件精度等级确定的。对多级传动,当各级传动的侧隙和接触斑点要求不同时,在技术条件中应分别写明。传动件侧隙的检查可以用塞尺或铅丝塞进相互啮合齿的侧隙中,然后测量塞尺厚度或铅丝变形后的厚度。接触斑点的检查是在轻微制动下,传动件转动后,观察齿面擦亮痕迹,由此检验接触情况并进行必要的调整。

15.4.2　减速器的装配顺序

在装配减速器前,应研究和了解减速器的装配工艺和各项技术要求,并参照所绘制的装配示意图及零件的拆卸序号,确定装配方案。装配时按照先组件、后部件、最后整机的顺序以及先拆后装、后拆先装的原则进行返装。其具体的装配顺序如下。

1）将箱座置于装配工作台,检查箱座内有无零件和其他杂物留在箱座内,擦净箱座内部。

2）将轴上的零部件组装成轴系组件后,先将输出轴组件装到箱座上,再将输入轴组件装到箱座上。对脂润滑轴承加装润滑脂。

3）将轴承闷盖装在对应轴端的座孔处,用螺钉将其与箱座联接并锁紧(对于凸缘式轴承盖),再推动轴系组件靠向闷盖一端;装入轴承透盖和密封件组件,打表检测轴向间隙,选取适当的垫片厚度并保证轴承间隙符合技术要求。其后用螺钉将轴承透盖组件与箱座联接并锁紧,并在轴承盖处涂密封胶。按照先低速轴系、再中速轴系、最后高速轴系的顺序完成上述装配过程后,试运转 2 min,检测齿轮传动侧隙和齿面接触斑点。

4) 将箱盖与其上附件的组件装在箱座上,打入定位销,用螺栓组件联接并锁紧,用塞尺检查结合面接触精度。检查合格后,旋入起盖螺钉起盖,涂密封胶,再装配。

5) 将油塞组件旋入箱座,插入油标尺,加润滑油,将视孔盖用螺钉装在箱盖上,并检查所有附件是否装好。

15.4.3　减速器的装配工艺实例

1. 减速器的结构

图 15 - 14 所示为减速器的一种结构形式,为蜗轮与圆锥齿轮减速器,它的特点是在外廓尺寸不大的情况下,可以获得较大的传动比,工作平稳,噪声较小。由于它采用了蜗杆结构,因此啮合部位的润滑和冷却均较好,同时蜗杆轴承的润滑也方便。

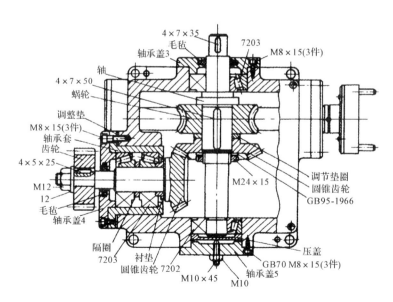

图 15 - 14　减速器装配图

2. 减速器的装配工艺过程

装配的主要工作是:零件的清洗、整形和补充加工,零件预装、组装、总装、调整等。现以图 15-14 所示的减速器为例,说明其装配的全过程。

(1) 零件的清洗、整形和补充加工

1) 零件的清洗主要是清除零件表面的防锈油、灰尘、切屑等污物。

2) 零件的整形主要是修锉、錾削箱盖、门、轴承盖等铸件结合的部位外形的错位,同时修锉零件上的锐角、毛刺和因碰撞而产生的印痕。这项工作往往容易被忽视而影响到装配的外观质量。

3) 零件上的某些部位需要在装配时进行补充加工,例如对箱体与箱盖、轴承盖与箱体等联接螺孔进行配钻和攻螺纹等,如图 15-15 所示。

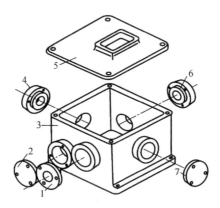

图 15-15　箱体与各有关零件的配钻

1,2,4,6,7—轴承盖;3—箱体;5—箱盖

(2) 零件的预装

零件的预装又叫做试配。为了保证装配工作能顺利地进行,有些相配零件应先试装,待配合达到要求后再拆下。有时还要进行刮削、修锉等工作。如图 15-16 为减速器轴与齿轮配键预装示意图。

(3) 组件的装配分析

减速器装配图如图 15-14 所示,其中的蜗杆轴、蜗轮轴和锥齿轮轴及其轴上有关零件,虽然是独立的三个部分,但从装配的角度看,除锥齿轮组件外,其余两根轴及其轴上所有的零件,都不能单独进行装配。如图 15-17 所示的锥齿轮组件之所以不能够进行单独的装配,是因为该组件装入箱体部分的所有零件尺寸都小于箱体孔。也就是说,在不影响装配的前提下,应尽量地将零件先组合成分组件。如图 15-18 所示为锥齿轮组件的装配顺序示意图,其中装配基准是圆锥齿轮。

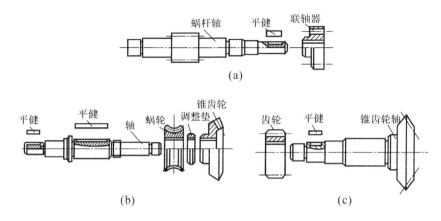

图 15 - 16　减速器零件配键预装示意图

（a）蜗杆轴装配键，并与联轴器试配；

（b）轴装配平键，并与蜗杆、调整垫圈、圆锥齿轮试配；

（c）圆锥齿轮轴装配平键，并与齿轮试配

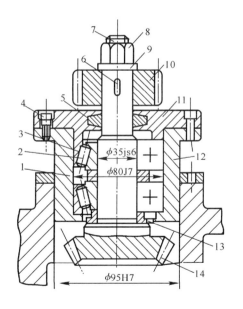

图 15 - 17　锥齿轮组件

1—隔圈；2—滚动体；3—轴承外环；4—螺钉；5—
毛毡；6—键 7—圆锥齿轮轴；8—螺母；9—垫圈；
10—齿轮；11—轴承盖；12—轴承套；13—衬垫；
14—圆锥齿轮

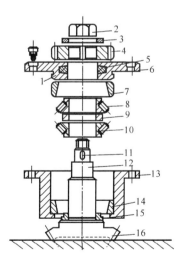

图 15 - 18　锥齿轮组件装配顺序示意图

1—调整面；2—螺母；3—垫圈；4—齿轮；
5—毛毡；6—轴承盖；7,14—轴承外环；
8,10—滚动体；9—隔圈；11—键；12,16—
圆锥齿轮；13—轴承套；15—衬垫

（4）总装配

减速器的总装配与调整在完成减速器各组件的装配后，即可以进行总装配工作了。减速器的总装是从基准零件——箱体开始的。根据减速器的结构特点，采用先装蜗杆，后装蜗轮的装配顺序。

1）首先将一轴承外圈装入箱体孔一端，再将蜗杆组件（蜗杆与两轴承内圈的组合）装入箱体，然后从箱体孔的另一端装入另一轴承外圈，再装上轴承盖组件，并用螺钉拧紧。这时可用木榔头、铅锤轻轻敲击蜗杆轴端，使轴承消除间隙，使外圈紧贴调整垫圈，左端紧贴轴承盖，测量出间隙 Δ，修整垫圈的厚度，使蜗杆装配后保持 0.01～0.02 mm 的轴向间隙，可用百分表在轴的伸出端进行检查，如图 15-19 所示。

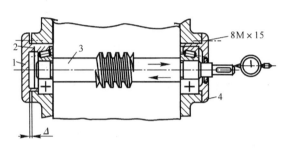

图 15-19　调整蜗杆的轴向间隙

1,4—轴承盖；2—调整垫圈；3—蜗杆

2）将蜗轮轴及轴上零部件装入箱体。这项工作是该减速器装配的关键，装配后应该满足两个基本要求：即蜗轮轮齿的对称平面应该与蜗杆轴心线重合，以保证轮齿正确啮合；使锥齿轮的轴向位置正确，以保证与另一锥齿轮的正确啮合。从图 15-14 中可知，蜗轮轴向位置由轴承盖的预留调整量来控制；锥齿轮的轴向位置由调整垫圈的厚度尺寸来控制。装配工作分两步进行：

① 预装。确定蜗轮轴的位置：先将 7203 轴承内环装入轴的大端，通过箱体孔，装上蜗轮以及轴承外环、轴承套（以便拆卸），如图 15-20 所示。移动蜗轮轴，调整蜗轮轮齿对称中心，和已装配好的蜗杆中心在同一平面内。测量尺寸 H，并调整轴承盖的台肩尺寸（台肩尺寸 $= H_{-0.02}^{0}$ mm）。

确定圆锥齿轮的安装位置：如图 15-21 所示，在蜗轮轴上安装圆锥齿轮，并消除蜗轮轴向间隙，再装入圆锥齿轮轴组件。调整两锥齿轮位置，使其正常啮合，分别测量 H_1 和 H_2，并按照它们来配磨垫圈厚度，这样就确定了圆锥齿轮的位置，然后拆下各零件。

② 装配。从大轴承孔方向将蜗轮轴装入，同时依次将键、蜗轮、垫圈、锥齿轮、垫圈和圆螺母装在轴上。从箱体轴承孔的两端分别装入滚动轴承及轴承盖，用螺

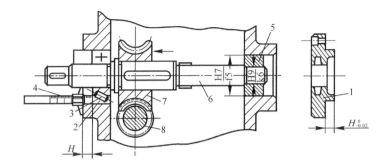

图 15-20 调整蜗轮示意图

1—轴承盖；2—7203 外环；3—7203 滚动体；4—深度尺；

5—轴承套(代替轴承 7202)；6—轴；7—蜗轮；8—蜗杆

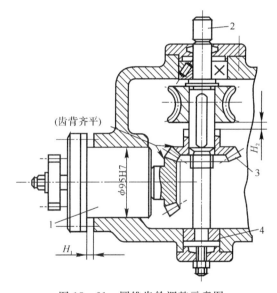

图 15-21 圆锥齿轮调整示意图

1—轴承套组件；2—轴；3—圆锥齿轴；4—轴承套(代替轴承 7202)

钉拧紧并调好间隙。将零部件装好后,用手转动蜗杆轴时,应该灵活无阻滞。同时,用红丹粉等显示剂检查蜗轮与蜗杆轮齿的接触情况(即蜗轮轮齿的对称平面与蜗杆轴线的重合情况)。如不符合要求,可以微量修正垫圈的厚度。

将锥齿轮组件与调整垫圈一起装入箱体,用螺钉紧固,复验齿轮啮合间隙量,并进一步调整。

安装联轴器及箱盖组件等一系列工作后,已装配成一个完整的部件。接着要进一步清理内腔,注入润滑油,转动联轴器,使润滑油均匀分布,并用手试转联轴器。一切符合要求后,接上电源进行空运转试车。试车时,运转 30 min,轴承的温度不得超过规定的要求,试车过程中,齿轮必须无明显噪声。停车后,检查符合装配后的各项技术要求。

3. 装配工艺卡的编制

每个机械制造厂都应该根据产品的复杂程度、装配技术要求、生产类型和实际条件编制相应的装配工艺卡,用它来指导产品的装配工作。表 15 - 4 为锥齿轮轴组件装配工艺卡。装配工艺卡具体的格式虽不统一,但其内容都是相似的。

表 15 - 4　锥齿轮轴组件装配工艺卡

（锥齿轮轴组件装配图）			装配技术要求		
			(1)组装时,各装入零件应符合图样要求 (2)组装后圆锥齿轮应转动灵活,无轴向窜动		
工　厂	装配工艺卡		产品型号	部件名称	装配图号
				轴承套	
车间名称	工　段	班　组	工序数量	部件数	净　重
装配车间			4	1	

工序号	工步号	装配内容	设备	工艺装备		工人技术等级	工序时间
				名称	编号		
Ⅰ	1	分组件装配:圆锥齿轮与衬垫的装配以锥齿轮轴为基准,将衬套套装在轴上					
Ⅱ	1	分组件装配:轴承盖与毛毡的装配将已剪好的毛毡塞入轴承盖槽内		锥度心轴			
Ⅲ		分组件装配:轴承套与轴承外圈的装配	压力机	塞规卡板			
	1	用专用量具分别检查轴承套孔及轴承外圈尺寸					
	2	在配合面上涂上机油					
	3	以轴承套为基准,将轴承外圈压入孔内至底面					

Ⅳ	1	轴承套组件装配： 　以圆锥齿轮组件为基准，将轴套分组件套装在轴上								
	2	在配合面上加油，将轴承内								
	3	圈压装在轴上并紧贴衬垫套								
	4	上隔圈，将另一轴承内圈压装在轴上，直至与隔圈接触								
	5	将另一轴承外圈涂上油，轻压至轴承套内			压力机					
	6	装入轴承盖分组件，调整端面的高度，使轴承间隙符合要求后，拧紧三个螺钉								
	7	安装平键，套装齿轮、垫圈，拧紧螺母注意配合面加油检查锥齿轮转动的灵活性及轴向窜动								
编号	日期	签章	编号	日期	签章	编制	移交		批准	第　张

思考题与习题

1. 图 15 - 22(a)为一齿轮减速器局部装配图，图中③处轴颈与轴承内圈的配合为

ϕ50j6，则②处轴颈与套筒的配合应是图 1(b)方案中的哪一个，为什么？

2. 绘制装配示意图的目的是什么？

3. 举例说明减速器的轴、齿轮及箱体的零件工作图中，应提出哪些尺寸公差、形位公差要求，为什么？如何具体确定其公差值？

4. 举例说明减速器的轴、齿轮及箱体哪些表面需提出粗糙度要求，为什么？如何具体确定其表面粗糙度值？

5. 对于圆柱齿轮减速器的轴系部件，轴上各零件的周向和轴向如何定位，轴系部件与箱体的定位方式如何？

6. 调整滚动轴承轴向游隙的目的是什么？说明减速器中轴承轴向游隙的调整方式。

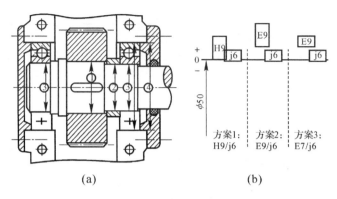

(a)   (b)

图 15-22 题 1 图

7. 为什么减速器箱体多采用剖分式结构?

8. 如果在箱体、箱盖上不设置定位销将会产生什么样的后果,为什么?

9. 简述减速器的拆卸和装配过程。

10. 轴承盖与箱体轴承座孔应采用何种配合为宜?

11. 装配图上应标注哪些尺寸及配合代号?

附　表

附表　比值 $\mathrm{inv}\alpha_t/\mathrm{inv}\alpha_n = \mathrm{inv}\alpha_t/0.0149$　　（$\alpha_n = 20°$）

β	$\dfrac{\mathrm{inv}\alpha_t}{0.0149}$	差值	β	$\dfrac{\mathrm{inv}\alpha_t}{0.0149}$	差值	β	$\dfrac{\mathrm{inv}\alpha_t}{0.0149}$	差值
8°	1.0283		18°	1.1536	0.0061	28°	1.4240	0.0124
8°20′	1.0309	0.0026	18°20′	1.1598	0.0062	28°20′	1.4364	0.0124
8°40′	1.0333	0.0024	18°40′	1.1665	0.0067	28°40′	1.4495	0.0131
9°	1.0359	0.0026	19°	1.1730	0.0065	29°	1.4625	0.0130
9°20′	1.0388	0.0029	19°20′	1.1797	0.0067	29°20′	1.4760	0.0135
9°40′	1.0415	0.0027	19°40′	1.1866	0.0069	29°40′	1.4897	0.0137
10°	1.0446	0.0031	20°	1.1936	0.0070	30°	1.5037	0.0140
10°20′	1.0477	0.0031	20°20′	1.2010	0.0074	30°20′	1.5182	0.0145
10°40′	1.0508	0.0031	20°40′	1.2084	0.0074	30°40′	1.5328	0.0146
I1°	1.0543	0.0035	21°	1.2160	0.0076	31°	1.5478	0.0150
11°20′	1.0577	0.0034	21°20′	1.2239	0.0079	31°20′	1.5633	0.0155
11°40′	1.0613	0.0036	21°40′	1.2319	0.0080	31°40′	1.5790	0.0157
12°	1.0652	0.0039	22°	1.2410	0.0082	32°	1.5951	0.0161
12°20′	1.0688	0.0036	22°20′	1.2485	0.0084	32°20′	1.6115	0.0164
12°40′	1.0728	0.0040	22′40′	1.2570	0.0085	32°40′	1.6285	0.0170
13°	1.0768	0.0040	23°	1.2657	0.0087	33°	1.6455	0.0170
13°20′	1.0810	0.0042	23°20′	1.2746	0.0089	33°20′	1.6631	0.0176
13°40′	1.0853	0.0043	23°40′	1.2838	0.0092	33°40′	1.6813	0.0182
14°	1.0896	0.0043	24°	1.2931	0.0093	34°	1.6998	0.0185
14°20′	1.0943	0.0047	24°20′	1.3029	0.0098	34°20′	1.7187	0.0189

β	$\dfrac{inv\alpha_t}{0.0149}$	差值	β	$\dfrac{inv\alpha_t}{0.0149}$	差值	β	$\dfrac{inv\alpha_t}{0.0149}$	差值
14°40′	1.0991	0.0048	24°40′	1.3128	0.0099	34°40′	1.7380	0.0193
15°	1.1039	0.0048	25°	1.3227	0.0099	35°	1.7578	0.0198
15°20′	1.1088	0.0049	25°20′	1.3327	0.0100	35°20′	1.7782	0.0204
15°40′	1.1139	0.0051	25°40′	1.3433	0.0106	35°40°	1.7986	0.0204
16°	1.1192	0.0053	26°	1.3541	0.0108	36′	1.8201	0.0215
16°20′	1.1244	0.0052	26°20′	1.3652	0.0111	36°20′	1.8418	0.0217
16°40′	1.1300	0.0056	26′40′	1.3765	0.0113	36°40′	1.8640	0.0222
17°	1.1358	0.0058	27°	1.3878	0.0113	37°	1.8868	0.0228
17°20′	1.1415	0.0057	27°20′	1.3996	0.0118	37°20′	1.9101	0.0233
17°40′	1.1475	0.0060	27°40′	1.4116	0.0120	37°40′	1.9340	0.0239

注：对于中间数值的 β，$\dfrac{inv\alpha_t}{0.0149}$ 的值用插入法求出。例如

$$\beta=29°48'\quad\frac{inv\alpha_t}{0.0149}=1.4897+\frac{8}{20}\times0.0140=1.4953$$

参考文献

[1] 郑建中.机器测绘技术[M].北京:机械工业出版社,2001.

[2] 李月琴,何培英,段红杰.机器零部件测绘[M].北京:机械工业出版社,2007.

[3] 任晓莉,钟建华.公差配合与量测实训[M].北京:北京理工大学出版社,2008.

[4] 赵忠玉.测量与机械零件测绘[M].北京:机械工业出版社,2008.

[5] 机械工业技师考评培训教材编审委员会.机修钳工技师培训教材[M].北京:机械工业出版社,2004.

[6] 黄劲枝,程时甘.机械分析应用综合课题指导[M].北京:机械工业出版社,2007.

[7] 王之栎,王大康.机械设计综合课程设计[M].北京:机械工业出版社,2003.

[8] 房海蓉,李建勇.现代机械工程综合实践教程[M].北京:机械工业出版社,2006.

[9] 王世刚,张秀亲,苗淑杰.机械设计实践[M].哈尔滨:哈尔滨工程大学出版社,2004.

[10] 劳动和社会保障部教材办公室.钳工工艺与技能训练[M].北京:中国劳动保障出版社,2006.

[11] 马鹏飞,等.钳工与装配技术[M].北京:化学工业出版社,2005.

[12] 才家刚.图解常用量具的使用方法和测量实例[M].北京:机械工业出版社,2007.

[13] 刘显贵,涂小华.机械设计基础[M].北京:北京理工大学出版社,2007.

[14] 南秀蓉,马素玲.公差配合与测量技术[M].北京:北京大学出版社,2007.

[15] 王志伟,孟玲琴.机械设计基础课程设计[M].北京:北京理工大学出版社,2007.

[16] 刘春林.机械设计基础课程设计[M].杭州:浙江大学出版社,2004.

[17] 程芳,杜伟.机械工程材料及热处理[M].北京:北京理工大学出版社,2008.

[18] 吕天玉.公差配合与测量技术[M].大连:大连理工大学出版社,2008.

[19] 马霄.互换性与测量技术基础[M].北京:北京理工大学出版社,2008.

[20] 黄志远,黄宏伟.装配钳工[M].北京:化学工业出版社,2007.